BASIC MASTER SERIES 536

はじめての Gmail Google Workspace 連携技解説付

［著］石塚亜紀子

秀和システム

本書の使い方

- 本書では、初めてGmailを使う方や、いままでGmailを使ってきた方を対象に、Gmailの基本的な操作方法から、Gmailを使いこなすための様々な便利技や裏技など、一連の流れを理解しやすいように図解しています。また、スマートフォンの「Gmailアプリ」にも対応しています
- Gmailの機能の中で、頻繁に使う機能はもれなく解説し、本書さえあればGmailのすべてが使いこなせるようになります。特に、生産性向上のための裏技など役に立つ操作は、豊富なコラムで解説していて、格段に理解力がアップするようになっています
- スマートフォン・タブレット・パソコンに完全対応しているので、お好きなツールでGmailを活用することができます

紙面の構成

タイトルと概要説明

このセクションで図解している内容をタイトルにして、ひと目で操作のイメージが理解できます。また、解説の概要もわかりやすくコンパクトにして掲載しています。ポイントなるキーワードも掲載し、検索がしやすくなっています。

丁寧な手順解説テキスト

図版だけの手順説明ではわかりにくいため、図版の上に、丁寧な解説テキストを掲載し、図版とテキストが連動することで、より理解が深まるようになっています。逆引きとしても使えます。

大きい図版で見やすい

手順を進めていく上で迷わないように、できるだけ大きな図版を掲載しています。また、図版には番号を入れていますので、次の手順がひと目でわかります。

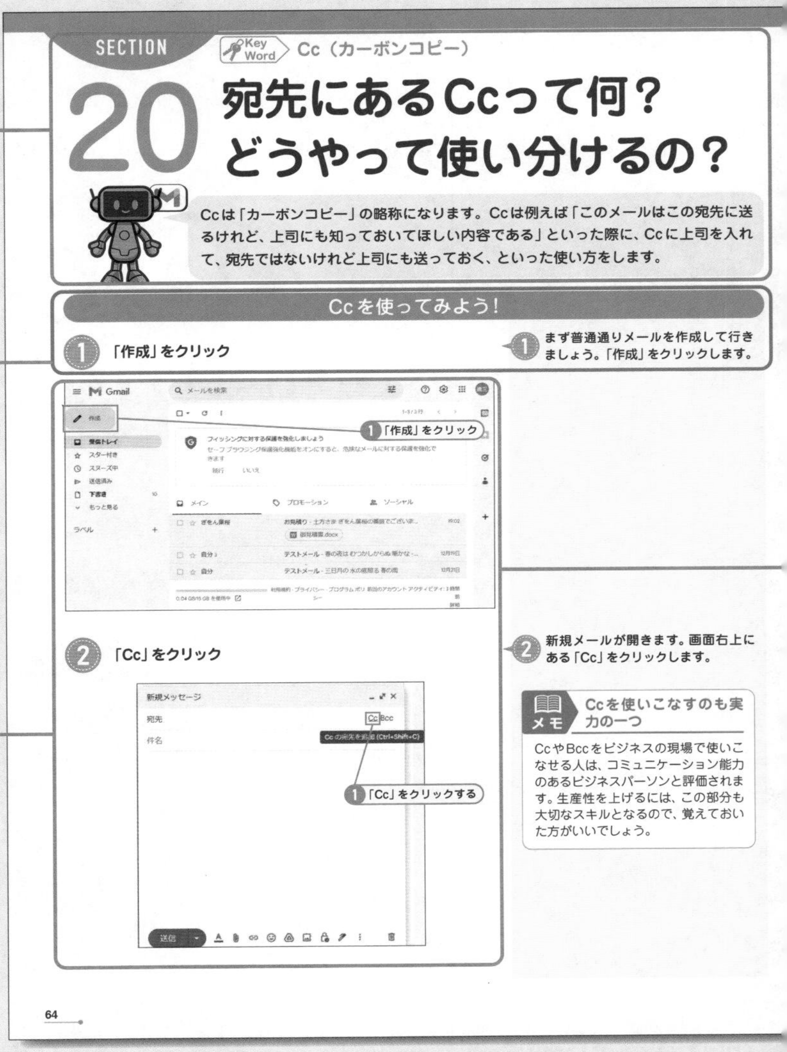

SECTION 20

Key Word Cc（カーボンコピー）

宛先にあるCcって何？
どうやって使い分けるの？

Ccは「カーボンコピー」の略称になります。Ccは例えば「このメールはこの宛先に送るけれど、上司にも知っておいてほしい内容である」といった際に、Ccに上司を入れて、宛先ではないけれど上司にも送っておく、といった使い方をします。

Ccを使ってみよう！

1 「作成」をクリック

1 まず普通通りメールを作成して行きましょう。「作成」をクリックします。

1 「作成」をクリック

2 「Cc」をクリック

2 新規メールが開きます。画面右上にある「Cc」をクリックします。

新規メッセージ

宛先

件名

Cc Bcc

1 「Cc」をクリックする

メモ Ccを使いこなすのも実力の一つ

CcやBccをビジネスの現場で使いこなせる人は、コミュニケーション能力のあるビジネスパーソンと評価されます。生産性を上げるには、この部分も大切なスキルとなるので、覚えておいた方がいいでしょう。

64

本書で学ぶための3ステップ

STEP1 Gmailの基礎知識が身に付く

本書は大きな図版を使用しており、ひと目で手順の流れがイメージできるようになっています

STEP2 解説の通りにやって楽しむ

本書は、知識ゼロからでも操作が覚えられるように、大きい手順番号の通りに迷わず進めて行けます

STEP3 やりたいことを見つける逆引きとして使ってみる

一通り操作手順を覚えたら、デスクのそばに置いて、やりたい操作を調べる時に活用できます。また、豊富なコラムが、レベルアップに大いに役立ちます

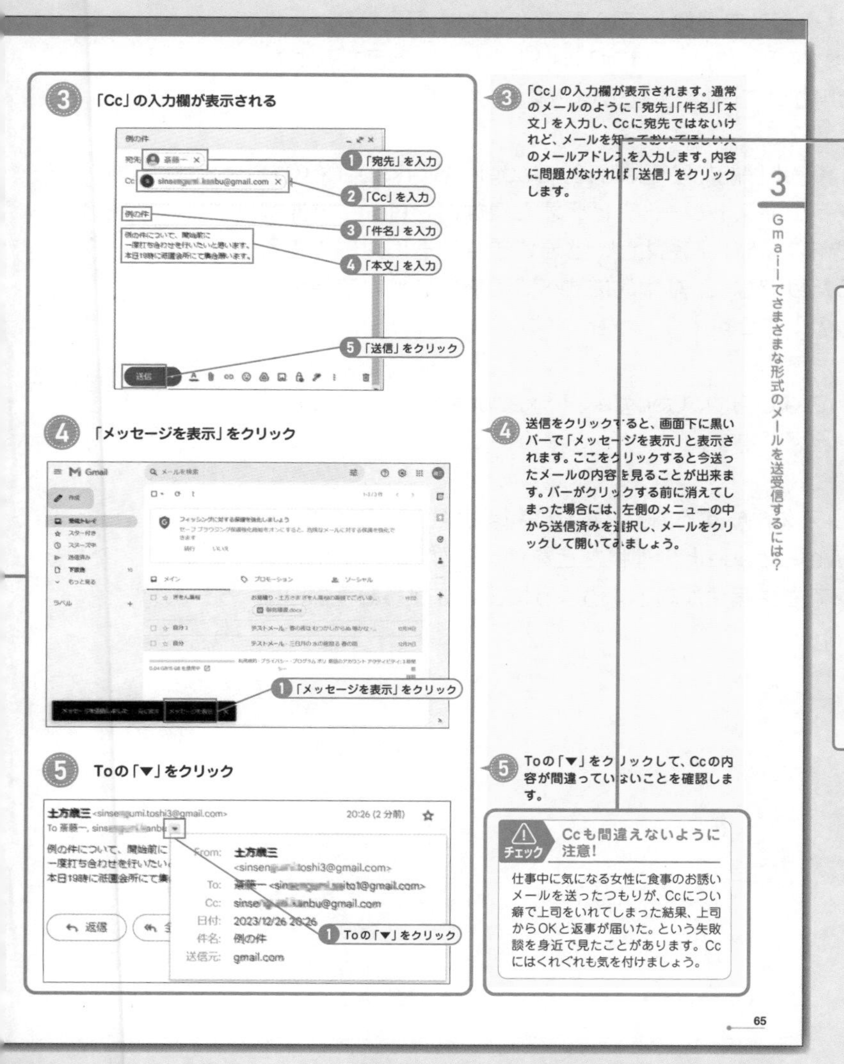

豊富なコラムが役に立つ

手順を解説していく上で、補助的な解説や、楽しい便利技、より高度なテクニック、注意すべき事項などをコラムにしています。コラムがあることで、理解がさらに深まります。

コラムの種類は全部で3種類

コラムはシンプルに3種類にしました。目的によって分けていますので、ポイントが理解しやすくなっています。

覚えておくと便利な手順や楽しむために必要な事項などをわかりやすく解説しています。

応用的な手順がある場合や何かをプラスすると楽しさが倍増することなどを解説しています。

操作を進める上で、気をつけておかなければならないことを中心に解説しています。

はじめに

各種SNSやLINEなどのアプリ、サイボウズやデスクネッツなど社内の情報共有ツール、TeamsやZoomなどのチャットやビデオ会議、さまざまなコミュニケーションの方法が増えてきましたが、インターネット黎明期より活用されており、今後も使用されていくと思われるものがメールです。

Yahoo！など大手のフリーメールはいくつかありますが、その中でも、2004年4月1日からサービスを開始しているGmailは世界最大のメールサービスと言われています。私自身ももう10年以上、大きなトラブルもなく、安心してGmailを活用させていただいています。

今や、Gmailはただのメール機能だけではなく、Google Workspaceのカレンダーやメモ機能、クラウドストレージ、ビデオ会議などもGmailと連携して利用することができます。時代に合わせ、さまざまな用途に対応できるよう、日々進歩しているだけでなく、基本的にすべての機能を無料で使用することが出来るのも魅力の1つです。

本書ではGmailの使いこなし方や、Google Workspaceとの連携方法を、丁寧に解説していきたいと思います。

これからメールアドレスを作成する方も、すでに利用されている方も、本書でGmailとGoogle Workspaceとの連携などを使いこなし、日々忙しいあなたのビジネスが少しでも生産性が向上するように微力ながらお手伝いになれば幸いです。

2024年2月
石塚亜紀子

目次

3章 Gmailでさまざまな形式のメールを送受信するには？ 39

4章　Gmailの機能を使って送受信メールを整理整頓する　67

5章　Gmail以外のメールを見られるようにするには　93

6章 知っておきたい生産性向上のための Gmailおススメ機能 129

7章 Google Workspaceとの連携・便利な『裏技』 157

1章

そもそも「Gmail」ってなに？

GmailとはGoogleの提供している無料のメールサービスです。その使い勝手の良さから、2004年のサービス開始から今日までに15億人以上の利用者を誇る世界最大のメールサービスです。1章ではまず、その使い勝手の良さと活用シーンを学んで行きましょう！

SECTION 01

Key Word Gmail の利用方法

Gmailってなに？どうやって使うの？

Gmailは無料のユーザー登録をすれば、今すぐに誰でも使用することが出来、メール以外の機能も満載で、その使い勝手は折り紙付きです。まずは試しに使ってみませんか？第1章では、その活用方法やシーンを紹介していきます。

Gmailはパソコンとスマートフォンで使えるの？

Gmailは、お手持ちのパソコンやタブレット、スマートフォンで使用することが出来ます。パソコンではEdgeやChromeなどの各種ブラウザで見ることが出来、スマートフォンでは便利なアプリが無料でストアからダウンロードすることが可能です。

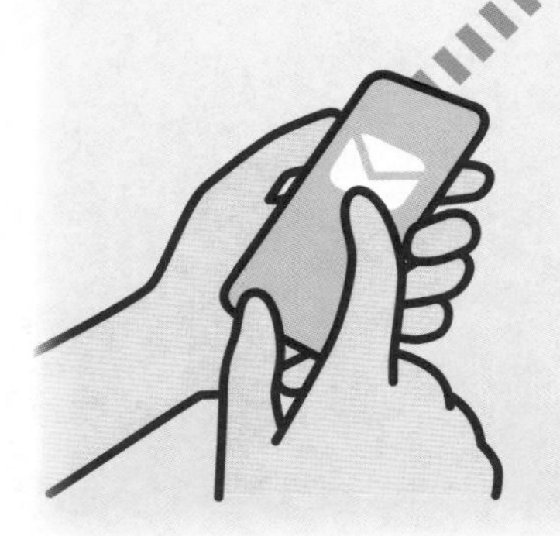

自分のパソコンやスマートフォンがない非常時でも使うことが出来る！

Gmailは、一般的には毎日のビジネスや普段のプライベートなどで使う、コミュニケーションサービスという意味合いが強いのですが、インターネットがつながっている環境なら、非常時や災害時にも大いに役立つ無料メールサービスです。もちろん、携帯電話会社が提供する「災害伝言サービス」も便利ですが、実は、このサービスは国内使用を前提としたサービスのため、遠く離れた海外にいて災害に遭ったり、事故に遭ったりした場合や、海外にいる友人知人の安否確認は、Gmailの世界共通のプラットフォームが断然使い勝手がいいのです。自分のパソコンやスマートフォンがなくても、その辺にあるパソコンや現地の友人知人のスマートフォンを借りて、自分のGmailの送受信ができるなんてすごいことだと思います。さらに、災害時には、不在通知に安否の状況を記載しておけば、心配して世界中から自分のGmailにメールを送ってきた人たちに、いちいち返信しなくても正確な安否が伝えられるという使い方もできるわけです。ただ、注意しておくことは、自分のGmailアカウントとパスワードは絶対に他人に知られないようにしなくてはならない点です。シームレスに使える分、ID乗っ取りなどの危険度も増すわけですから、個人情報の漏えい対策はしっかりと意識しておきましょう。特に、共有パソコンや知人などのスマートフォンを使ってやり取りする場合は、IDとパスワードは、ブラウザやパソコン・スマートフォンに保存しないように細心の注意が必要です。

SECTION 02

Key Word Gmail の各種機能を紹介

Gmailが優れている理由は機能の多さにある！

Gmailが多くの人に支持される理由の１つに、メールそのものが他の機能で様々な用途に使いやすいことと、メール以外にも便利な機能が無料で使えることがあげられます。ここではその一部を紹介したいと思います。

スマートフォンはアプリで便利に使える！

スマートフォンで、Gmailのアプリをストアからダウンロードすることが出来ます。ブラウザ版とほぼ同様の操作が行え、画面もスマホ用にすっきり扱いやすく出来ているので、ユーザーからの評価も高いです。スマートフォンでメールを見たい場合には、まずアプリをダウンロードしておきましょう。

パソコンはブラウザ版のGmailが使える！

パソコン版でGmailを扱う場合には、お使いのブラウザでログインをして使うことになります。ブラウザにより多少画面が異なりますが、どれもとても似ているため、同様の操作を行うことが可能です。Gmailのサポートしているブラウザは、Google Chrome、Edge、Firefox　Safari、となっています。下の画像はChromeの画面です。

いろんな機能が使えて無料というのがすごい！

Gmailの愛される理由は、メールが見やすい、無料で使えるところだけではなく、その機能の多彩さにもあります。よく使われるのはカレンダー機能、Todo機能、ドライブ機能など。本書でもその使い方と連携を詳しく説明していきます。

実は会社のメールアドレスも使えるのでビジネスにも最適！

会社のメールをどこでも見られたら便利だなと思うことはありませんか？会社側に問題がなければ、Gmailで見ることが可能です。もちろん見るだけでなく、返信やカレンダー機能を使うことも可能なので、ビジネスの現場で大活躍してくれると思います。

セキュリティがしっかりしていて迷惑メールの心配がない

Gmailはセキュリティ面でもしっかりしていることが売りです。明らかに危険なメールをあらかじめはじいたり、メールを開く際に注意喚起がなされたり、迷惑メールに自動で移動させたりことがあります。より厳重に2段階認証も可能なので、設定しておくといいでしょう。

← 2 段階認証プロセス

2 段階認証プロセスでアカウントを保護しましょう

セキュリティを強化し、ハッカーがアカウントにアクセスするのを防ぐことができます。ログインする際に、2 段階認証プロセスによって個人情報の漏洩を防ぎ、安全性とセキュリティを確保することができます。

簡単にセキュリティを強化

パスワードに加え、2 段階認証プロセスにより本人確認のための簡単な 2 つ目の手順が追加されます。

すべてのオンライン アカウントに 2 段階認証プロセスを使用

2 段階認証プロセスは幅広いサイバー攻撃を防ぐ、実証済みの方法です。対応するさまざまな場所で有効にすることで、すべてのオンライン アカウントを保護できます。

2章

Gmailの使い方を覚えよう

Gmailの基本のメール機能を使ってみましょう。まずはお好みのアカウントを作成し、ログインして送受信を確認してみます。返信や転送もこの章で扱います。この章で基本的な使い方がマスター出来ます。

SECTION

Key Word　Googleアカウントの作成

03 Gmailを使うための事前設定

この本ではパソコン版のGmailをGoogle Chromeを使って解説していきます。まずはChromeをインストールして用意してください。Chromeのインストールが完了したら、早速Googleのアカウント（メールアドレス）を作成していきましょう！

Googleアカウントを作成するには

① URLを入力しGoogleを表示する

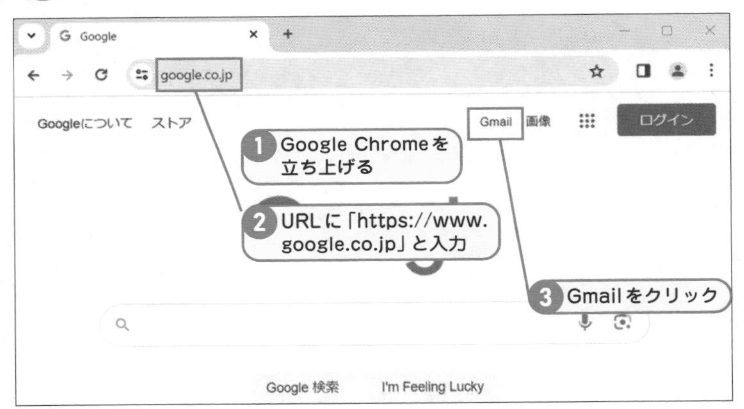

① ブラウザを立ち上げて、Googleのトップページにアクセスします。URLは「https://www.google.co.jp」です。画面が表示されたら、「Gmail」をクリックします。

ヒント　Google Chromeはどこで取得すればいい？

Edgeなどのブラウザを使って、「https://www.google.com」にアクセスすると、ダウンロードボタンがあります。ダウンロードしたら、exeファイルをクリックし、インストールを行います。デスクトップにアイコンが表示されるので、WクリックでChromeを起動します。

② 「アカウントを作成」をクリック

② 「アカウントを作成」ボタンをクリックします。

ヒント　Googleの画面はよく変わる？

Google側の画面の更新などで、ボタンの名称が変わることもあります。その場合には、アカウントやGmailを作成できるボタンを押します。

③ 氏名を入力し「次へ」をクリック

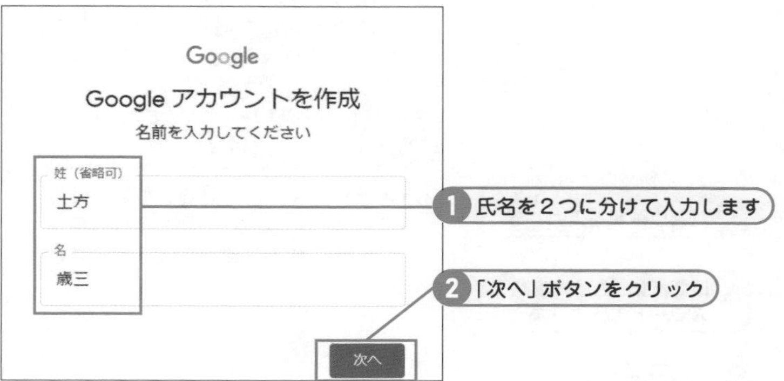

③ メールで使いたい氏名を２つに分けて入力し、「次へ」ボタンをクリックします。

チェック　姓は省略可能

姓は省略可能になっているので、名前だけで入力することも可能です。または名部分に組織名を入力してもOKです。

④ 生年月日と性別を入力し「次へ」

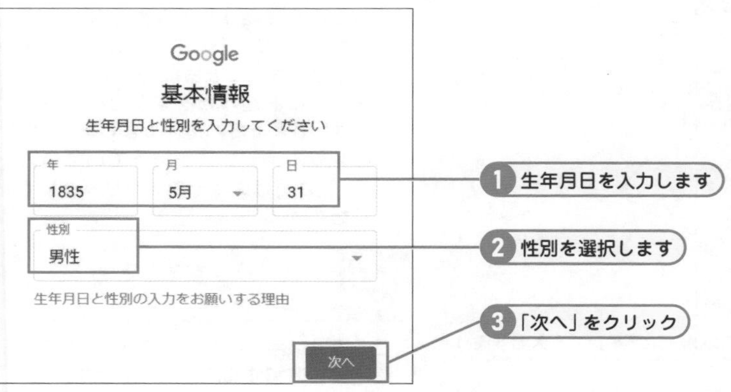

④ 生年月日と性別を入力します。性別はプルダウンをクリックして選んでください。選択が完了したら、「次へ」をクリックします。

メモ　性別はどれを選んでも問題ない

性別はどれを選んでも問題ありません。組織などの場合には、回答しないを選ぶなどしてください。生年月日は組織の場合、わかりやすいように創設日などにしておくといいでしょう。

⑤ 「自分でGmailアドレスを作成」をクリック

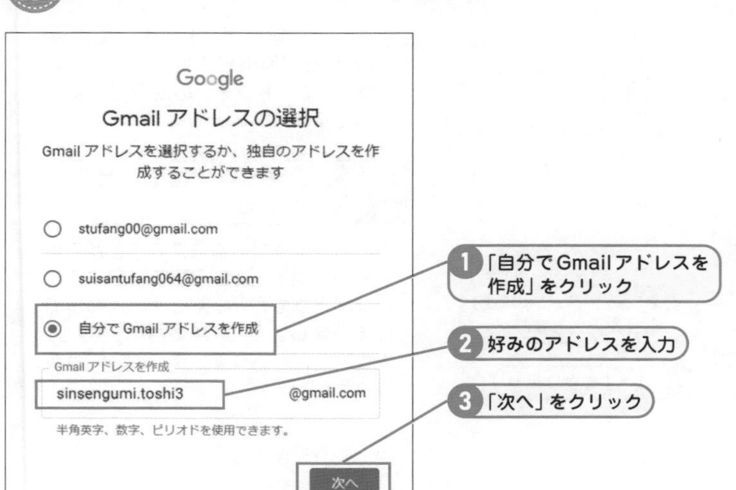

⑤ 画面に自動生成されたアドレス２つと、「自分でGmailアドレスを作成」が表示されます。「自分でGmailアドレスを作成」を選択します。下に好みのアドレスを入力するスペースが現れるので、ここに自分の使いたいメールアドレスを入力し、完成したら「次へ」ボタンをクリックします。

チェック　使えない場合もある

入力したアドレスが既にほかの人に使用されている場合は、画像のようなエラーが表示されます。他の人と被らないアドレスを考えましょう。

6 パスワード設定する

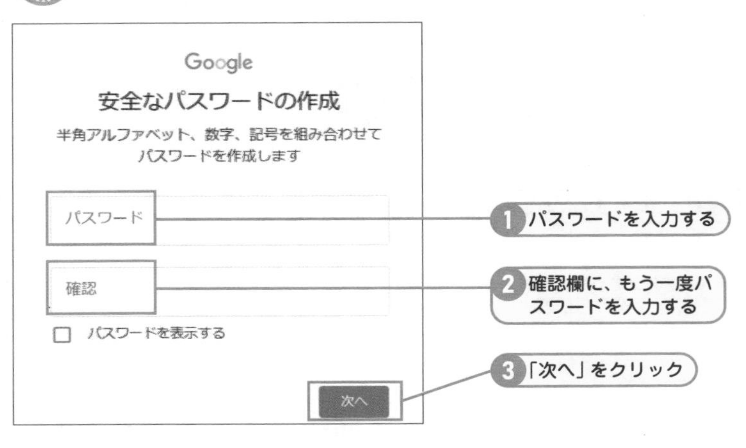

6 自分以外には推測されにくいパスワードを設定していきます。パスワードの欄に好みのパスワードを入力し、下の確認の欄にも同じパスワードを入力して、「次へ」をクリックします。

チェック パスワードには気を付けて

パスワードは誰かに見られないように設定しましょう。また簡単なパスワードは推測されてしまうので、気を付けましょう。

7 再設定用のメールアドレスを追加する

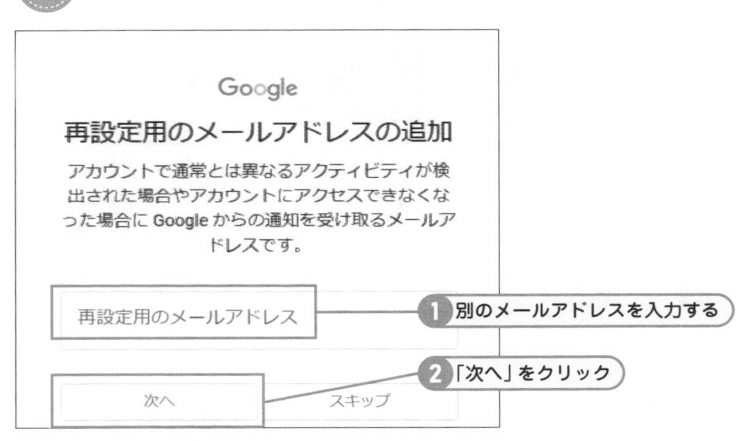

7 再設定用のメールアドレスとは、いつもと違う機器から誰かが接続した場合や、パスワード忘れなどでアクセス出来なくなった場合に、別のメールアドレスにお知らせをするための設定です。出来るだけ追加しましょう。他にメールアドレスを持っていない方は、ここではスキップをクリックしてください。

メモ スキップすることも出来る

ここではスキップも出来ます。あとで設定から追加することが可能です。出来るだけここで設定してしまいましょう。

8 電話番号を入力する

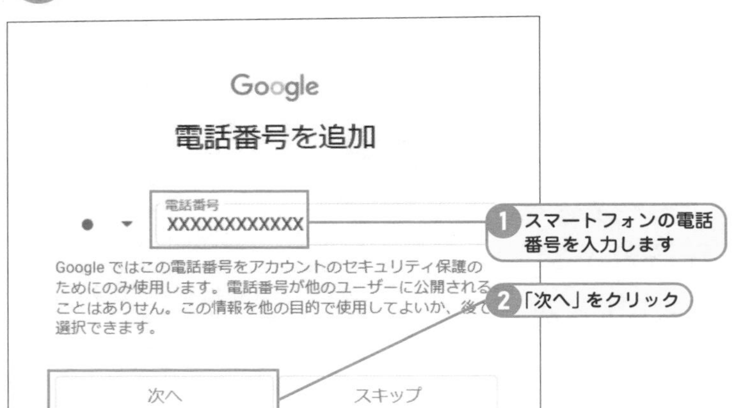

8 ここでの電話番号は、もしもの時にSMSを利用出来るものがおススメです。スマートフォンの電話番号を入力します。

メモ スキップで進むことも出来る

ここもスキップで次に進むことができます。のちほど設定画面で設定することが出来ますが、なるたけ今入力してしまいましょう。電話番号は、他のアカウントとかぶってしまっても問題ありません。

アカウントの内容を確認

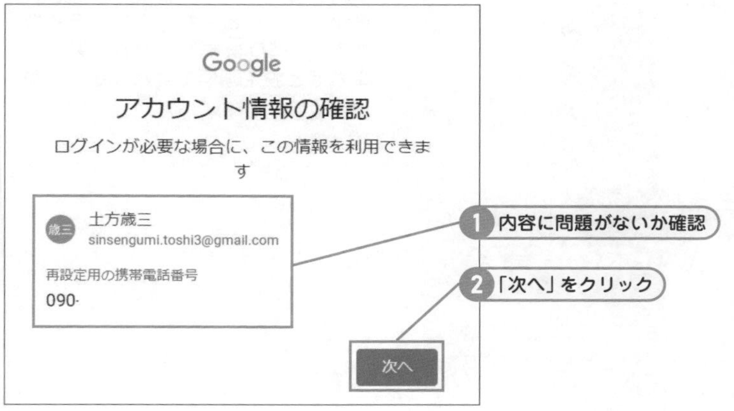

登録するアカウントに問題がないか内容を確認します。問題がなければ「次へ」をクリックします。

チェック 電話番号は間違えないように！

電話番号はくれぐれも間違えないように十分気を付けて、ここで再確認しておきましょう！メールアドレスとパスワードも忘れないようにメモしておくといいでしょう。

10 一番下にある「同意する」をクリック

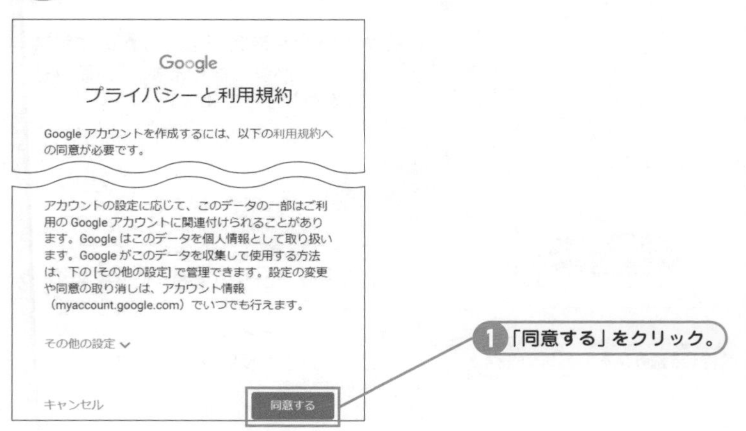

このアカウントを使用する上で、プライバシーと利用規約が表示されます。内容をよく読んで、画面をスクロールし、一番下にある「同意する」をクリックします。

11 スマート機能を有効にする

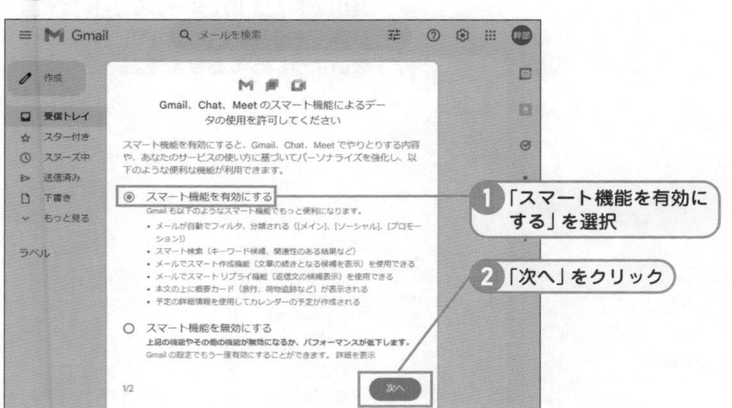

規約に同意後、画面が切り替わり、スマート機能を有効にするかどうかを確認されるので、「スマート機能を有効にする」を選択し、「次へ」をクリックします。

メモ スマート機能って何？

スマート機能は新たにGoogleで追加されたサービスで、画像にあるようにさまざまな機能を使えて、便利になります。無効にすることも出来ますが、有効にしてより便利に使うことをお勧めします。

⑫ 「パーソナライズする」を選択する

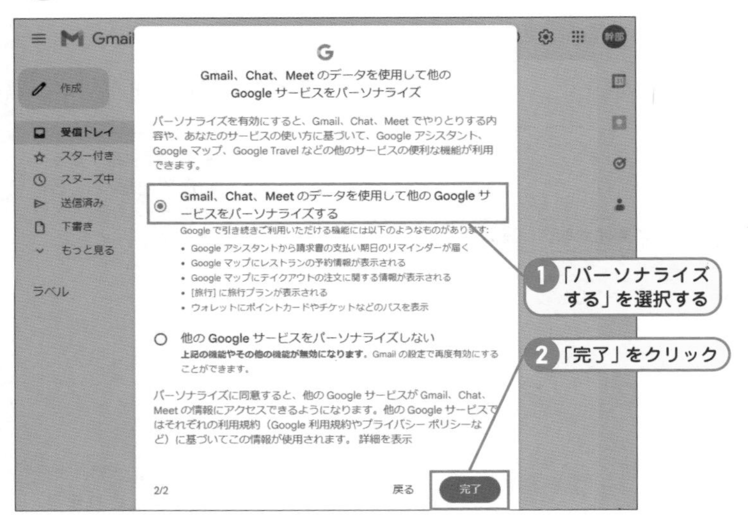

⑬ 再読み込みをクリック

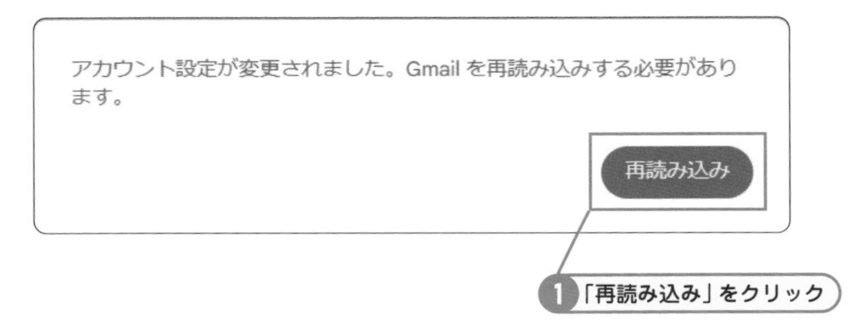

⑭ Gmailのメイン画面が表示される

⑫ パーソナライズについて、選択が表示されます。ここでは「Gmail、Chat、Meet のデータを使用して他の Google サービスをパーソナライズする」を選びます。これらの機能は、のちほど設定画面で解除することが可能です。

⑬ アカウント情報が変わったので再読み込みが必要になります。「再読み込み」をクリックします。

ヒント 再読み込みが上手くいかない場合には？

ここでは再読み込みを行いますが、Gmailの調子が悪い場合、設定を変更した場合には、一度ブラウザを立ち上げなおすと、サインインすることで治ったり、設定が反映されたりすることがあります。

⑭ 登録を全て完了したことで、Gmailのメイン画面が表示されます。お疲れ様でした。ID（メールアドレス）とパスワードは大切なので、必ず忘れないようにしておきます。

Gmail にログインする方法

SECTION

04 Gmailにログインするには

パソコンのブラウザとスマートフォンを使って、Gmailにログインしてみましょう。パソコンはブラウザのChromeを、スマートフォンではアプリをストアからダウンロードしインストールしておく必要があります。用意が出来たら早速始めましょう！

パソコン（ブラウザ版）のログイン手順

1 「Gmail」をクリック

1 Chromeをダブルクリックで起動して、ブラウザの右上に表示される「Gmail」をクリックします。

ヒント　ブックマーク（お気に入り）に入れて置こう！

https://www.google.co.jpはブックマークに追加しておくと便利です。

2 メールアドレスを入力する

2 作成したGmailのメールアドレス（GoogleのID）を入力して、「次へ」をクリックします。

チェック　自分のパソコンではない場合の対処

自分のパソコンでない一時的に人のパソコンを借りる場合には、ゲストモードがおススメです。いざという時のために、一度試しに使ってみましょう。

3 パスワードを入力

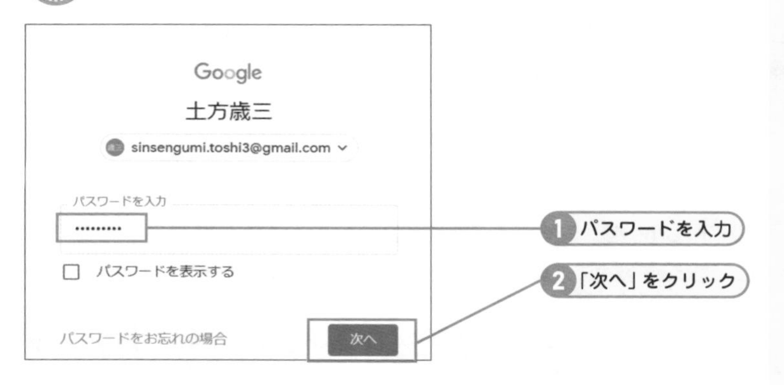

3 第2章1で作成したパスワードを入力し、「次へ」をクリックします。

ヒント パスワードを忘れた場合には？

パスワードを忘れてしまった場合には、「パスワードをお忘れの場合」をクリックして、パスワードを再設定しましょう。

4 受信トレイが表示される

4 ログインが完了し、受信トレイが表示されます。

ヒント 右上のアカウントアイコンをチェック

右上の丸いアイコンに名前が表示されます。多数アカウントを切り替えて使う場合には、ここでどの名前でログインしているか、確認をして使いましょう。

スマホアプリのログイン手順

1 Gmailアプリを起動する

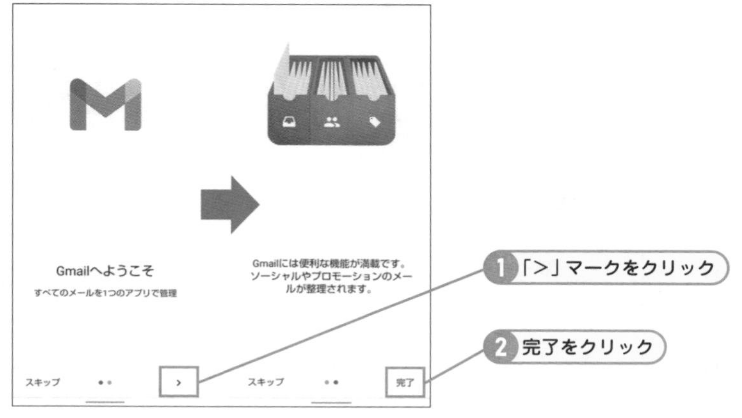

1 Gmailアプリを起動し、画面一番下にある「>」マークをクリックします。続けて表示される画面の一番下にある「完了」をクリックします。

ヒント Gmailアプリはどこで手に入れる？

Gmailのスマートフォン版アプリは、ストアからダウンロードすることが可能です（詳しくは8章で解説しています）ただし、Android版スマートフォンには最初からインストールされていることがほとんどです。Android版の場合は、スマートフォンの中のアプリを探してみましょう。

② 「メールアドレスを追加」をクリック

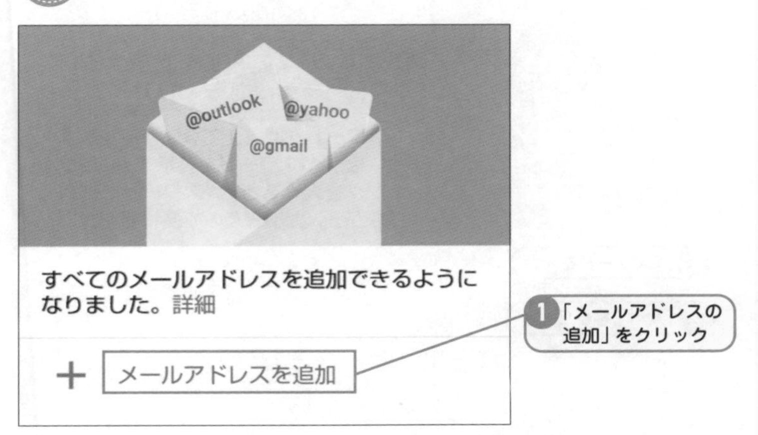

②「メールアドレスの追加」をクリックします。

③ 「Google」を選択する

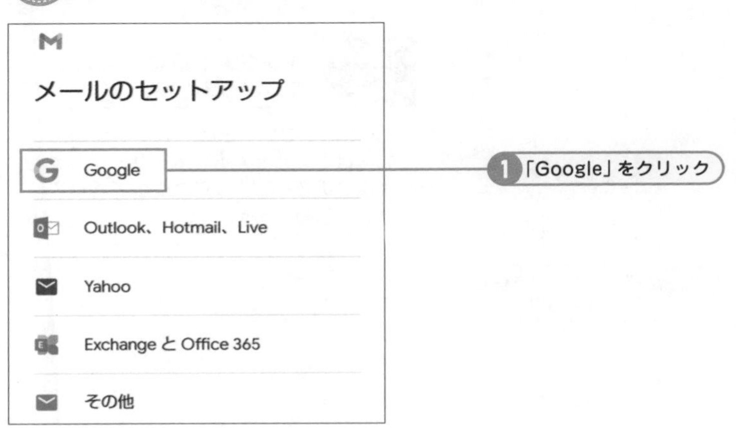

③メールのセットアップに並んでいる中から「Google」を選択し、クリックします。

ヒント すでにアカウントがあるかも？

Android版スマートフォンの場合、初回起動時にアカウントを作成しているので、すでにアカウントを持っている場合には、ここに表示されているので、新しく作ったメールアドレスの追加を行う形になります。

④ 「メールアドレス」を入力して次へ

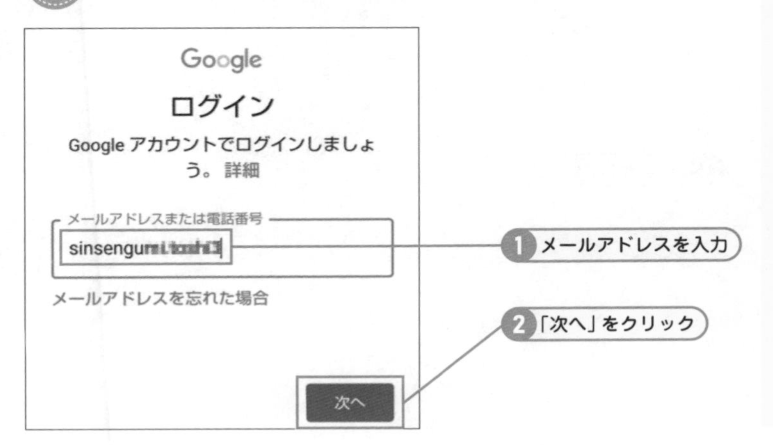

④メールアドレスを入力し、「次へ」をクリックします。

5 「パスワード」を入力して次へ

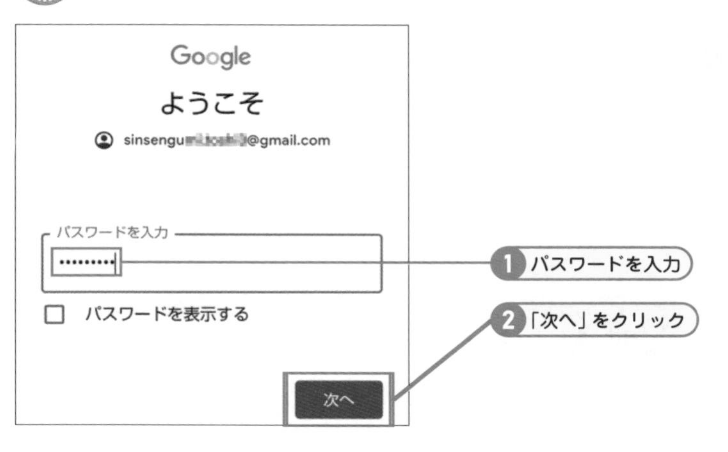

5 パスワードを入力し、「次へ」をクリックします。

ヒント パスワードを表示するにチェックを入れてみよう

パスワードを間違えてないか不安な場合には、「パスワードを表示する」にチェックを入れると、パスワードを確認しながら入力出来るので便利です。

6 バックアップを有効にする

6 画面下のほうにある「バックアップを有効にする」をクリックします。

メモ バックアップは有効にしましょう！

「有効にしない」を選択しても登録上問題はありませんが、バックアップは大事なので、ここは有効にしておくことをお勧めします。

7 「同意する」をクリックする

7 内容をよく読んで、画面右下に表示されている「同意する」をクリックします。

8 「もっと見る」をクリックする

Google サービス

サービスを後で有効または無効にする方法など、各サービスの詳細を確認するにはタップします。データは Google のプライバ

バックアップは安全に暗号化され、Google アカウントにアップロードされます。デバイスの画面ロック用の PIN、パターン、パスワードを使って暗号化されるデータもあります。

もっと見る

1 「もっと見る」をクリック

8 画面下にある「もっと見る」をクリックして、サービス内容を全部表示させます。

チェック 「デバイスの基本バックアップを使用する」はオンのままに

デバイスの基本バックアップを使用するは、最初からオンになっていますが、ここはオンにしたままにしましょう。機器の入れ替えを行った場合に、ログインすることで前の機器の設定が反映されて、とても便利です。

9 「同意する」をクリック

バックアップは安全に暗号化され、Google アカウントにアップロードされます。デバイスの画面ロック用の PIN、パターン、パスワードを使って暗号化されるデータもあります。

[同意する] をタップすると、この Google サービスの設定の選択内容を確認したことになります。

同意する

1 「同意する」をクリック

9 内容をよく読んで「同意する」をクリックします。

ヒント 表示画面や同意内容は時期によって異なる

内容や画面の表示は、時期によって異なる場合があります。省略されて表示されなかったり、同意項目が増えることもあるので、内容をよく読んで同意してください。

10 「GMAILに移動」をクリック

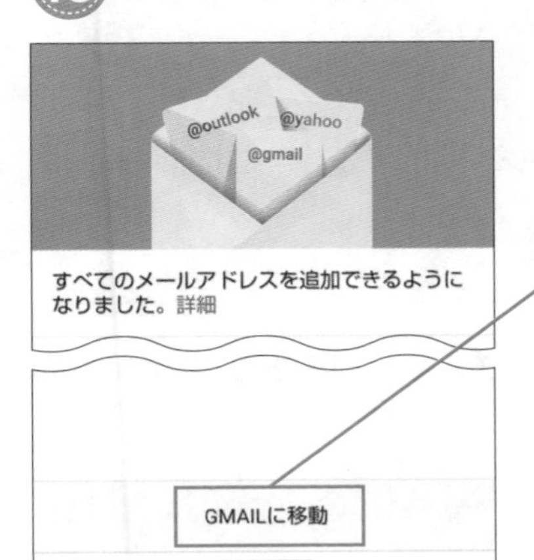

1 「GMAILに移動」をクリック

10 これでアカウントが新たに登録されました。画面下の「GMAILに移動」をクリックすると、受信トレイに移動します。

メモ 他のメールアドレスを追加することも可能

お疲れ様でした。ここまででログインは完了です。他にも使い分けにメールアドレスを作る場合には、この画面の「他のメールアドレスを追加」をクリックすることで作成画面に進むことが出来ます。

SECTION 05 Key Word Gmail の画面構成

Gmailを開いて画面構成を確認する

まずは、Gmailのメイン画面の構成を確認しましょう。たくさんのボタンや隠れている項目があるので、ここで全部覚えようとしないで大丈夫です。この後の章で説明しますが、よく使うものだけ覚えて行ければそれで問題ありません。

❶**メインメニュー**
クリックするとメニューが文字付で表示されたり、アイコンだけになったりします。画面を大きく使いたい時などに使用します。

❷**検索ボックス**
検索ボックスにキーワードを入力して、メールを検索することが出来ます。

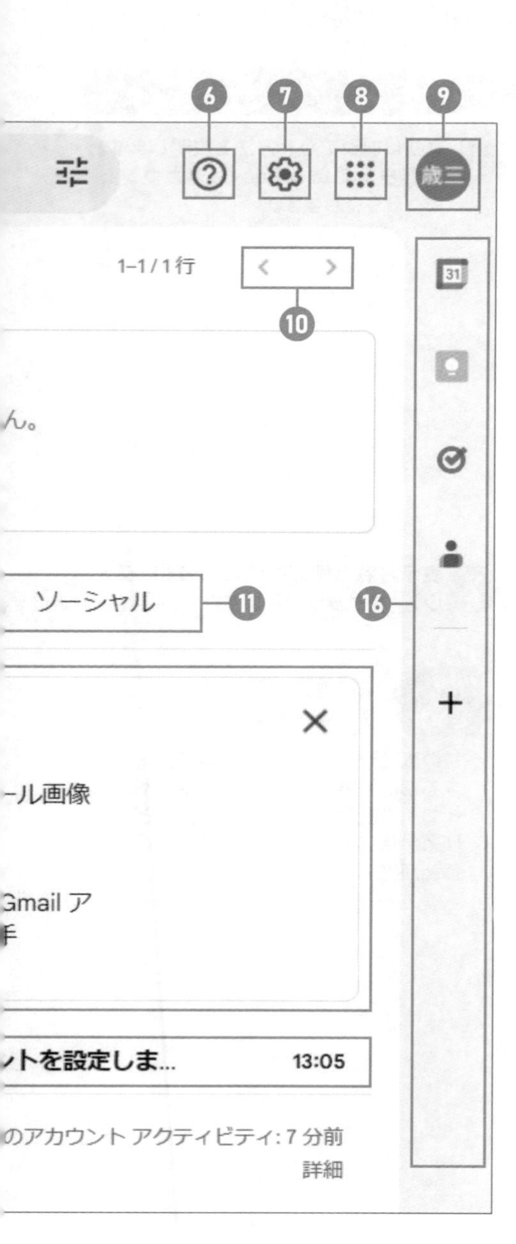

❸**選択ボタン**
□をクリックするとすべてのメールを選択します。右横の▼で選択項目を変更出来ます。

❹**更新ボタン**
受信メールを最新のものに更新します。送られたメールが届かない時にも使用します。

❺**その他のボタン**
メールを全て既読にする場合に使用します。

❻**サポートボタン**
詳しい操作方法や困ったときに見るヘルプページへリンクしています。

❼**設定ボタン**
Gmailの設定に関するものがすべてここに揃っています。

❽**Googleアプリボタン**
Googleアカウントで使用できるアプリ（Google Mapなど）がここに格納されています。

❾**アカウントボタン**
名前の書かれている丸いボタンをクリックすると、アカウントに関する変更が行えます。

❿**前（<）次（>）ボタン**
前のメール、次のメールをそれぞれ表示します。

⓫**タブ**
受信したメールを振り分けるタブです。切り替えながら使用します。

⓬**メールリスト**
受信したメールを表示しています。

⓭**ラベルリスト**
送信済み、スター付きなど、押すとラベル単位でメールを表示します。

⓮**容量の表示**
メールの空き容量の表示です、最大15GBです。メールが増えてきて容量がいっぱいになってきたら整理しましょう。

⓯**Gmailを使ってみる**
初期画面に表示されていますが、特にここを使わなくても使用できるので、右上の×ボタンで消してしまいましょう。

⓰**サイドバー**
カレンダーやToDoなどのツールがここにあります。

SECTION Key Word Gmailのログアウトと再ログイン

06 Gmailを終了する方法 開始する方法

Gmailをログインしたままにしておくと、他の人がChromeを開いた時に読まれてしまう可能性があります。セキュリティ向上のためにも、しばらく使わないときにはログアウトしておいて、使う時に再ログインする癖を付けておきましょう。

Gmailを終了する方法（ログアウト）

1 アカウントをクリック

1 最初にログアウト方法を説明します。画面右上にあるGoogleアカウントをクリックします。

2 ログアウトをクリック

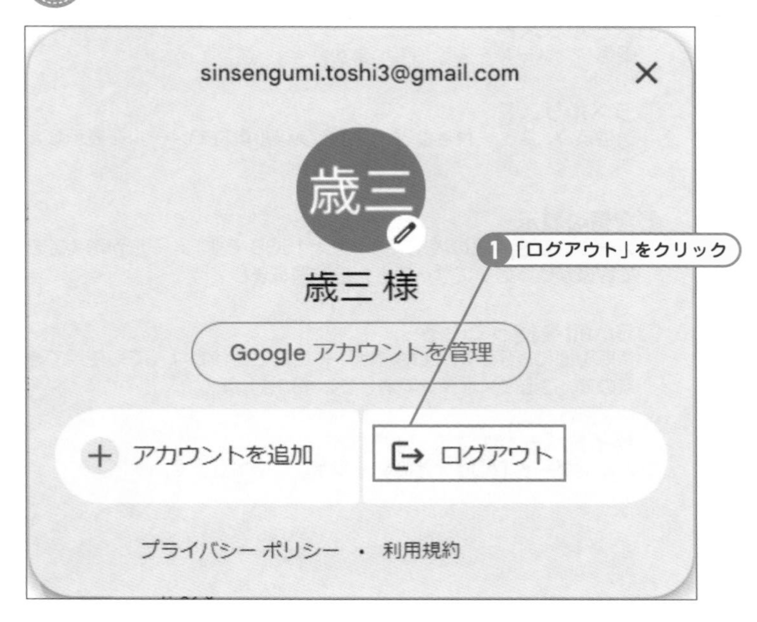

2 表示された画面の中にある「ログアウト」をクリックします。

ヒント この画面からアカウントを追加・管理することも出来る

この画面からアカウントを追加・管理することも出来ます。氏名の変更やアイコンの変更、パスワード変更などは「Googleアカウントを管理」から行うことが出来ます。

Gmailに再ログインする

① 「Gmail」をクリック

① 続いてログイン方法を説明します。Chromeを立ち上げて画面右上にある「Gmail」をクリックします。

② 使用したいアカウントをクリック

② 現在はログアウトしているので、ログアウトしましたと記載してあるアカウントをクリックします。

ヒント 使用したいアカウントが見当たらない場合には？

使用したいアカウントがここにない場合には、別アカウントを使用で追加をしましょう。またこの画面でアカウントの削除も出来てしまいます。間違って削除してしまわないように気を付けましょう。

③ パスワードを入力する

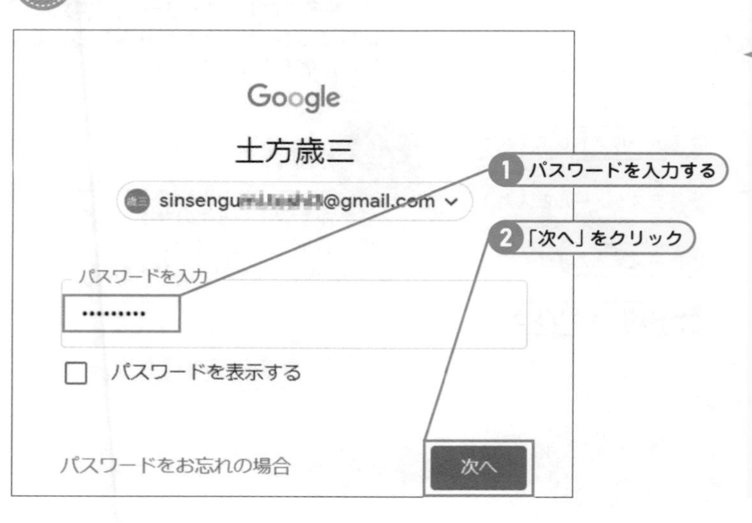

③ 続いてパスワードを求めてくるので、パスワードを入力後、「次へ」をクリックしてログインします。

SECTION 07

Key Word メールの送受信方法

Gmailでメールの送受信を試してみる

Gmailを使ってメールの送受信を行ってみましょう。ここでは試しに自分に対してテストメールを送ってみます。実際にはメールアドレスの欄には他の人のメールアドレスを間違えないように入力してください。それでは、テストメールを自分に送ってみましょう！

Gmailでメールの送受信をしてみよう

1 「作成」をクリック

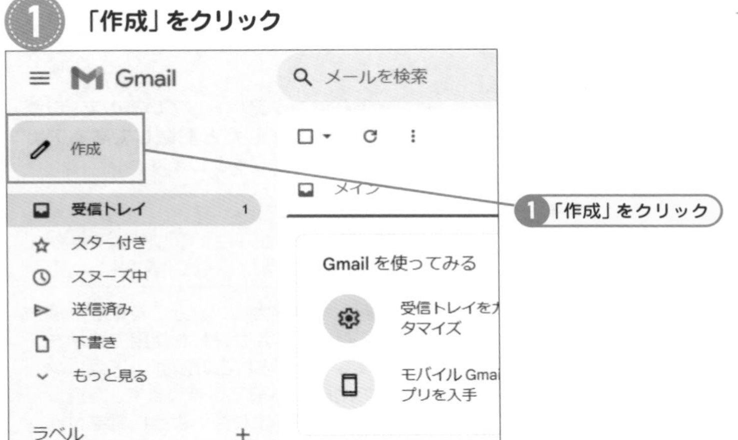

1 Gmailの画面左上にある「作成」をクリックします。

2 メールの内容を入力する

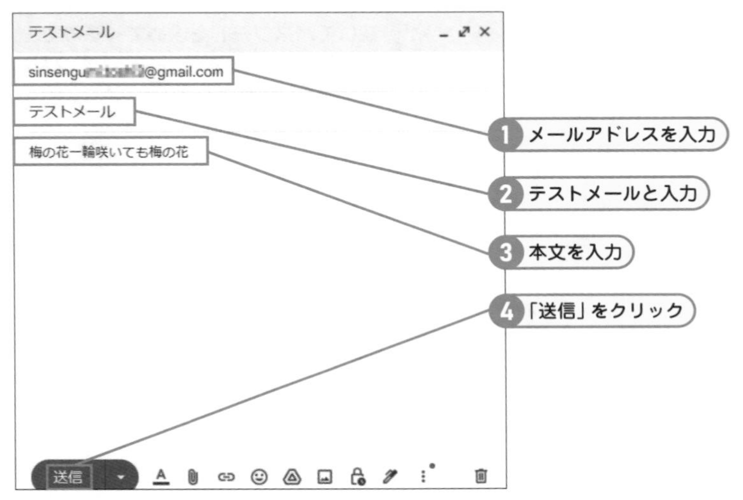

2 「新規メッセージ」という画面が表示されます。宛先の欄にメールアドレスを、件名には「テストメール」、本文には好きな文章とそれぞれ入力し、最後に送信をクリックします。

チェック 送信部分をクリックしよう！

送信を押す際に、右側の▼を押してしまうと選択肢が出てしまうので、「送信」部分をクリックしてください。

3 受信したメールを開く

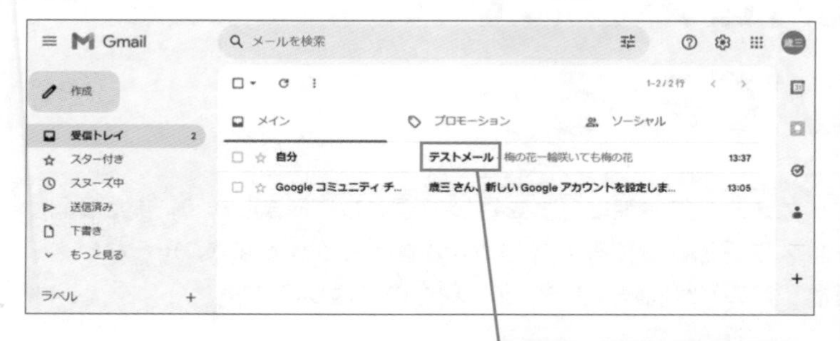

3 送信されたメールがちゃんと受信されたことを確認します。テストメールをクリックします。

4 開いたメールの内容を確認する

4 メールを開いて内容を確認しましょう。問題なければ、送受信は完了です。

チェック メールが届かない場合には？

送信先メールアドレスに間違いはありませんか？間違ったメールアドレスを入力していた場合には、知らない人に送ってしまうことになります。メールアドレスはよく確認をしてから、送信をしましょう。送り先を確認するときは、受信トレイの下にある送信済みをクリックして、送ったメールを確認してみましょう。

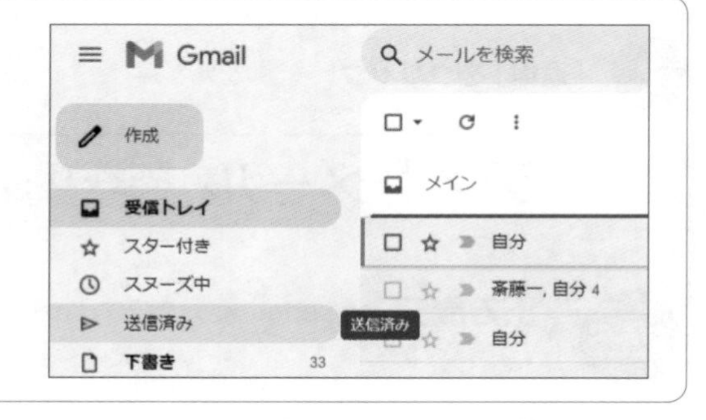

メモ メールは宛先がないと帰ってくる

メールを送信して、あて先がない場合には画像のように「アドレス不明」で戻ってきます。その場合はメールアドレスが間違っていないか、再度よく確認して送りなおしましょう。特にカンマとドットの間違いはよくあります。見づらいのでよく注意して入力しましょう。

SECTION 08

Key Word メールの返信方法

受信したメールに返信してみる

Gmailを使って受信したメールに今度は返事を書いて送信してみましょう。また今回も自分のメールアドレスに返信をしてみます。電話の場合もそうですが、知らないメールにはむやみに返信することは危険なので、必要なものに限ります。

受信したメールに返信してみよう

1 返信したいメールを開く

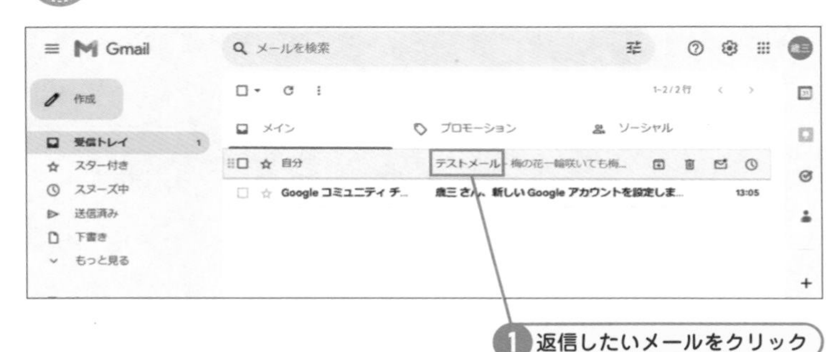

1 返信したいメールをクリック

1 受信トレイを表示して、返信したいメールをクリックし、開きます。ここでは先ほど送受信したテストメールを使っていきたいと思います。テストメールを開きます。

2 「返信」をクリック

テストメール 受信トレイ ×

土方歳三 <sinsengu…@gmail.com>
To 自分

梅の花一輪咲いても梅の花

返信 転送

1 返信をクリック

2 メールの本文下に表示されている「返信」ボタンをクリックします。

ヒント Googleコミュニティチームに返信しない

新たに作ったメールアカウントの受信トレイを開くと、Googleアカウントをコミュニティチームから最初のメールが届いていますが、これは送信専用の歓迎メールなので、ここには返信しないようにしてください。

③ 本文を入力する

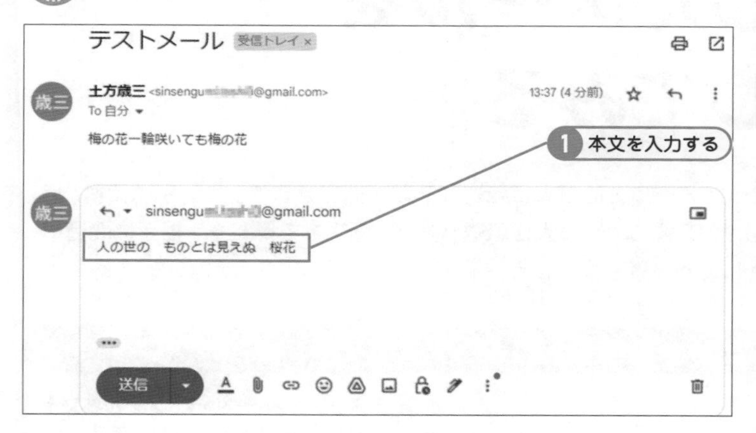

③ 図の位置に好きな本文を入力します。

ヒント 送ったテストメールと本文を変えよう！

テストメールを送る場合、先ほど送ったテストメールとは違う内容にしておくと、受信したときに混乱しません。

④ 元のメールの内容を表示する

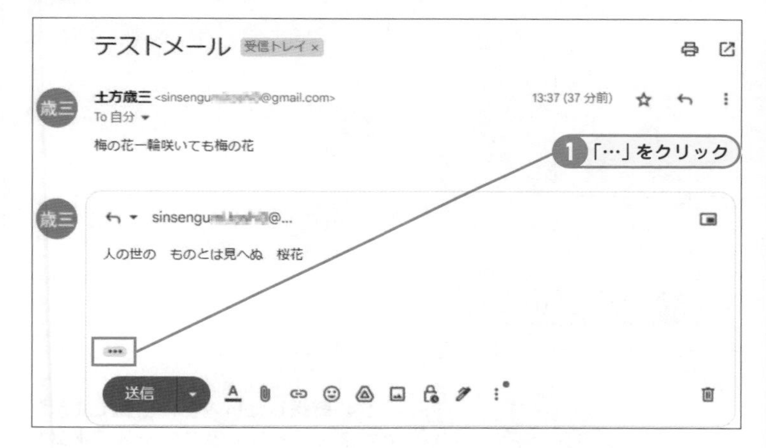

④ 送信の上にある「…」のマークをクリックし、元のメールの内容を表示します。

メモ 元のメールの内容を表示して確認！

メールを書く際に１つ前のメールは表示されますが、その前のメールは「…」をクリックしないと表示されません。内容を読んで確認したい時には「…」をクリックすることをお勧めします。クリックしないことで前のメールが消えてしまうことはありません。

⑤ 「送信」ボタンをクリック

⑤ 「送信」ボタンをクリックして返信します。

送信前チェックを忘れずに！

送信前に、本文に誤字がないかよく確認をしてみましょう。

SECTION 09

Key Word メールの転送方法

受信したメールを転送してみる

Gmailでは、受け取ったメールを他の人に転送することもできます。今回手順では、自分に転送してみますが、実際には他の人に転送します。転送する際にも、相手に間違いはないかよく確認をしてから送りましょう。

受信したメールを転送してみよう

1 「転送」をクリックする

土方歳三
梅の花一輪咲いても梅の花

土方歳三 <sinsengu…@gmail.com>
To 自分
人の世の　ものとは見へぬ　桜花

2023年12月19日(火) 13:37 土方歳三 <sinsengu…@gmail.com>:
梅の花一輪咲いても梅の花

返信　転送

1 「転送」をクリック

1 テストメールを開いて、メール本文下にある「転送」をクリックします。

2 本文を書いて「送信」をクリック

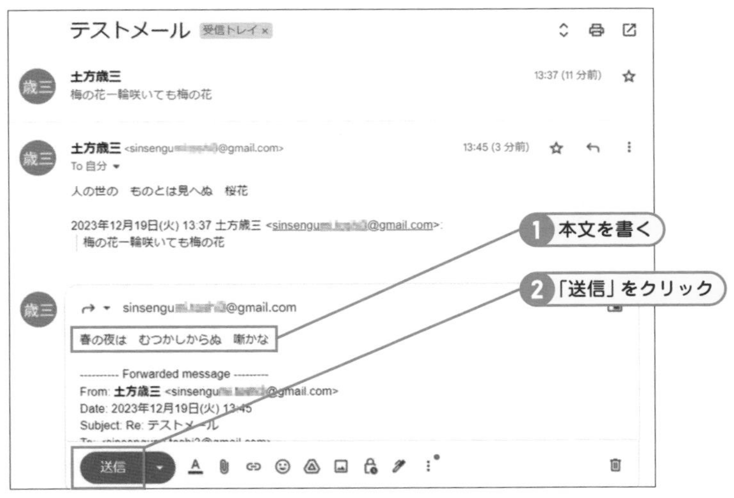

2 本文に転送したい内容が自動で表示されます。その上のスペースに本文を書いて、送信をクリックします。

転送と返信で画面が異なる

転送の場合、返信と違い「…」が表示されず、自動的に元のメールの内容が本文の中に表示されます。

3章

Gmailでさまざまな形式のメールを送受信するには？

Gmail はとても便利な機能がたくさんありますが、特に送受信方法は今多彩になっています。この章では、通常の転送や添付ファイルはもちろん、大容量のデータを送る方法など、送受信方法を紹介していきたいと思います。

SECTION 10

メールの文字を装飾する方法

難しいHTMLを入力しなくても、本文の文字を太くしてみたり色を付けてみたりと、さまざまな装飾をボタン１つでつけることが出来ます。特に目立たせたいメールなどに使用してみましょう。

メールの文字を装飾する

① 装飾したい文字を選択

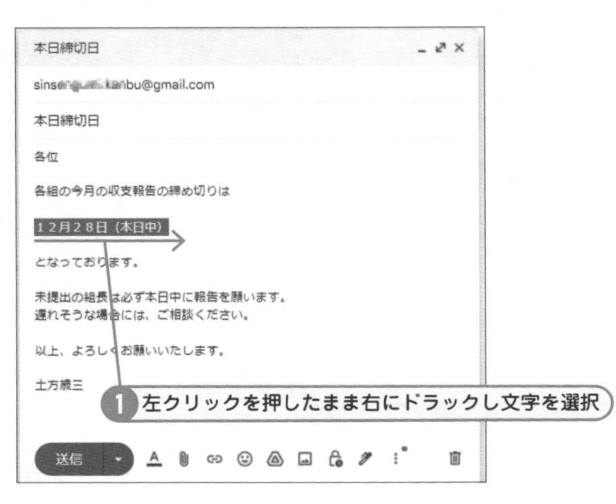

① 画面左上の作成ボタンを押し、新規メッセージを開きます。本文に装飾したい文字を入力します。左クリックを押しながら右にドラッグし、装飾したい文字の範囲を選択します。ここの例では「１２月２８日（本日中）」を選択してみます。

簡単な文字の選択方法

カーソルを文字の先頭において、shiftボタンを押しながら最後の部分をクリックします。人によってはドラックよりも正確に素早く出来るかもしれません。

② 「書式設定オプション」をクリック

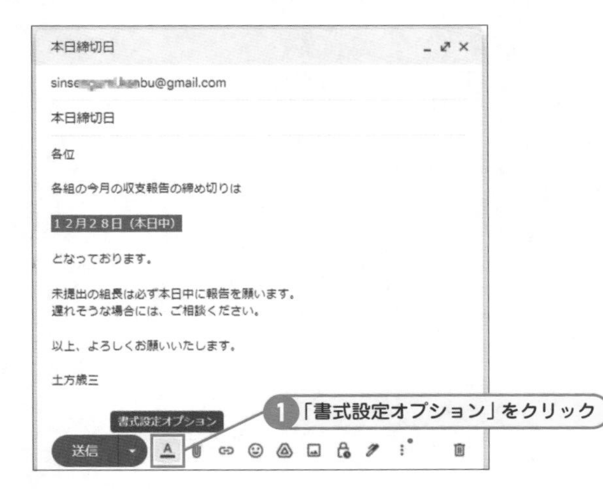

② 送信ボタンの右にあるＡによく似た「書式設定オプション」をクリックします。

メモ

書式のオプションは先でもOK

書式設定オプションは、文字の選択前でも表示させることが出来ます。

③ 太字ボタンをクリック

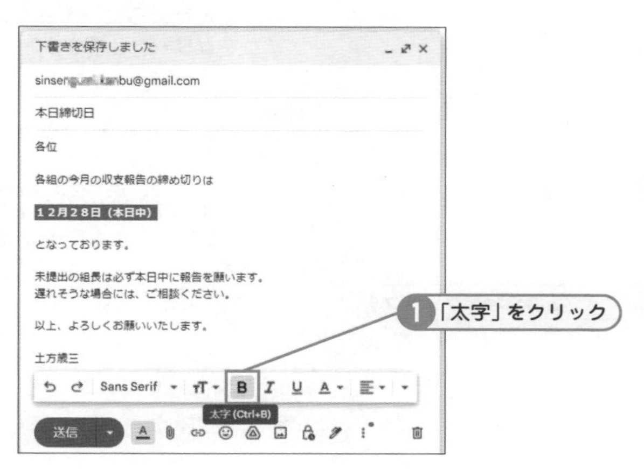

③ はじめは文字を太くしていきたいと思います。「B」の形の太字アイコンをクリックすることで、文字が太字になります。ここでは「12月28日（本日中）」を太字にしてみましょう。

チェック 太字を元に戻したい時には？

太字から標準に戻すときはもう一回文字を選択し、太字アイコンをクリックすることで解除されます。

④ 「テキストの色」をクリック

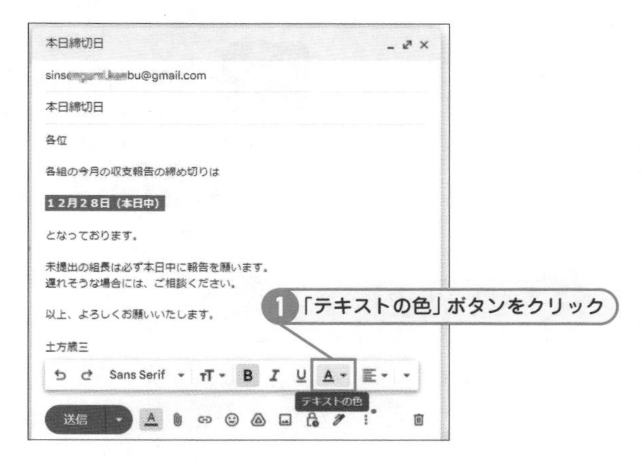

④ 続けて文字に色を付けて行きたいと思います。Aの形の「テキストの色」ボタンをクリックして、色見本を表示します。

チェック Aの脇にある▼は何？

Aの脇にある▼をクリックしても同じ色見本が表示されます。

⑤ 色を選択する

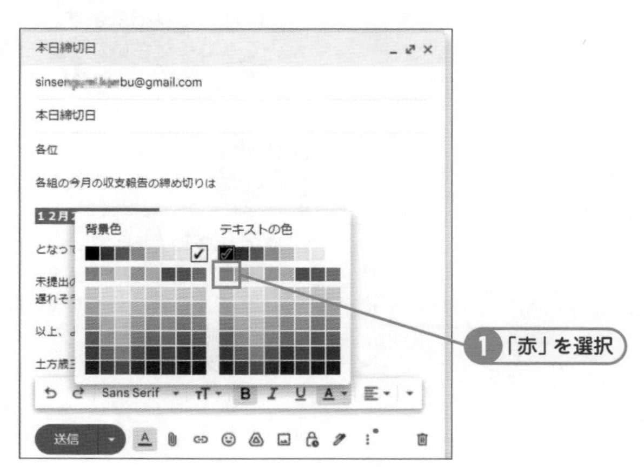

⑤ テキストの色ボタンをクリックすると、色見本が2つ表示されます。背景と文字の色どちらも変更することが出来ます。ここでは右側のテキストの色から「赤」を選択します。

ヒント 文字と背景色は同じ色にしない

文字が見えなくなってしまいます。似た色もやめておきましょう。メールは相手に読んでもらいやすいものが一番です。

6 「サイズ」ボタンをクリック

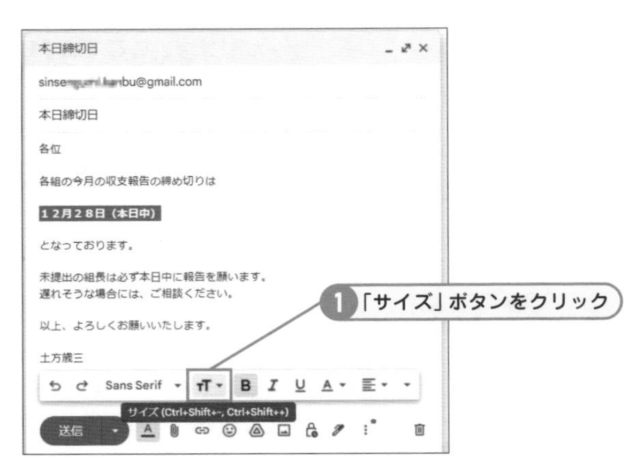

6 続けて文字を大きくして、もっと目立たせていきたいと思います。「T」が2つ並んだように見える「サイズ」ボタンをクリックします。

ヒント ショートカットキーも使ってみよう

ctrlとShiftを押しながら＋や-を押しても、文字サイズを変更することが出来ます。

7 「最大」をクリック

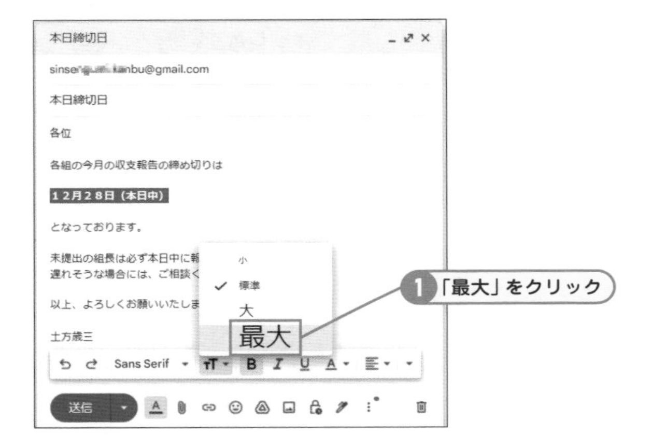

7 「最大」をクリックして、文字を一番大きく表示します。

メモ 文字サイズは4サイズ

Wordなどのように細かいサイズ設定はここでは出来ません。サイズはここに表示される4種類になります。

8 「送信」をクリック

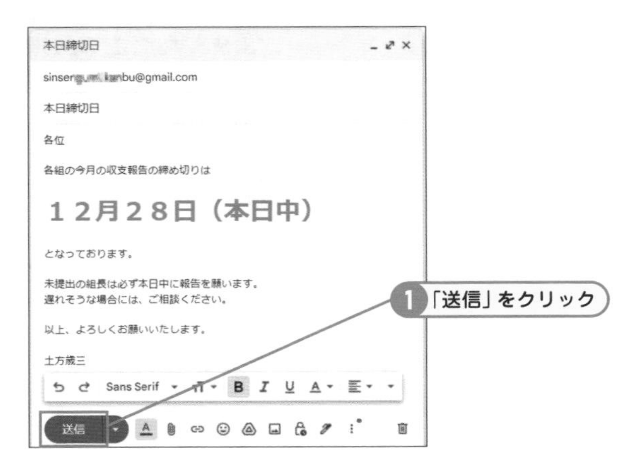

8 だいぶ目立つようになりました。このほかにも、下線を引いたり文字を中央に寄せたり出来ます。いろいろためしてみてください。最後に内容を確認して、送信をクリックします。

チェック メールが届かない？

装飾を施したHTMLメールを拒否する設定を行っている人もいます。メールが届いてなさそうな場合には、そのことも念頭に置いて、声をかけてみる必要があります。

SECTION 11

Key Word プレーンテキストモード

シンプルに文字だけを送信するメリット

HTMLメールはセキュリティ上危険視されることがあります。会社によっては受け取れない設定にしているところもあります。プレーンテキストモードは文字列だけで危険性がなく、安心して受け取れるメールになります。

メールの文字だけをシンプルに送信する

1 「その他のオプション」をクリック

1 HTMLメールは装飾を施す分、容量が大きいという問題があるからです。そこでシンプルに文字だけで軽いメールの送り方も覚えて置きましょう。「…」3つの点の「その他のオプション」をクリックします。

メモ その他のオプション

その他のオプションには他にも印刷やスペルチェック、ラベルなどいろいろな設定が出来るようになっています。

2 「プレーンテキストモード」にチェックを入れる

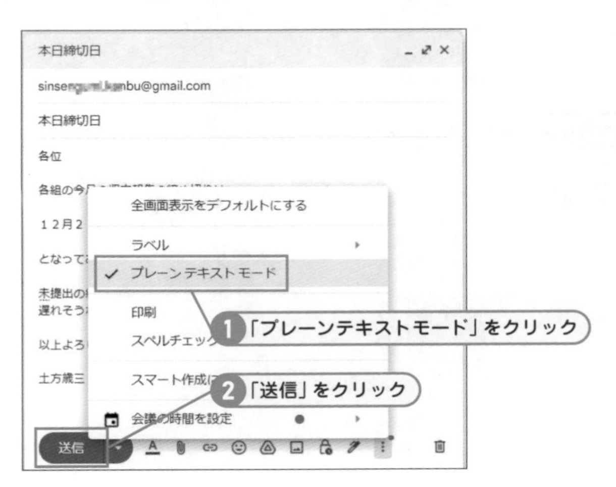

2 表示された選択肢の中から、「プレーンテキストモード」をクリックして、チェックをいれます。最後に「送信」をクリックします。

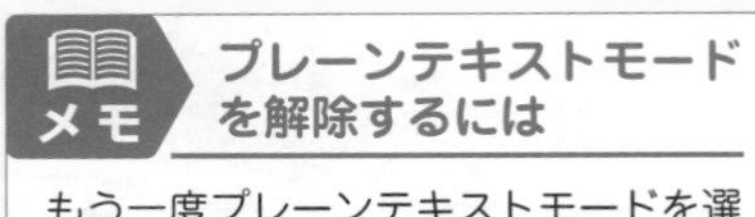

メモ プレーンテキストモードを解除するには

もう一度プレーンテキストモードを選択して、チェックを外します。

SECTION 12

Key Word 複数人への転送方法

受信したメールを複数人に転送するには？

1人1人に転送するのではなく、複数人に一気に転送出来たら便利ですね。今回はメールの転送方法を解説したいと思います。ここでの転送方法は、転送した相手に、同時に転送されたメンバーがわかってしまうので、注意が必要です。

受信したメールを複数人に転送する

1 「転送」ボタンをクリック

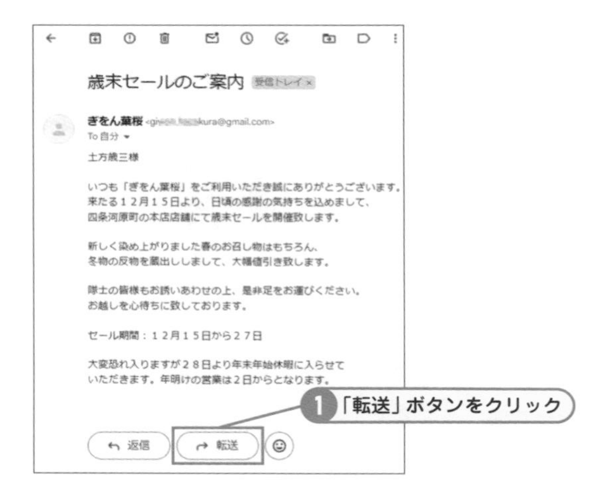

❶ 転送したいメールを開いて、画面下にある「転送」ボタンをクリックします。

メモ 「…」でも転送を選択できる

メール右上の「…」をクリックしても転送を選択することが出来ます。

2 宛先に1つ目のメールアドレスを入力

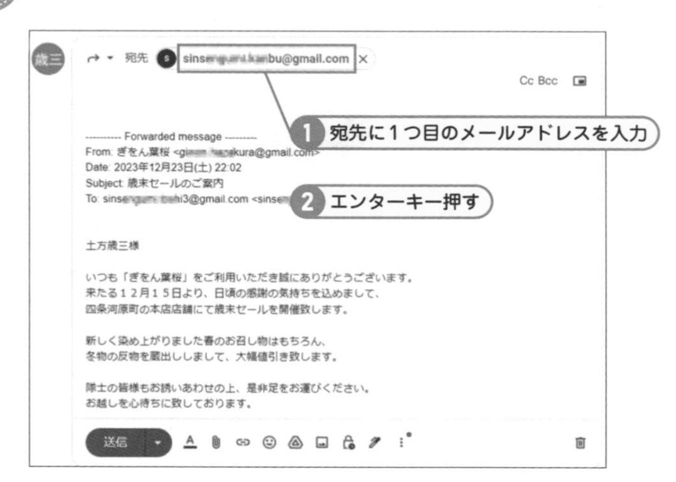

❷ 転送メールが下に表示されます。宛先に1つ目のメールアドレスを入力します。

チェック エンターキーを忘れないこと

1つ目のメールを入力したらエンターキーで区切ります。そうすることで次のメールアドレスを入力することが出来ます。

3 2つ目のメールアドレスを入力

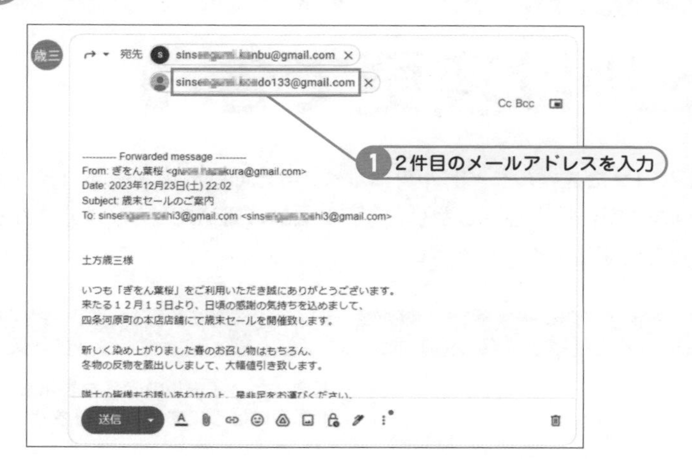

3 1つ目を入力し、続けて2件目の入力をします。画像のように2段になっていたら問題ありません

ヒント メールアドレスが続いてしまう場合には？

もしメールアドレスが続けて入力してしまいたい場合には、続けて入力し、間に「;」を入力してみましょう。すると「;」がカンマに変更され、区切られることになります。

4 3つ目のメールを入力

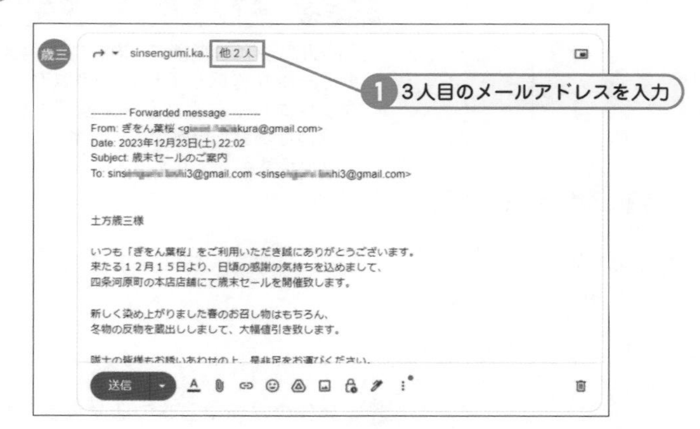

4 3つ目のメールアドレスを入力すると、画面のように「他2人」といった表記に変わります。

ヒント 他2人のメールアドレスはどこで見られる？

「他２人」の部分や、宛先をクリックすると、他２人の内容をちゃんと見ることが出来ます。

5 本文を入力

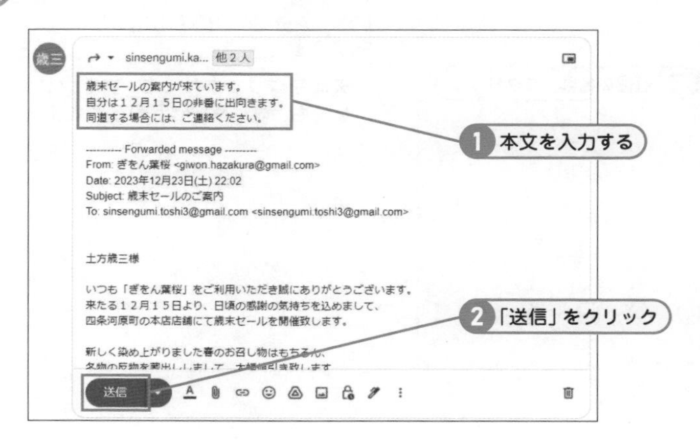

5 本文を入力してメールを完成させます。

SECTION 13 Key Word メールタイトルの変更

返信の際にメールのタイトルは変更できる

返信する際に、「Re」といったメールタイトルではなく、自分の好みのメールタイトルを付けることが出来ます。重要性を強調したり、内容を端的に書いたりと、是非わかりやすいメールタイトルを活用してみてください。

返信の際にメールのタイトルを変更する

1 「返信」をクリック

1 返信したいメールの内容を表示して、画面下のほうにある「返信」をクリックします。

メモ 「日程を調整して連絡します」を押してみると?

Gmailの便利な機能で、自動で返信メッセージを作成してくれる機能です。クリックしてみると返信が表示され、選択した一文が自動で入力された状態になります。

2 「返信の種類」をクリック

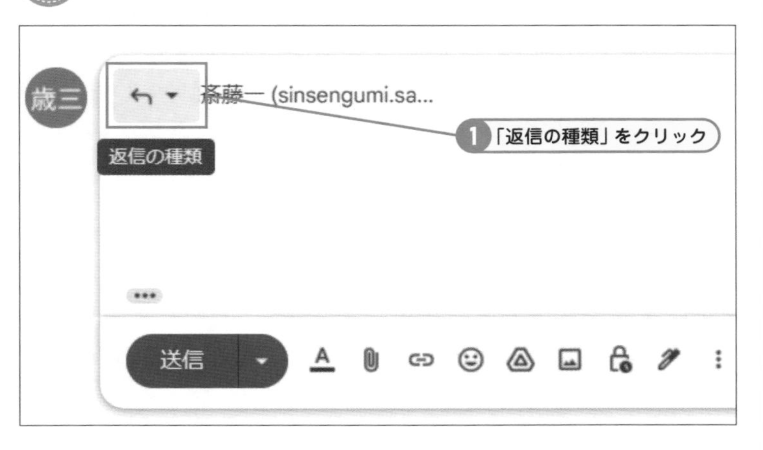

2 宛先の左手にある矢印マークの「返信の種類」をクリックします。

ヒント 矢印の右にある▼は?

矢印をクリックしても、▼をクリックしても、同じ選択肢が表示されます。

3 「件名を編集」をクリック

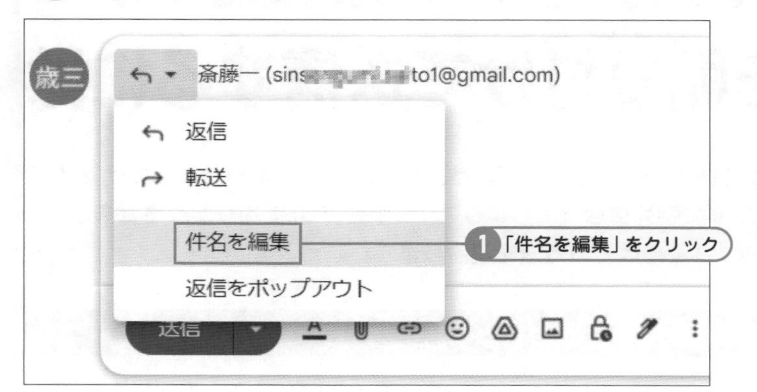

3 表示される選択肢の中から、「件名を編集」をクリックします。

メモ ポップアウトって何？

ポップアウトは画面を切り離して、前面に取り出すことが出来ます。同じ画面で書きにくい場合には、ポップアップしてみると便利です。

4 「打ち合わせについて」を編集する

4 画面が切り替わって、返信メールの内容が表示されるようになります。件名が選択された状態になり、編集が可能です。ここでは「打ち合わせは3月28日」と変更します。

メモ メールアドレスも編集出来る

この画面では、件名だけでなくメールアドレスも編集できます。Fwdを付けずに転送したい時などにも使ってみましょう。

5 「本文」を入力して「送信」

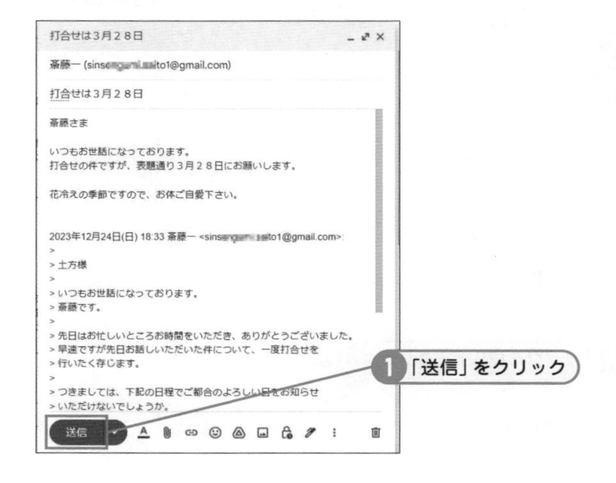

5 本文を入力して、下のほうにある「送信」をクリックします

ヒント 件名は変更しないほうがいいこともある

件名は一定の名前のほうがいいという相手もいます。相手が件名を変えずに送ってくる場合には、件名は変えずに返信してあげたほうがいいでしょう。

SECTION 14

Key Word URLの貼り付け方

メールにWebやYouTubeのURLを貼り付けて送信するには

メールにURLを付けて送ることが可能です。ですが、ただURLを入力しただけでは、リンクすることが出来ず文字列になってしまうので、手動でURLをリンクさせることが必要になってきます。ここではその方法を解説します。

メールの文章にWebやYouTubeのURLを貼り付けて送信する

① メール本文にURLを入力する

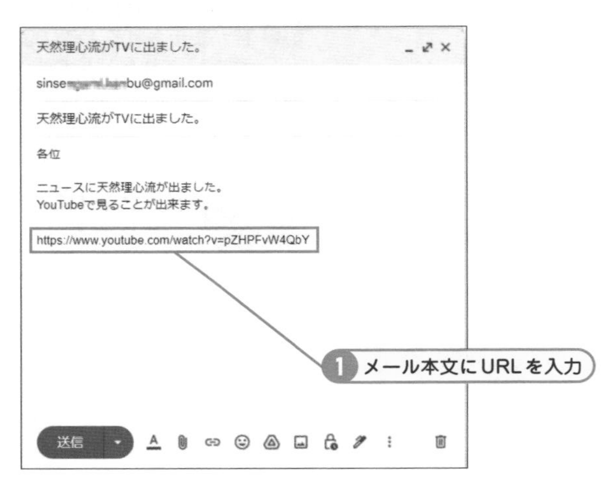

① メール本文にリンクのURLを入力します。

ヒント 自動的にリンクを入れてくれないの？

ExcelやWordなどでは、URLを入れると自動的にリンクが付きます。しかし、セキュリティ上、メールで送られてきたURLを気軽にクリックしないようにと教育されている組織が多いです。その場合、自動的にリンクが付かない、文字列だけのほうがいい場合もあるのです。

② URLを選択して「リンクを挿入」をクリック

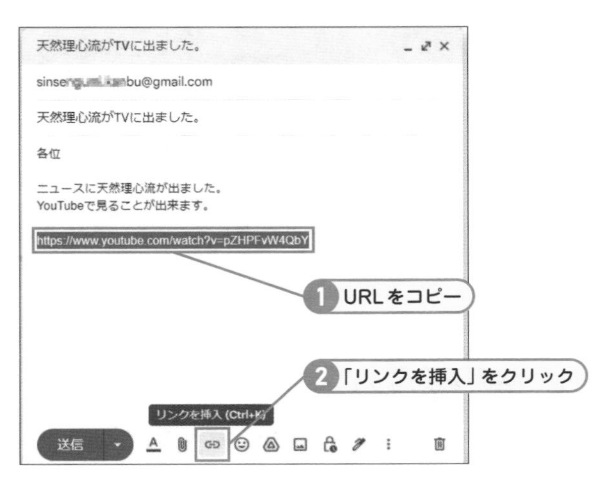

② URLをコピーして、一度選択を解除します。画面下にある鎖のようなマークの「リンクを挿入」ボタンをクリックする。

3 「変更」をクリック

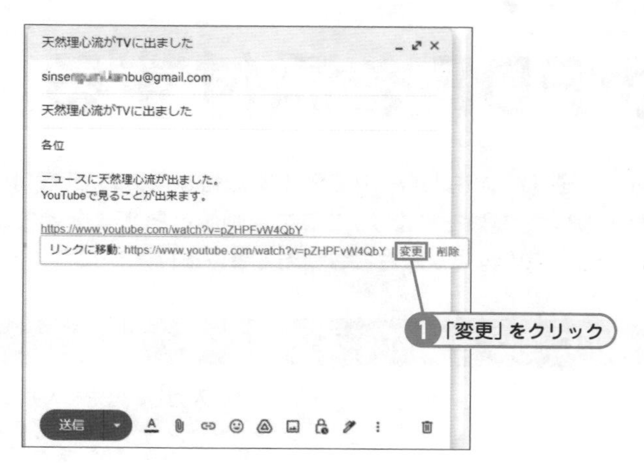

3 URLの下に「変更」「削除」と選択肢が出ます。ここでは「変更」をクリックします。

ヒント 元の文字列に戻すには?

リンクを付けたURLを選択して、「リンクを挿入ボタン」をもう一度押すと、元の文字列に戻すことが出来ます。

4 「OK」をクリック

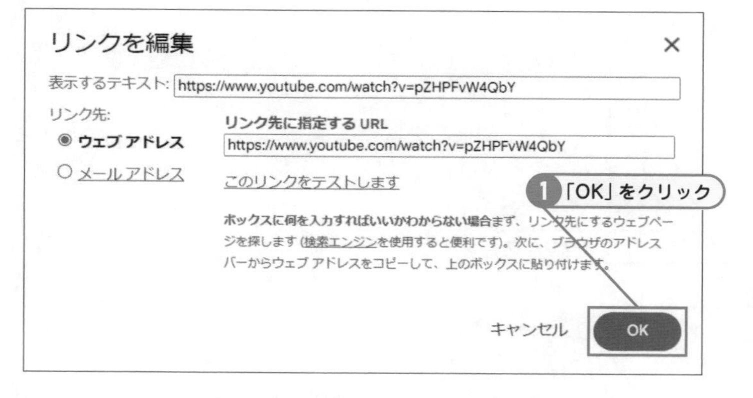

4 表示するテキスト（長すぎる場合には「ここをクリック」といったように短縮することも可能です）と、リンク先に指定するURLが間違っていないか確認をして、「OK」をクリックします。

5 「送信」をクリック

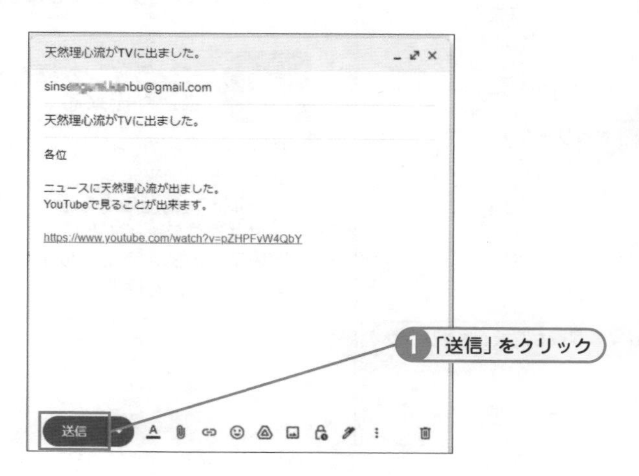

5 青文字で下線が引かれ、リンクが表示されました。内容を確認して、「送信」をクリックします。

メモ URLが長いままでも大丈夫?

AmazonなどURLを貼ろうとすると、とても長くなってしまうことがよくあります。URLが長くて改行が入ってしまっていても、リンクは貼れるので問題はありません。

SECTION 15

Key Word 画像とファイルの添付方法

送信メールに画像やPDFを添付する

「メールで写真を添付して送りたい！」「メールでPDFを添付したいのだけど」、画像とファイルの添付方法が、実は２種類あります。ここでは画像とPDFに分けて、２種類を分けて説明していきたいと思います。どちらも覚えて置きましょう！

送信メールに画像を添付するには

① 「画像を添付」をクリック

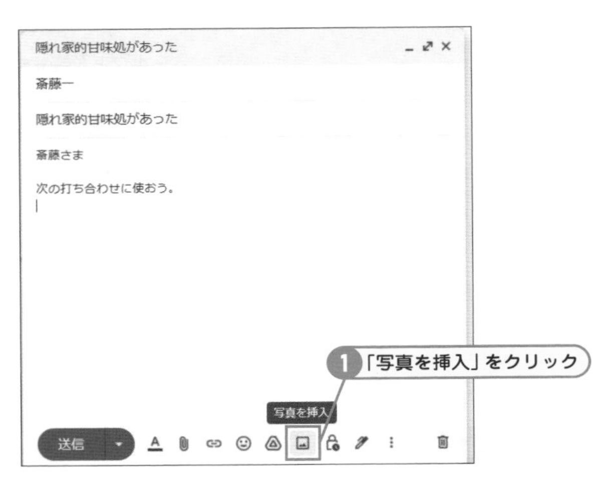

① 本文を入力し、宛先を入力したら、画面下のほうにならんだアイコンの中から、「画像を添付」をクリックします。

② 「アップロード」を選択し、「アップロードする写真を選択」をクリック

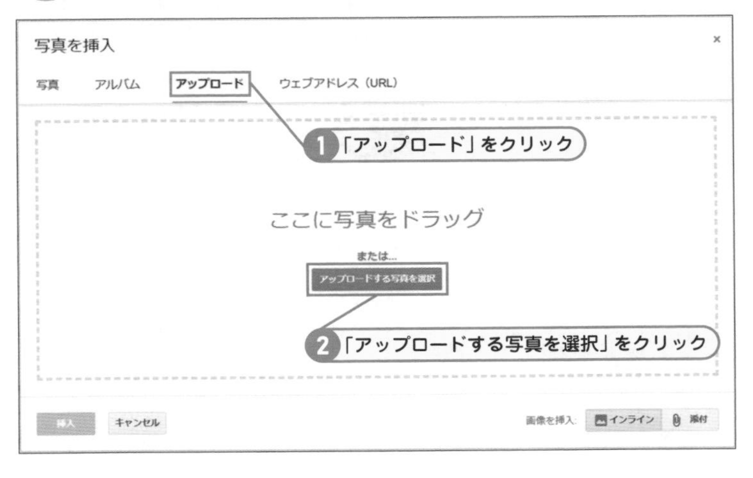

② 写真を挿入が開きます。「アップロード」を選択し、「アップロードする写真を選択」をクリックします。

メモ　インラインか添付か選ぶことが出来る

右下の選択肢で、インラインか添付か選ぶことが出来ます。インラインとはメール本文に画像を表示する方法で、添付は添付ファイルとして小さな画像が表示されるようになります。ここではインラインを選択します。

3 画像を選択し、「開く」をクリック

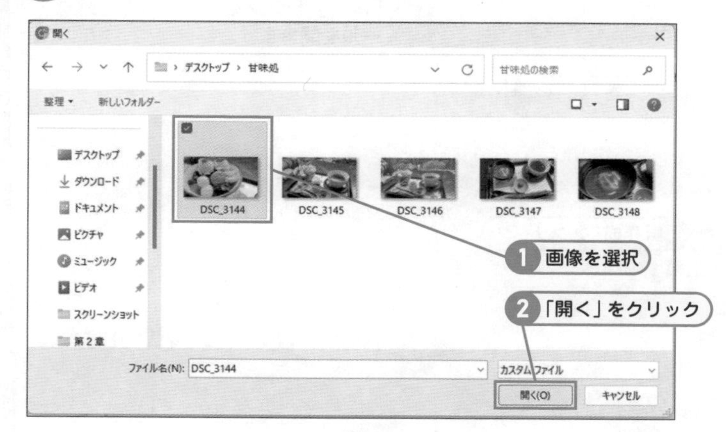

3 機器の中に保存されている画像を選択し、「開く」をクリックします。

4 自動でアップロードされる

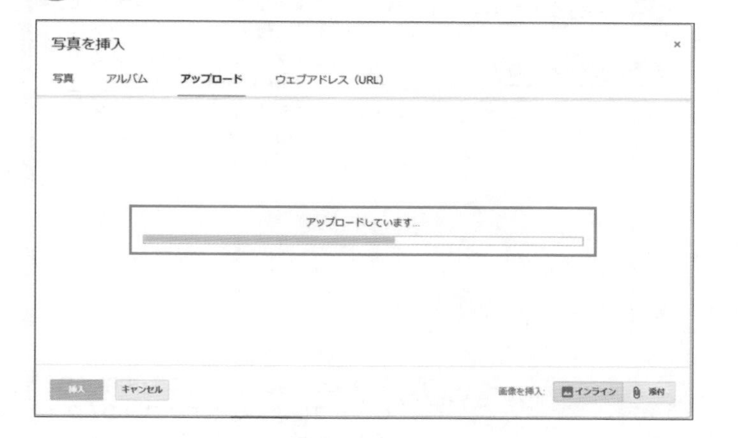

4 自動でアップロードが進み、元のメール本文に戻ります。

チェック 添付ファイルはどのくらい送れるの?

添付ファイルの容量は25MBが限度となっていますが、あまり大きなファイルを送ると相手のメールボックスの負担になるので、事前に確認を取るか、大容量ファイルの添付方法を使用しましょう。

5 「送信」をクリック

5 添付した画像を小さくしたサンプルがメール内に表示されます。内容に問題がなければ、「送信」をクリックします。

送信メールにPDFを添付するには

① 「作成」をクリック

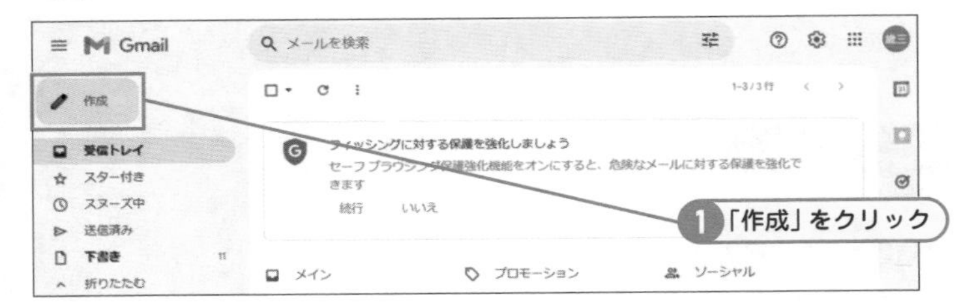

① 「作成」ボタンをクリックし、新規メールを開きます。

② 「宛先」「件名」「本文」を入力

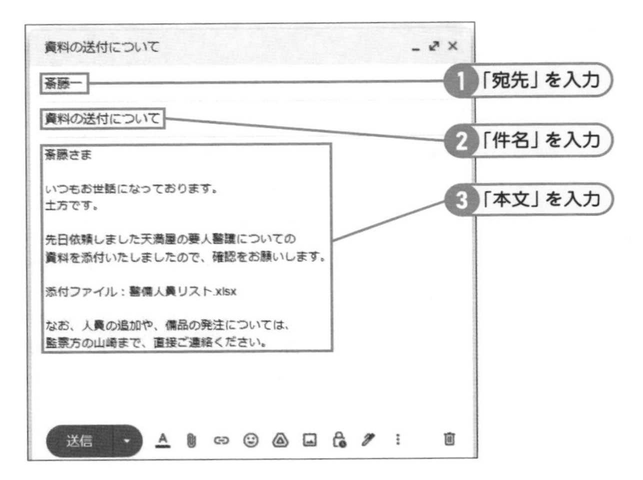

② 「宛先」「件名」「本文」を入力します。

チェック　添付ファイル名は本文にも記載しよう

添付ファイル名は本文中にも記載しておきましょう。最近のメールソフトは本文に添付ファイルと記載してあるのに添付ファイルがついていないと、注意喚起をしてくれます。ファイル名があることで、相手も安心して添付ファイルを開くことが出来ます。

③ 「ファイルを添付」をクリック

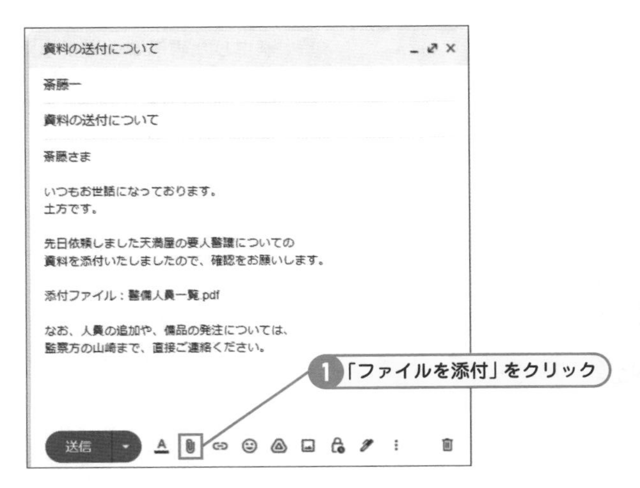

③ 下のほうに並んだアイコンの中から、クリップによく似たアイコンの「ファイルを添付」をクリックします。

4 ファイルを選択して「開く」をクリック

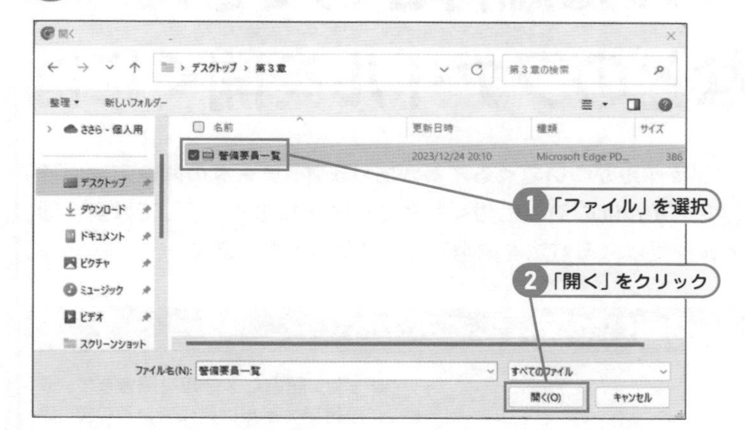

4 添付したいPDFファイルを選択して「開く」をクリックします。

ヒント　PDFだけでなく、ExcelやWordも送付出来ます！

いくつものファイルを送る時には、コントロールキーを押しながら選択することで、複数選択をすることができます。ただ相手方の容量があるので、一度にたくさん送るのには注意が必要です。

5 添付ファイルが追加されたことを確認する

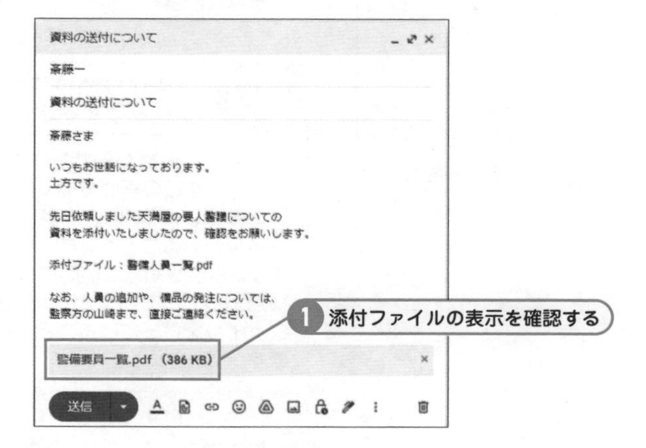

5 画面下のほう、送信の上部分に、添付ファイルが追加されたことを確認します。

6 「送信」をクリック

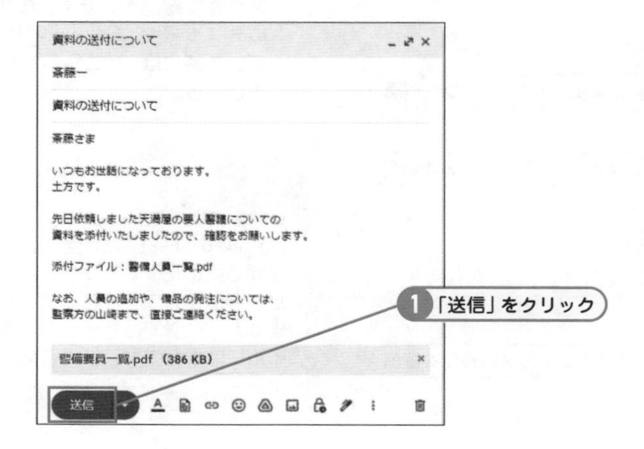

6 内容をよく確認して「送信」をクリックします。

メモ　Gmailでは添付ファイル忘れを指摘しない

Outlookでは、「添付ファイル」と本文中に記載があると、添付ファイルがない場合に送信時指摘してくれますが、Gmailでは、その機能はないので、添付ファイルのつけ忘れには、十分気をつけましょう。

SECTION 16 Key Word 添付ファイルの開き方

受信メールに添付されてきたExcelなどのファイルを開くには

受信したメールに添付ファイルがついてくることがあります。データの開き方は何種類かありますが、添付ファイルはむやみに開くととても危険なので、ここでは安全面も考慮した添付ファイルを受け取る方法を説明していきたいと思います。

添付ファイルを開いて保存してみよう！

1 受信したメールを開く

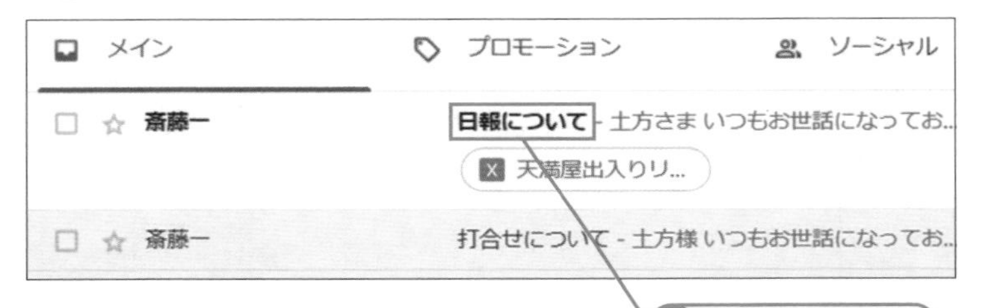

1 まずは、届いたメールを開きます。既に添付ファイルは見えているので、添付ファイルはメールを開く前にも開くことが出来ますが、危険な添付ファイルの可能性もあるので、内容を見てから開きましょう。

チェック いきなり添付ファイルをクリックするのは危険

信用置ける人物からであっても、添付ファイルをこの画面で開くことはやめておきましょう。内容を読んで添付ファイルがあることを確認してからにします。相手が知らない間にウイルス等に感染していて、意図せず危険な添付ファイルを送っていることがあるからです。

2 内容を確認してから添付ファイルを開く

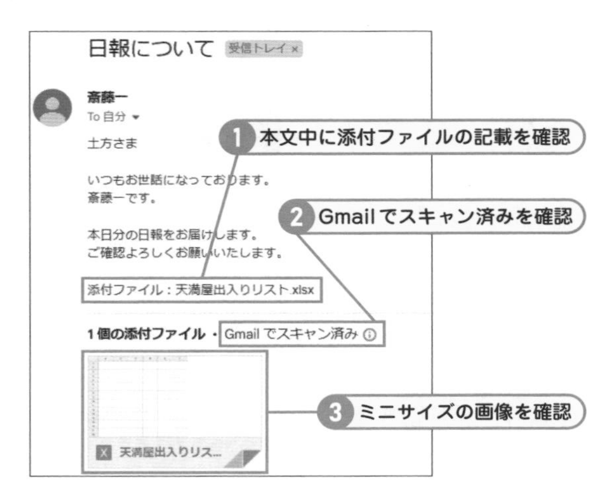

2 相手がちゃんと意図をもって添付ファイルを添付したかを確認し、Gmailでスキャン済みになっていることもあわせて確認をします。添付ファイルのミニサイズがメール内に表示されている時には、そこもしっかり確認しましょう。

ヒント Gmailでスキャン済みとは？

Googleのサービスで受信トレイを保護するために、マルウェアが検出された場合は添付ファイルがブロックされますが、完璧ではないので、添付ファイルには十分気を付けてください。

「ダウンロード」をクリック

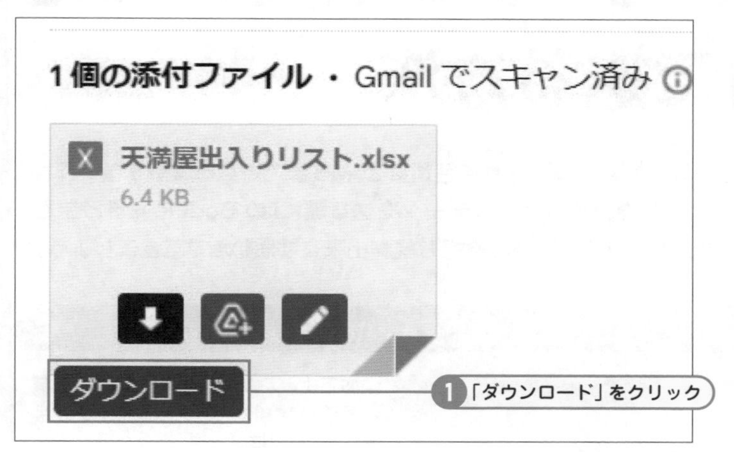

添付ファイルにカーソルを合わせると3つのアイコンが表示されます。左にある「ダウンロード」をクリックします。

メモ Googleドライブにすぐ保存出来る!

真ん中の三角模様のアイコンをクリックすると、パソコン内のダウンロードフォルダではなく、Googleドライブに保存することが出来ます。

4 ファイル名をクリックしてファイルを開く

画面右上のダウンロードアイコンが動きます。完了したらファイル名をクリックしてファイルを開きます。

メモ フォルダをクリックすると?

フォルダマークをクリックすると、ダウンロードフォルダが開き、今までにダウンロードしたファイルを見ることが出来ます。

5 履歴でもダウンロードできる

どこか触ってしまったり、時間がたってファイル名が消えてしまったりした場合には、ダウンロードアイコンをクリックすることで履歴が表示されます。

メモ 履歴に表示されていない場合には?

もう一度メールからダウンロードをするか、ダウンロードのフォルダの中を探してみましょう。

SECTION 17

Key Word Googleドライブ

Googleドライブで大量データをGmailで送る方法

コラムにも書きましたが普通のメールで送れる容量は25MBまでとなっています。これを超えるような場合や10MBを超えるようなデータを送る際には、Googleドライブを使ってやり取りをすると大変便利で、相手の負担も軽減出来ます。覚えて置きましょう。

Googleドライブを使って大量データをGmailで送る

1 Googleアプリをクリック

1 画面右上、アカウントアイコンの左隣にあるGoogleアプリをクリックします。

2 ドライブをクリック

2 表示されたツールの中から、ドライブをクリックします。

Googleアプリはいろいろあって便利！

ここでは、MAPやMeetなど便利なアプリが揃っています。時間がある時にどんなことが出来るか確認しておくと、いざという時に便利です。

3 「マイドライブ」をクリック

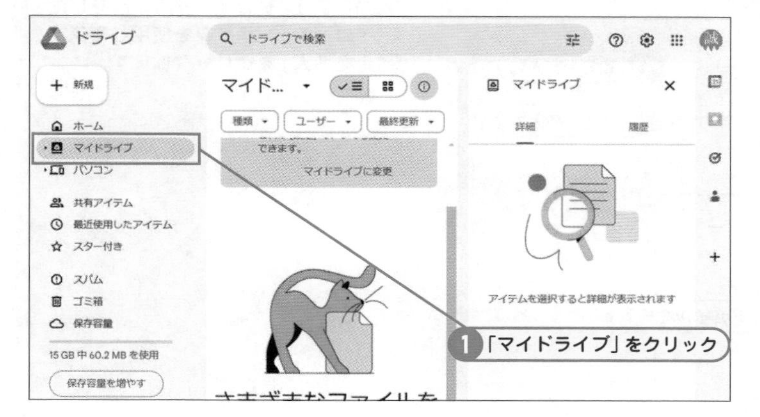

3 画面左側のメニュー一覧から「マイドライブ」をクリックします。

4 ファイルをドロップする

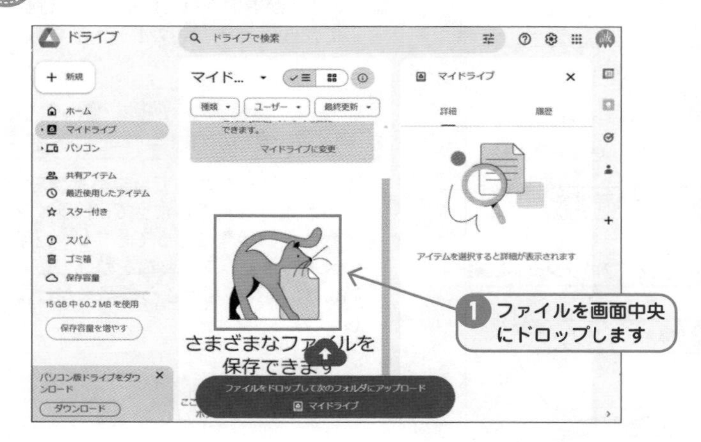

4 添付したい大容量ファイルを、マイドライブにドロップしてアップロードします。

チェック ファイルが表示されない場合

なかなかファイル名がマイドライブに表示されない場合には、ファイルの重さも関係があります。重い分だけアップロードに時間がかかります。その間に他の作業を進めておくと効率的です。

5 ファイル名が表示されたことを確認

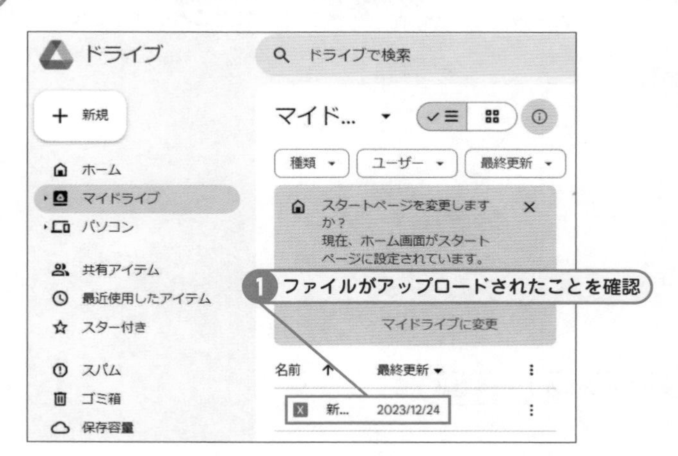

5 ファイルがアップロードされたことを確認します。

チェック ファイルサイズの上限はどのくらい？

Googleドライブのファイル上限は15GBになっています。使用する際には注意しましょう。

6 「宛先」「件名」「本文」を入力して「ドライブ」をクリック

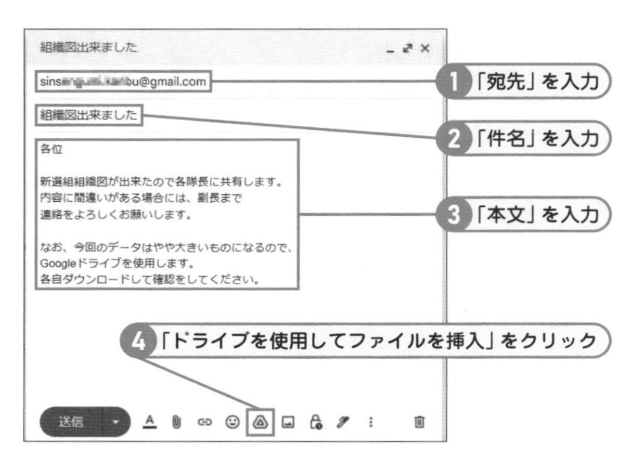

6 Gmailの画面に戻って新規メールを作成します。「宛先」「件名」「本文」を入力します。続けて、三角の形をしたアイコンの「ドライブを使用してファイルを挿入」をクリックします。

7 ファイルを選択して「挿入」

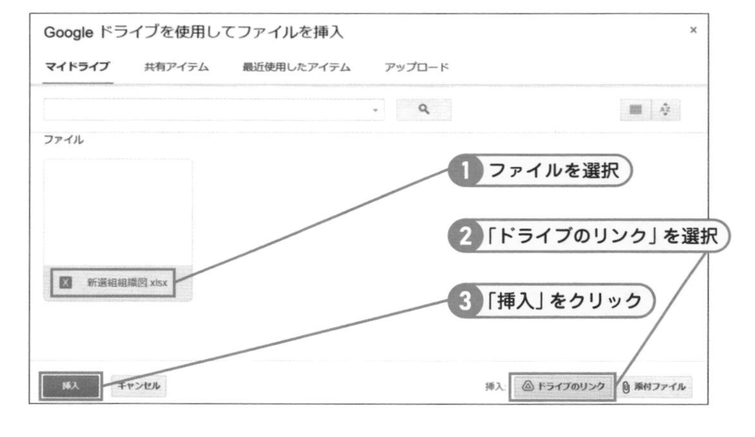

7 ファイルを選択して、「ドライブのリンク」が選択されていることを確認してから、「挿入」をクリックします。

ヒント 添付ファイルを選んだら違うの？

添付ファイルを選んでしまうと、ファイルが添付されてしまって、ドライブを介さない状態になってしまい、相手のメールボックスに負荷をかけてしまいます。間違えないように気を付けましょう。

8 メールにリンクが挿入される

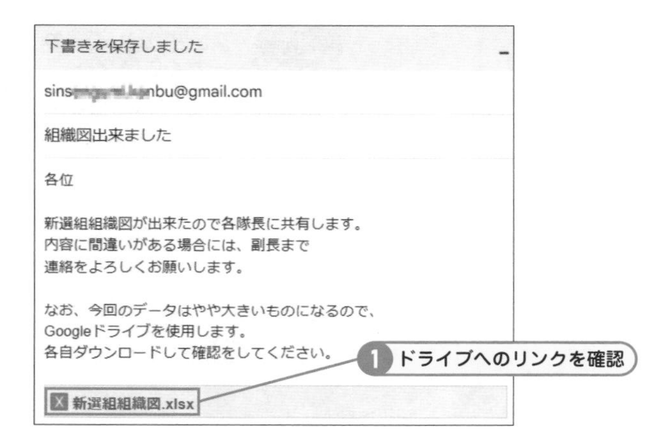

8 メール本文にドライブへのリンクが挿入されたことを確認します。

⑨ 「送信」をクリック

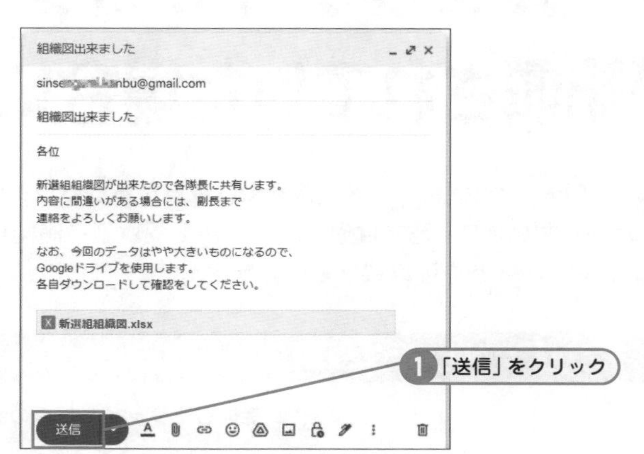

⑨ 内容をよく確認して、「送信」をクリックします。

⑩ 「他のユーザーと共有」を選択して送信

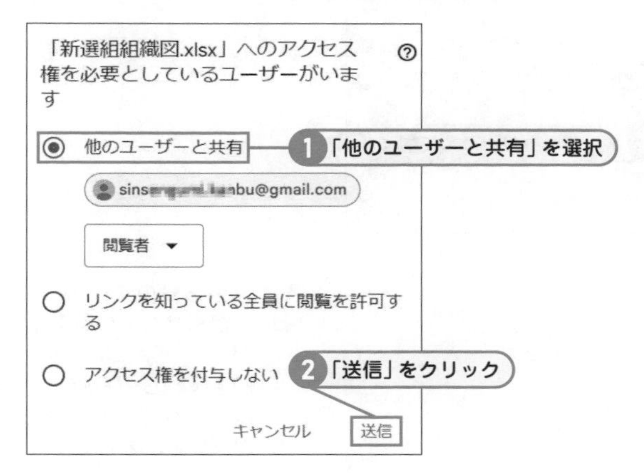

⑩ ここでは閲覧権限のあるユーザーを選択します。一番安全なのは、宛先だけが見られる一番上の「他のユーザーと共有」になります。ここでは「他のユーザーとの共有」を選択し、「送信」をクリックします。

ヒント 宛先以外にも共有したい場合は?

宛先からさらに共有を広めてほしい場合などには、「リンクを知っている全員に閲覧を許可する」を選択します。ただしセキュリティがどうしても甘くなってしまうので、共有範囲は気を付けましょう。

⑪ 相手先には下図のようなメールが届く

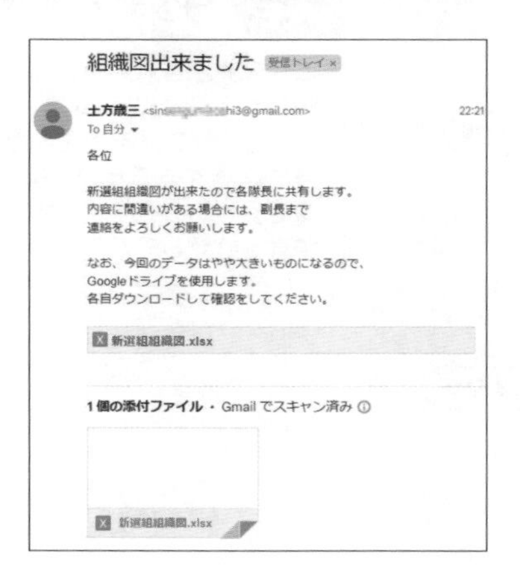

⑪ 相手先にはどのようにメールが届くかも見ておきましょう。通常の添付ファイルとほぼ変わらない形で届きます。ダウンロード画面もほぼ同じです。しかし、容量は大き目なので、本文でそのことを知らせておくといいでしょう。

SECTION 18 Key Word ファイルリンクからのダウンロード

受信メールにファイルリンクのURLが記載されていた場合には？

Googleドライブのファイルリンクが付いたメールを受け取ったらどうしたらいいか、ここで説明していきたいと思います。基本は添付ファイルを受け取る時同様ですが、こちらも同様に気を付けてファイルを受け取りましょう。

ファイルリンクをクリックしてダウンロードする

1 メールを開く

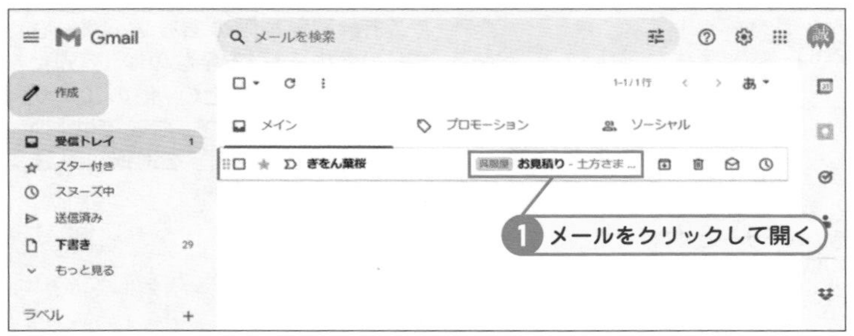

1 受信したファイル付きのメールを開きます。ここでいきなり添付ファイルは開かないよう注意してください。

2 開いたメールの内容をチェック

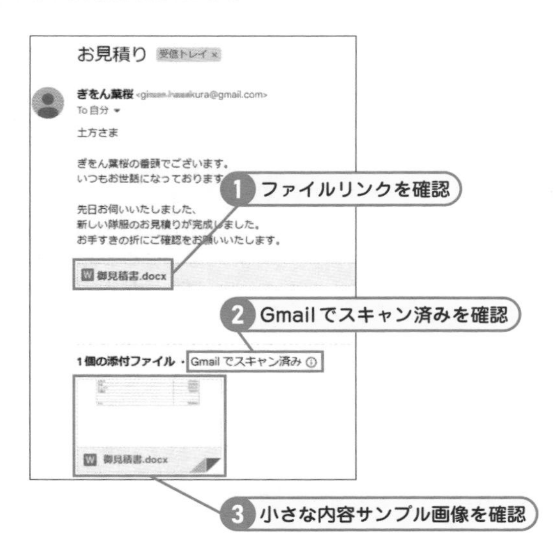

2 見積もりのデータへのファイルリンクが書かれているのを確認します。つづけて、Gmailでスキャン済みの表記を確認し、最後にファイルの小さな内容サンプル画像を確認して、問題がないと判断します。

メモ　この小さな画像のことをサムネイルと言う

ここで表示される小さな内容サンプル画像のことを、サムネイルと呼びます。画像やファイルを実際開く前に中身を確認することが出来ます。ファイルを受け取ったら、必ずサムネイルで中身を確認してから開きましょう。

③ ファイルリンクをクリック

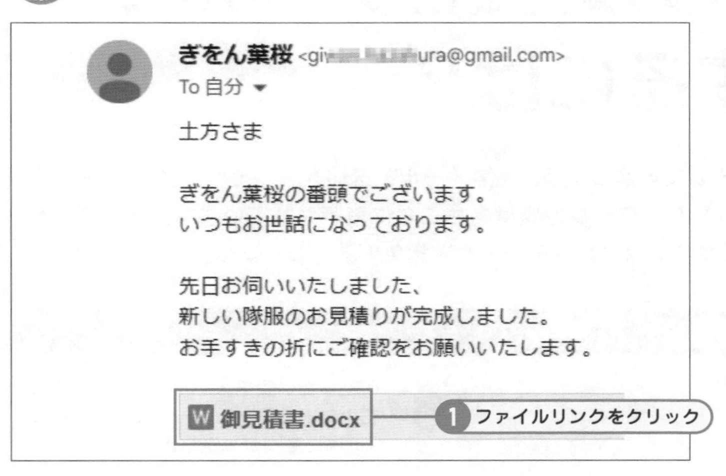

ファイルリンクをクリックして、ファイルを開きます。

メモ サムネイルをクリックすると3種類選べる

通常の添付ファイル同様に、サムネイル部分にカーソルを置くと、ダウンロード、ドライブに保存、編集を選ぶことが出来ます。

④ 内容を確認してダウンロードする

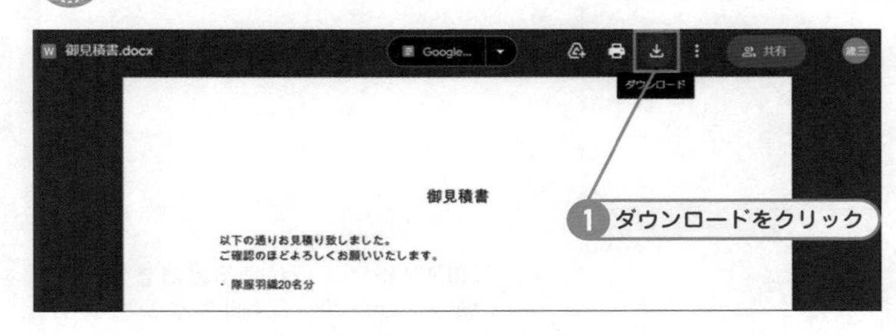

④ 御見積書の画像が開きます。内容に問題がなければ、画面右上のダウンロードボタンをクリックし、ダウンロードします。

⑤ ダウンロードしたファイルがダウンロードフォルダに保存される

⑤ ダウンロードしたファイルが、ダウンロードフォルダに保存されます。ファイル名をクリックすることで、Wordでファイルを開くことが出来ます。

SECTION 19

Key Word メールの印刷

Gmailの送受信メールを印刷するには？

ここではメールを印刷してみましょう。受信メールと送信メールそれぞれ説明をしていきます。印刷のプリンターマークは実はあちこちに表示されています。添付ファイルなどにも表示されるので、プリンターマークを覚えて置きましょう。

受信メールを印刷する

1 印刷ボタンをクリック

1 印刷したい受信メールを開いて、画面右上にあるプリンターアイコン「すべて印刷」をクリックします。

2 「印刷」をクリック

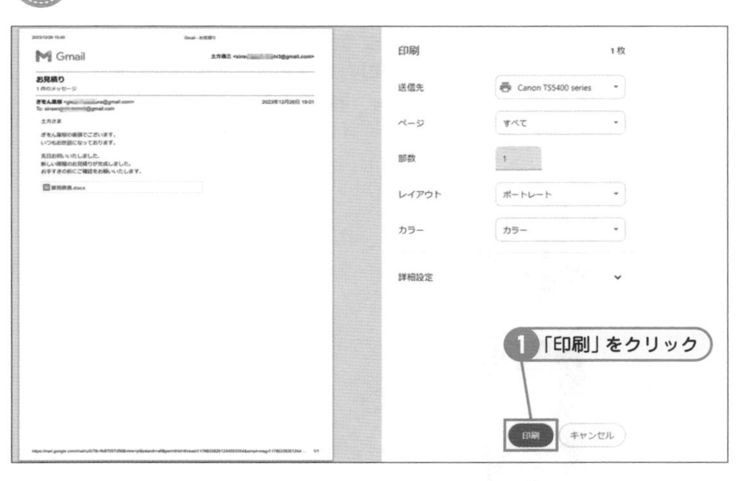

2 印刷プレビューが表示されます。問題がなければ、「印刷」ボタンをクリックします。

ヒント 基本はフルカラー

メールを印刷しようとすると、フルカラー状態になります。シンプルなメールの場合は、印刷プレビュー画面でカラーを白黒にしておくと、カラーインクが節約できます。

送信メールを印刷する

1 送信済みをクリック

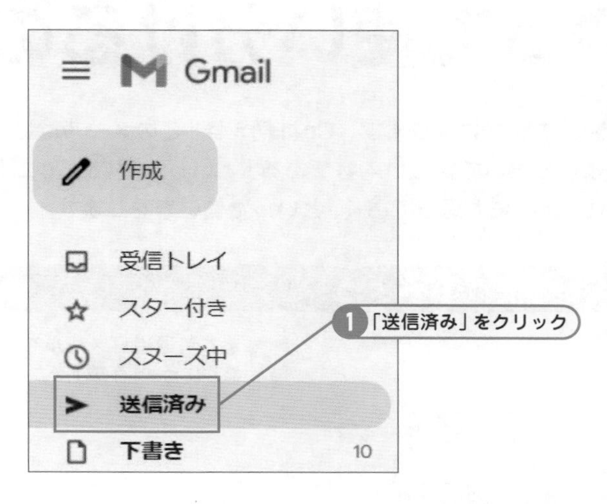

1 左側のメニューから「送信済み」のフォルダを開きます。

メモ 送信したメールはすべて送信済みに保存されている

送信したメールは「送信済み」のフォルダに保存されています。逆に言えば、ここになければ送信できていない可能性があります。送信に不安があったときはこのフォルダを確認してみましょう。

2 「すべて印刷」をクリック

2 受信メール同様に、メール本文を開いてから、画面右上の「すべて印刷」をクリックします。

3 「印刷」をクリック

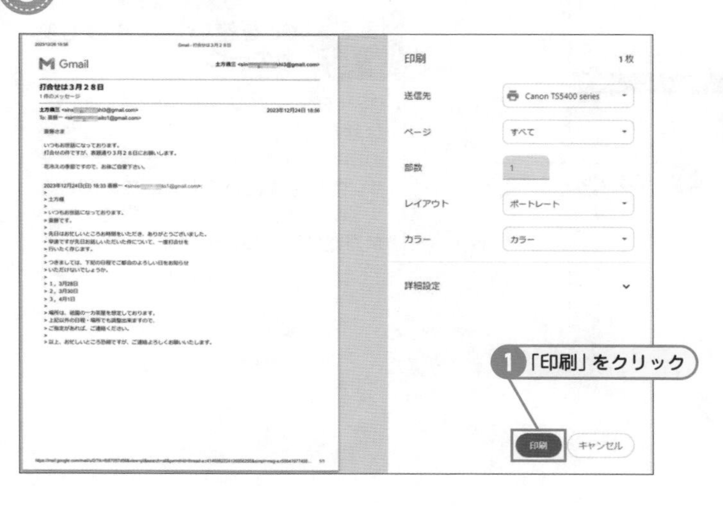

3 印刷プレビューが表示されます。内容をよく確認して問題がなければ「印刷」をクリックします。

メモ 詳細設定でさらに便利に!

印刷プレビュー画面には「詳細設定」という項目があります。ここをクリックして開くと、用紙サイズや両面印刷などの印刷項目が並びます。自分好みに設定してみましょう。

SECTION 20

Key Word Cc（カーボンコピー）

宛先にあるCcって何？どうやって使い分けるの？

Ccは「カーボンコピー」の略称になります。Ccは例えば「このメールはこの宛先に送るけれど、上司にも知っておいてほしい内容である」といった際に、Ccに上司を入れて、宛先ではないけれど上司にも送っておく、といった使い方をします。

Ccを使ってみよう！

1 「作成」をクリック

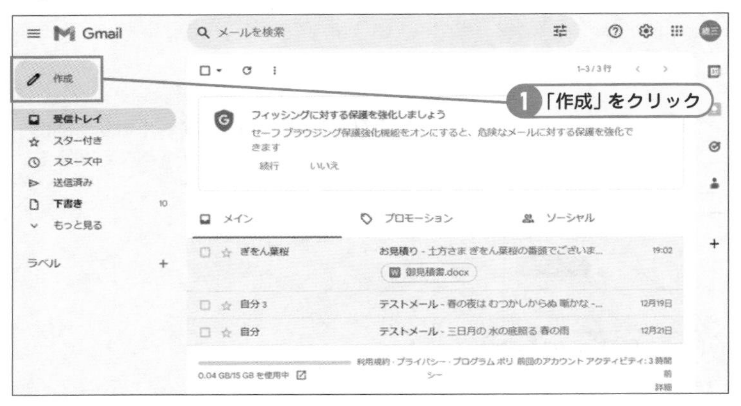

1 まず普通通りメールを作成して行きましょう。「作成」をクリックします。

2 「Cc」をクリック

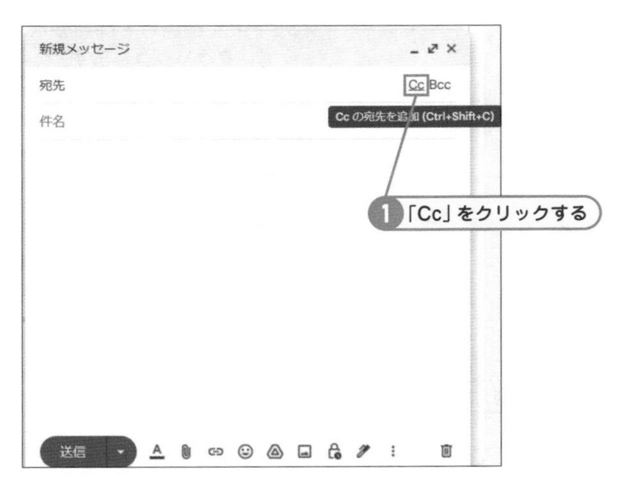

2 新規メールが開きます。画面右上にある「Cc」をクリックします。

メモ **Ccを使いこなすのも実力の一つ**

CcやBccをビジネスの現場で使いこなせる人は、コミュニケーション能力のあるビジネスパーソンと評価されます。生産性を上げるには、この部分も大切なスキルとなるので、覚えておいた方がいいでしょう。

3 「Cc」の入力欄が表示される

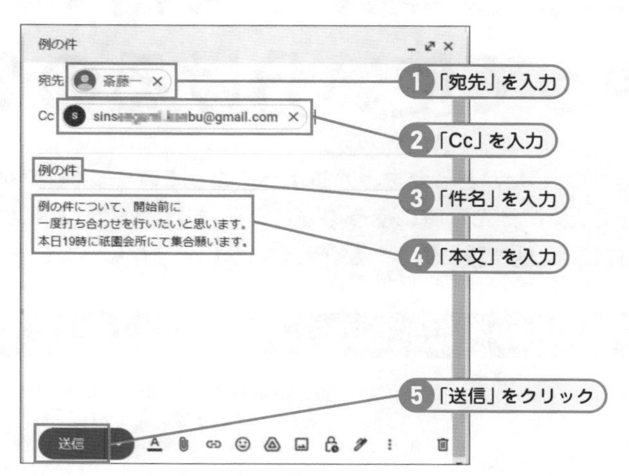

3 「Cc」の入力欄が表示されます。通常のメールのように「宛先」「件名」「本文」を入力し、Ccに宛先ではないけれど、メールを知っておいてほしい人のメールアドレスを入力します。内容に問題がなければ「送信」をクリックします。

4 「メッセージを表示」をクリック

4 送信をクリックすると、画面下に黒いバーで「メッセージを表示」と表示されます。ここをクリックすると今送ったメールの内容を見ることが出来ます。バーがクリックする前に消えてしまった場合には、左側のメニューの中から送信済みを選択し、メールをクリックして開いてみましょう。

5 Toの「▼」をクリック

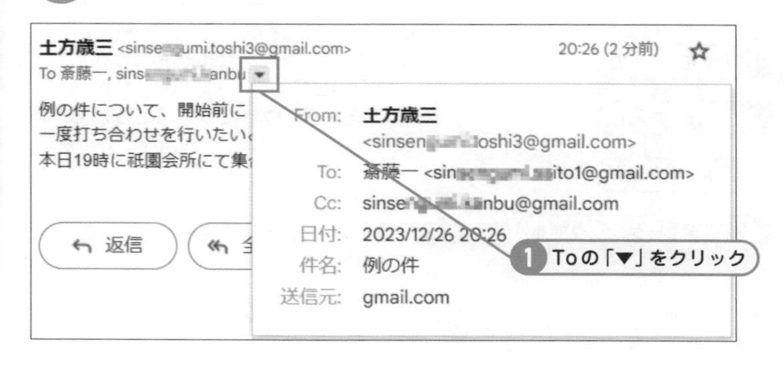

5 Toの「▼」をクリックして、Ccの内容が間違っていないことを確認します。

チェック Ccも間違えないように注意！

仕事中に気になる女性に食事のお誘いメールを送ったつもりが、Ccについ癖で上司をいれてしまった結果、上司からOKと返事が届いた。という失敗談を身近で見たことがあります。Ccにはくれぐれも気を付けましょう。

SECTION Key Word Bcc（ブラインドカーボンコピー）

21 宛先にあるBccって何？ どうやって使い分けるの？

Ccは宛先の相手が誰にCcしたかどうかをわかるようになっていますが、宛先に知られたくないけれどCcしたい、そんな時に使うのがBcc（ブラインドカーボンコピー）です。Ccと違い、宛先には、他に誰に送ったかがわからないようになっています。

Bccを使ってメールを作成してみよう！

1 「Bcc」をクリック

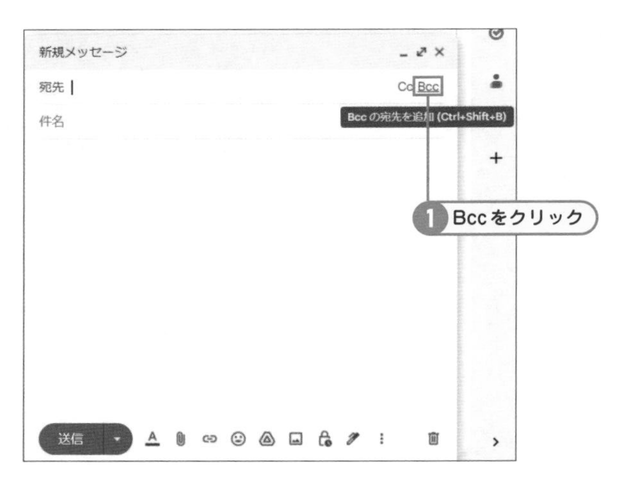

1 新規メールを作成して「Bcc」をクリックします。

ヒント Bccをうまく使う場面とは？

例えば、懸賞を行って、広告を登録者全員にメールを出すとき、登録者のメールアドレスをBccに入れて送信すれば、他の登録者には誰に送ったかわからないように送ることが出来ます。ここで、CcとBccを間違うと、情報漏洩になってしまうので、よく確認してから送るようにしましょう。

2 メールを作成して「送信」をクリック

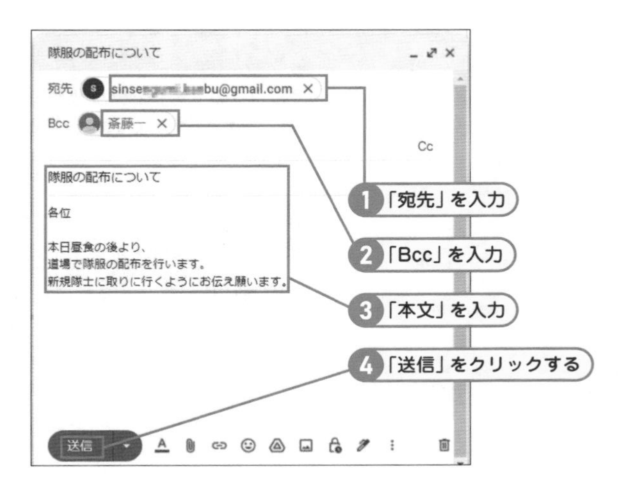

2 「宛先」「Bcc」「本文」を入力し、メールを作成して「送信」をクリックします。

ヒント 常にBccに自分や上司を入力しておきたい

Gmailには常にBccやCcにメールを入れて置く機能がありません。Cloud HQの「Auto BCC for Gmail」などの拡張機能をブラウザにつける必要があります。

4章

Gmailの機能を使って送受信メールを整理整頓する

Gmail には送受信したメールを整理整頓する様々な機能が存在します。受信トレイにメールを溜め込んでいる人方にはぜひ見ていただきたい章です。必要なメールがすぐ見つかる、そんなクリアな状態にサクッとしていきましょう。

SECTION Key Word メールの削除

22 送受信メールを削除する方法

まずは基本、選んだメールを消す方法を解説します。1つずつ、複数、スレッドごと、そして、もしもの時、削除したメールを元の受信トレイに戻す方法も学んでおきましょう。この作業は、こまめにやっておくことをオススメします。

1件ずつメールを削除するには

1 「ゴミ箱」マークをクリック

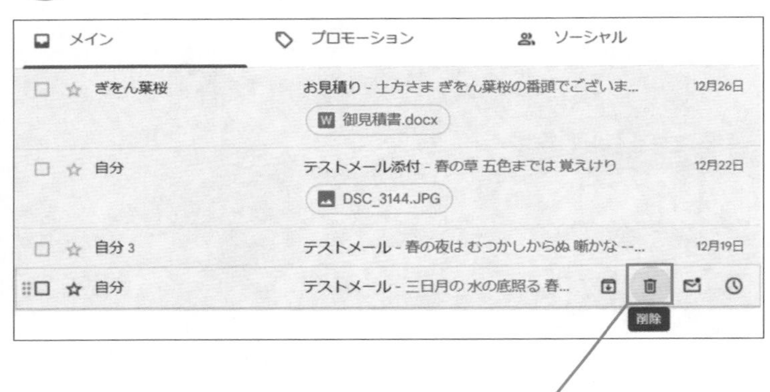

1 削除したいメールにカーソルを合わせると、右側にアイコンが4つ並びます。その中にある「ゴミ箱」のマークをクリックすることで、1つのメールを削除することが出来ます。

ヒント 複数メールを選択したい場合

メールの左側にある□をクリックし、チェックしていくことで複数選択して削除することが出来ます。また、ここからここまで全部一気に消したい！場合には、一番上か下にチェックをいれ、shiftボタンを押しながら範囲選択することで、一気に削除することが出来ます。

スレッドごと削除するには

1 メールをクリックしてスレッドを開く

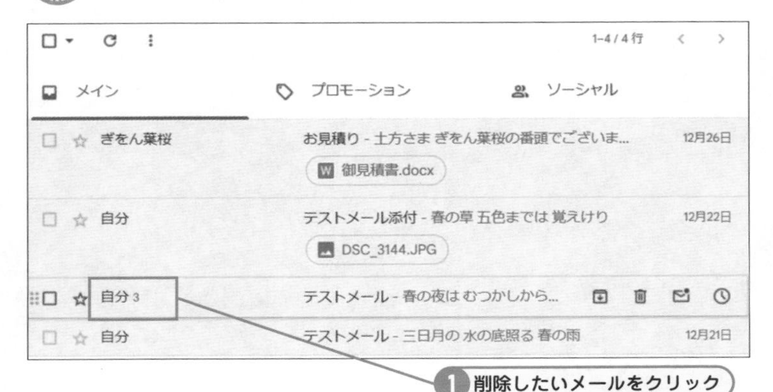

1 削除したいメールをクリックして、スレッド全体を開きます。

メモ スレッドを開かなくても削除可能

スレッドは開いて確認をしてからのほうがおススメですが、スレッドを開かなくても、消したいスレッドにカーソルを合わせて右側に表示される「削除」のゴミ箱マークをクリックすることで、スレッドごと削除が可能です。

2 「削除」をクリック

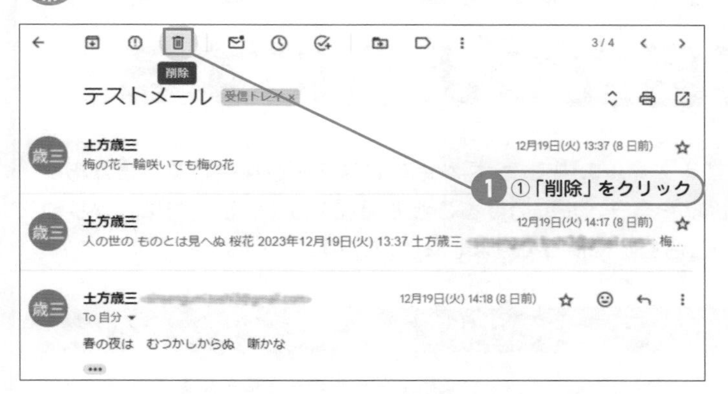

2 スレッドを表示してすべて削除して問題がないと確認をしてから、「削除」マークをクリックします。

チェック スレッドのうち一部だけを削除したい場合

スレッドのうちの一部だけを消したい場合には、一度スレッドを開いて、該当するメールの右側の「…」をクリックし、「このメールを削除」をクリックすることで削除することが出来ます。

削除したメールを受信トレイに戻すには

1 ゴミ箱を表示して、受信トレイに戻したいメールにチェックを入れる

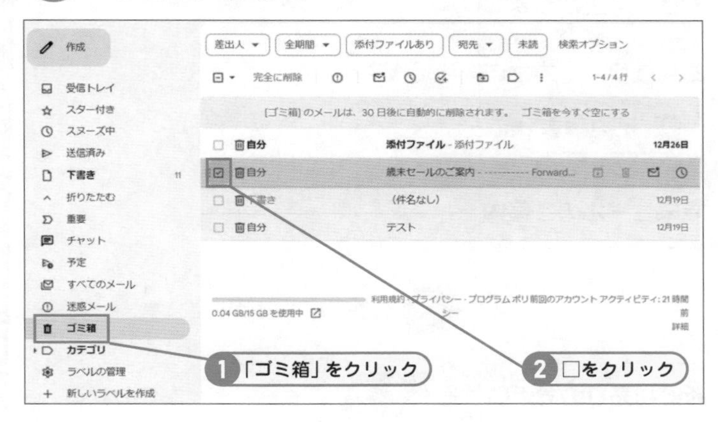

1 左側のメニューから「ゴミ箱」をクリックし、ゴミ箱の中身を表示します。ゴミ箱の中から受信トレイに戻したいメールの□をクリックし、チェックを入れます。

メモ 削除するとき同様に複数選択OK

メールを削除した時と同様の方法で、ゴミ箱の中のメールを複数選択して受信トレイに戻すことが可能です。スレッドはスレッドごと戻すことが出来ます。

2 「移動」アイコンをクリックし、「受信トレイ」を選択

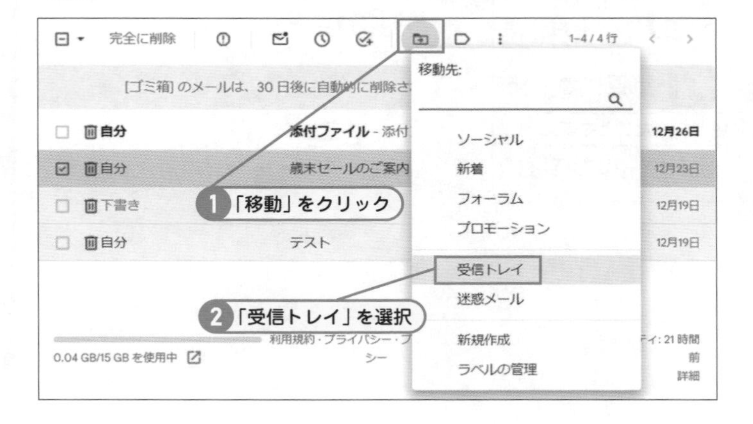

2 フォルダによく似た形の「移動」アイコンをクリックし、「受信トレイ」を選択することで、メールが受信トレイに戻ります。

ヒント 「新規作成」は何が出来るの?

この画面での「新規作成」はラベルの新規作成をするものです。メールの新規作成ではないので注意が必要です。

SECTION  マーク

23 大切なメールにマークを付けて目立つようにする

日々たくさんやり取りするメールの中で、大切なものにはマークを付ける方法があります。もちろん4-4で解説するラベルで分けることも可能ですが、視覚的にわかりやすく出来るので、ラベルと合わせて使ってみましょう。

大切なメールに★マークを付けてみよう

1 スターマークを付ける

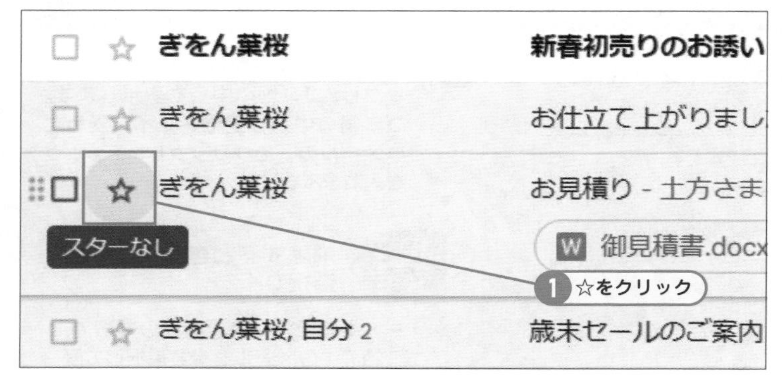

1 メールの件名の前にある☆マークにカーソルを合わせて、クリックします。

2 スターが付いた

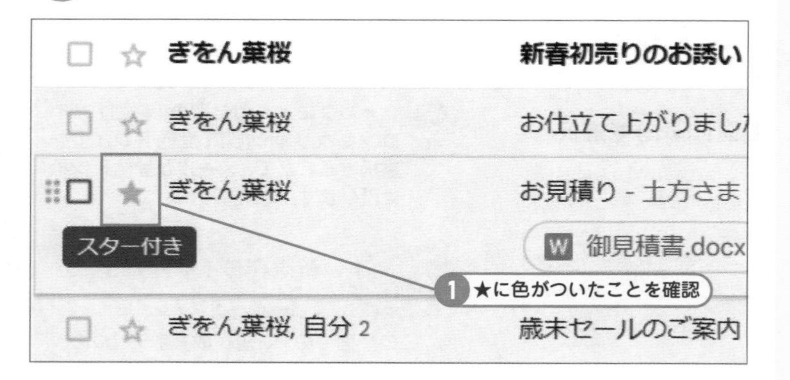

2 黄色い★マークが付きます。

ヒント スターマークを外したい時には？

スターマークを外したい時には、スターマークをもう一度クリックすると、簡単に外れます。

いろんな種類のマークを付けることができるようにするには

1 「設定」をクリックし「すべての設定の表示」をクリックします

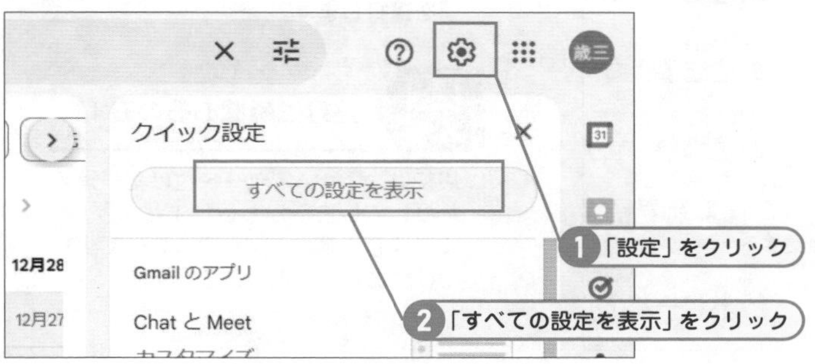

1 画面、右上の歯車マーク「設定」をクリックします。続けて表示された一覧の上部にある「すべての設定を表示」をクリックします。

2 「すべてのスター」をクリック

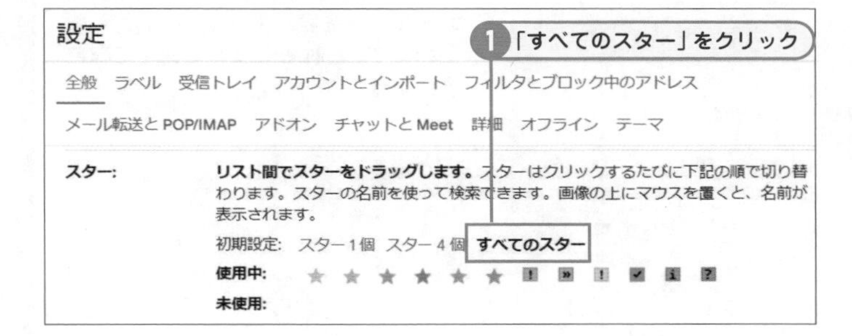

2 設定の全般の中にあるスターの「すべてのスター」をクリックします。これですべてのスターが使用中に表示されて使えるようになります。

メモ スターを減らしたい時には

スターを増やしたくない、元の黄色だけに戻したい場合には「スター1個」、ほどほど増やしたい場合には「スター4個」をクリックしましょう。

3 「変更を保存」をクリック

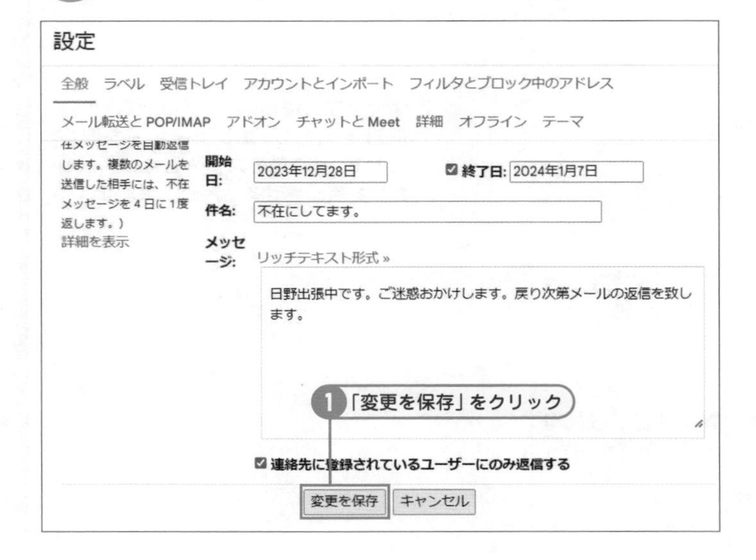

3 画面下部にある「変更を保存」をクリックして、スターの設定を保存します。忘れないようにクリックしましょう。

④ いろんなスターを付けるには

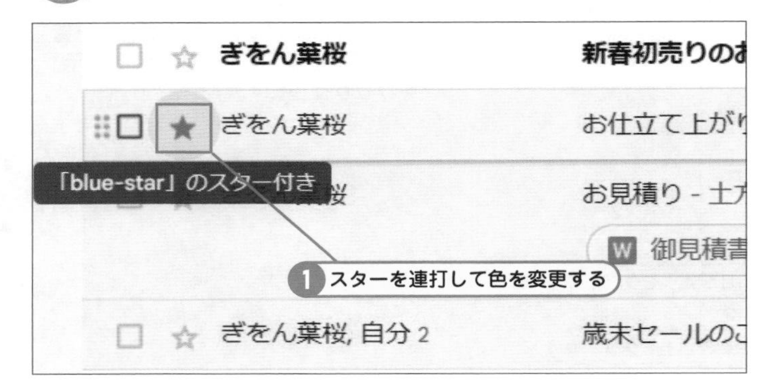

④ 普通に右クリックするとスターがついたり消えたりするだけになってしまいます。別の色のスターを付けたい時には、短いタイミングで右クリックを連打します。

連打は練習あるのみ！

最初は、黄色いスターを付けたり消えたりしてしまうかもしれませんが、すぐに連打に慣れます。諦めないで少しだけ練習してみましょう。

⑤ 「スター付き」をクリック

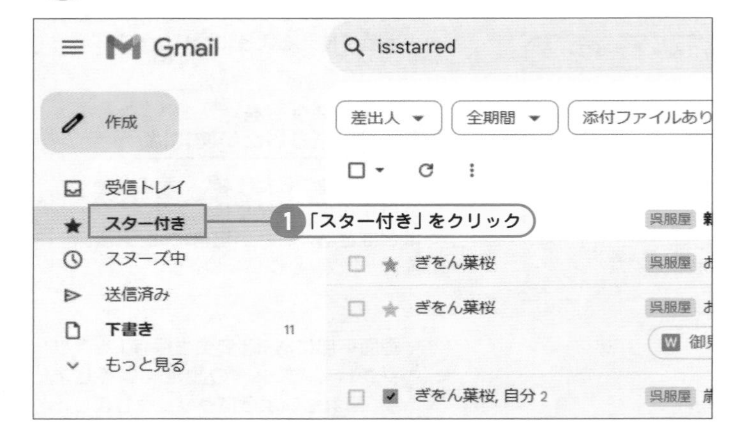

⑤ 左側のメニューから「スター付き」をクリックすると、スターのついているメールだけが表示されます。大事なメールだけを表示できるので、とても便利です。これもセットで覚えて置きましょう。

⑥ スターの色を指定して検索したい場合

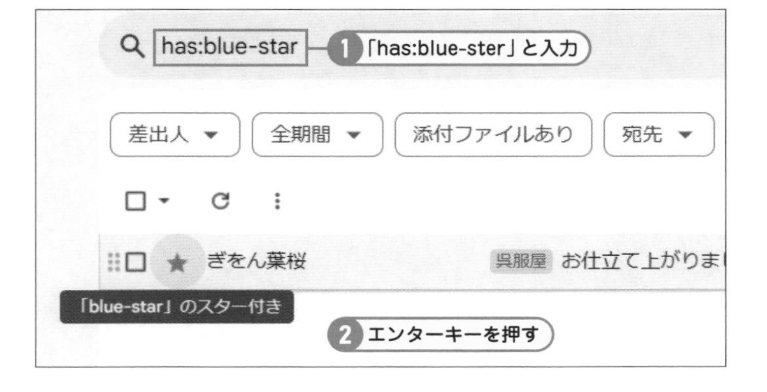

⑥ 画面上部の検索バーに「has:(色の名前)」を入力し、エンターキーを押すことで、その色のスターを持つメールだけを表示させることが出来ます。

SECTION 24

Key Word タブを使って振り分ける

タブを使ってメールを振り分けて見る方法

タブ機能を使って、メールを振り分けて見やすくしてみましょう。Gmailで受信トレイを表示すると「メイン」「プロモーション」「ソーシャル」と3つのタブが最初から用意されています。このタブをうまく使ってメールを整頓する方法を覚えましょう。

宣伝メールなどをタブで振り分けて見る方法

1 メールを選択してドラッグ

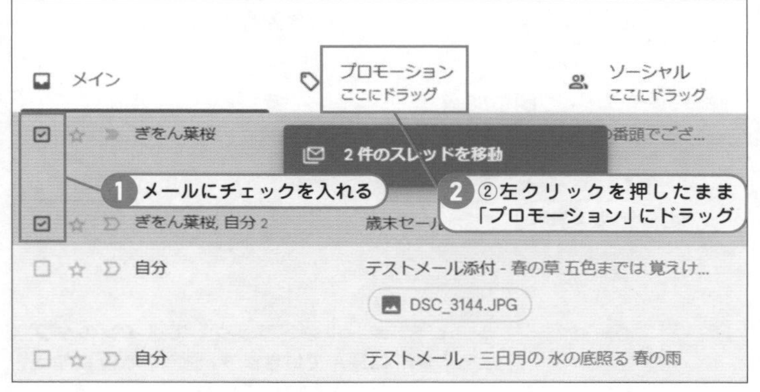

1 別のタブに移動したいメールにチェックを入れて選択します。選択し左クリックを押したまま「プロモーション」にドラッグします。

2 「はい」をクリック

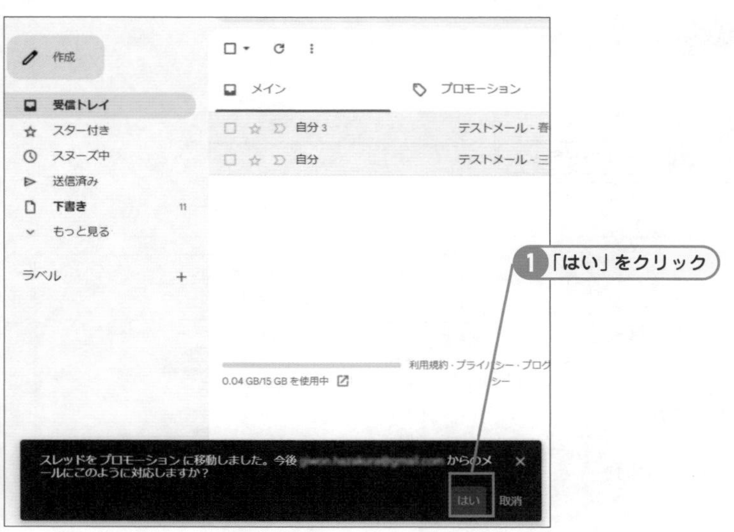

2 今プロモーションに移動したメールと同じ宛先のメールは、以後プロモーションに自動で移動していいかどうかを聞いてきます。「はい」をクリックします。

チェック 取消は押さないで！

ここで「はい」ではなく「取消」を押してしまうと移動そのものが取消されて、元に戻ってしまうので気を付けましょう。

③ プロモーションタブを見てみる

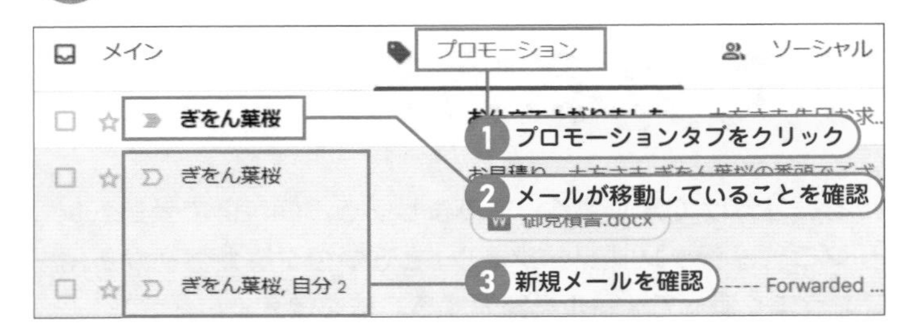

① プロモーションにメールが移動していることを確認する。また同時に新規メールが振り分けられていることを確認する。

間違えて別のタブに入ったメールを戻すには

① メールを選択する

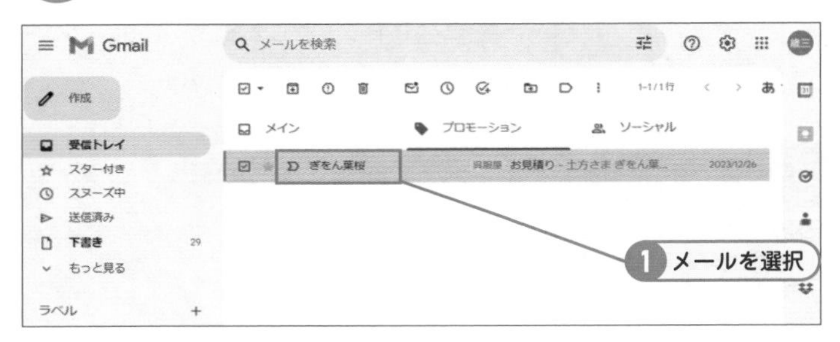

① 間違ってプロモーションに入ってしまったメールを元に戻したいと思います。まずは、間違ったメールの□にチェックを入れて選択します。

② メールをドラッグ

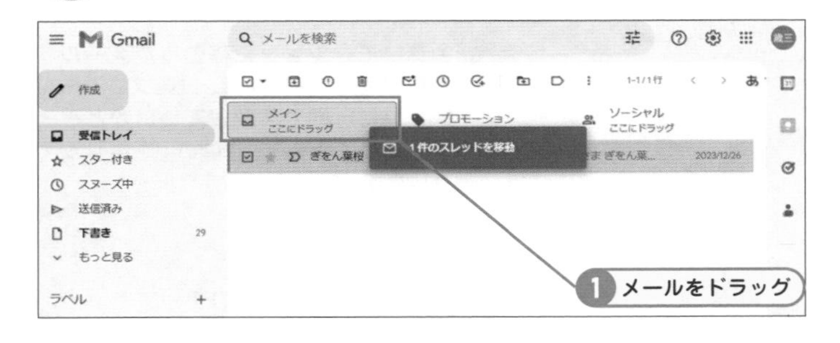

② メールをドラッグしてメインのタブに運んでいきます。画像の状態になったら手を放して移動は完了します。

メモ ドラックして移動が上手く出来ない場合は？

移動したいメールにチェックを入れて、上に表示される移動アイコンをクリックします。
移動先を選択することで移動させることが出来ます。
ドラッグがしづらい時、移動したいメールがたくさんある場合には、
この方法をお勧めします。タブだけでなく、ラベルにも移動させることが出来ます。

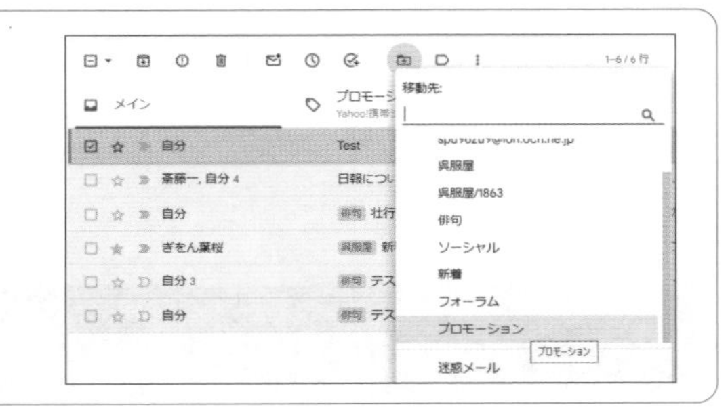

SECTION 25

Key Word ラベルの作成と設定

一目でメールの内容がわかるようにラベルを付ける

Outlookなどの他のメールでは、メールの振り分けはフォルダで行いますが、Gmailではラベルで行います。ここでは新しいラベルの作成と、そのラベルへの設定を行っていきます。フォルダで慣れていると少し戸惑うと思いますが、使い方は似ています。

ラベルを新規で作ってみよう

1 「新しいラベルを作成」をクリック

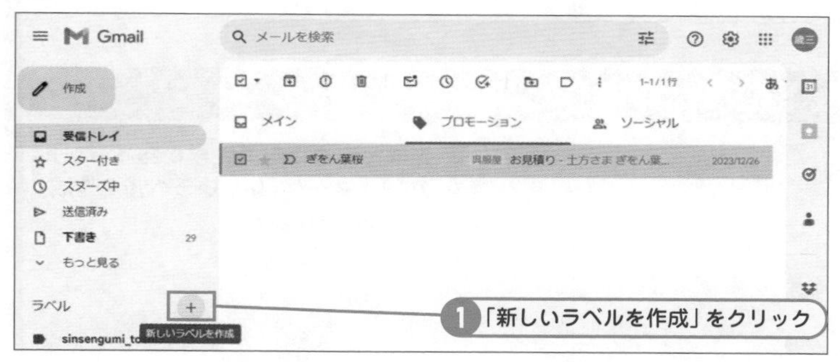

1 まずは、ラベルを作ってみましょう。画面左手にあるメニューの中から、ラベルの右手にある「+」マーク「新しいラベルを作成」をクリックします。

2 ラベル名を入力して「作成」をクリック

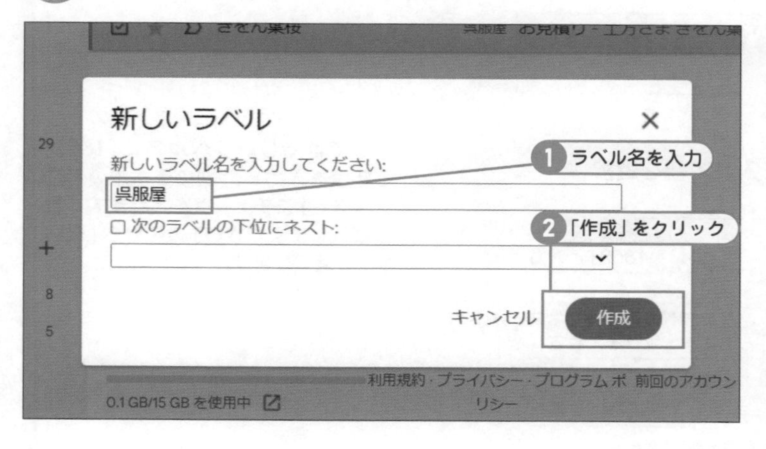

2 ここでは例として「呉服屋」と入力して「作成」をクリックします。

ヒント ラベルの名前を間違ってしまった！そんな時は？

ラベルのカーソルをあわせると左側に「…」が表示されます。これをクリックするとこのラベルに関するメニューが表示されるので、「編集」を選んで名前を変更しましょう。

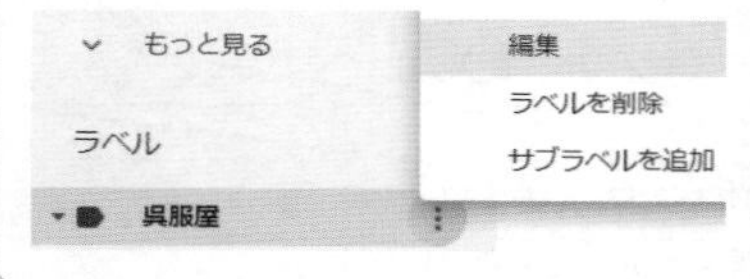

③ 「呉服屋」のラベルを確認する

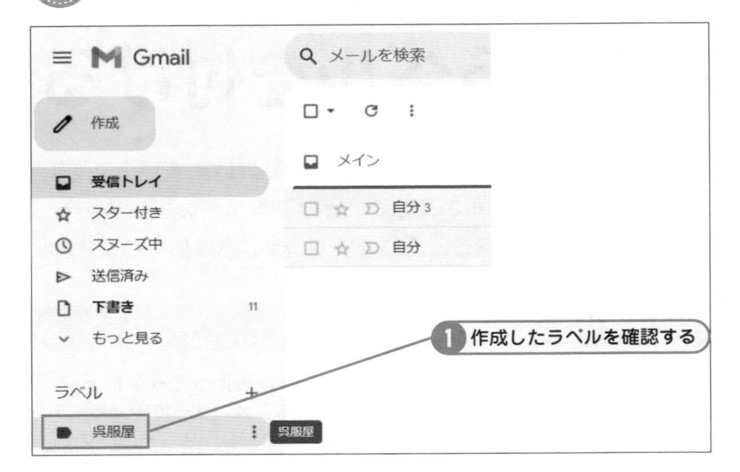

③ ラベルの下に「呉服屋」と新しいラベルが出来ていることを確認します。

ラベルの配下にラベルを作ってみよう

① 「新しいラベルを作成」をクリック

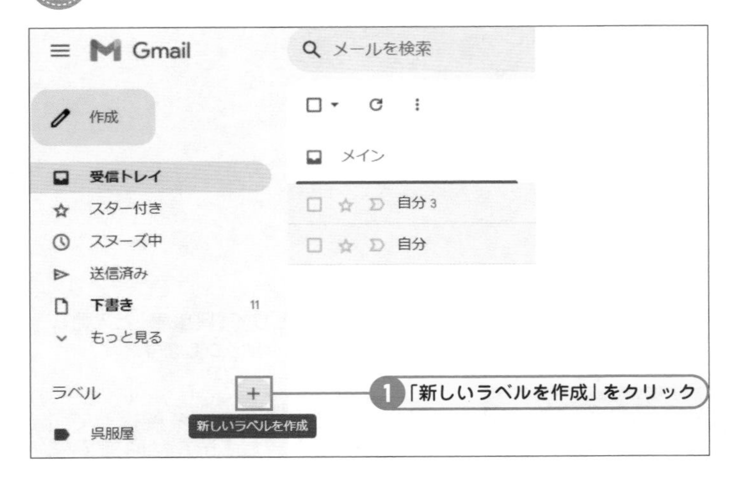

① 先ほど同様に画面左手にあるラベルの「+」マーク「新しいラベルを作成」をクリックします。

② 「ラベル名」を入力しチェックを入れて親を選択

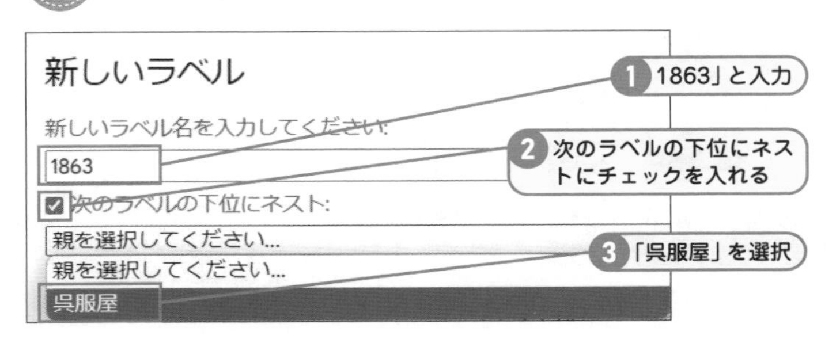

② ここでは新しいラベル名に「1863」と年度を入力し、「次のラベルの下位にネスト」にチェックを入れます。「親を選択してください」の中から「呉服屋」を選択します。

③ 「作成」をクリック

③ 最後に作成をクリックして、新しいラベルを作成します。

メモ　親ってなに？ネストって？

ここでいう親とは上位フォルダのことです。親のフォルダ（ラベル）の中にもう１つ子フォルダ（ラベル）を作成するといった状態です。ネストとまさにこの状態のことで、入れ子とも言います。

④ 新しく作ったラベルを確認する

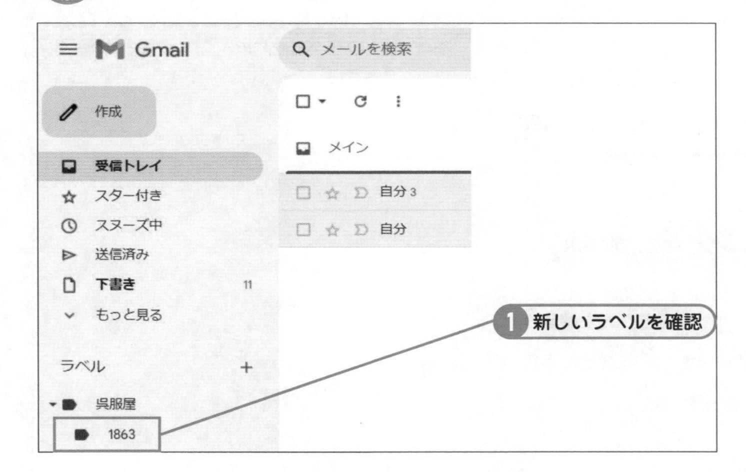

④ 新しく作ったラベルが呉服屋の配下に入っていることを確認します。

ヒント　下位のフォルダはどのように使えば便利？

下位フォルダは今回作成したように年度ごとに作成して、親ラベルから年度ごとにまとめて移動させて保管しておくと大変便利です。また案件ラベルが増えてしまった場合は、「完了済」や「OLD」など古いものはまとめて保管してしまうとすっきりします。

メールにラベルを付けてみよう

① メールを選択して「ラベル」をクリック

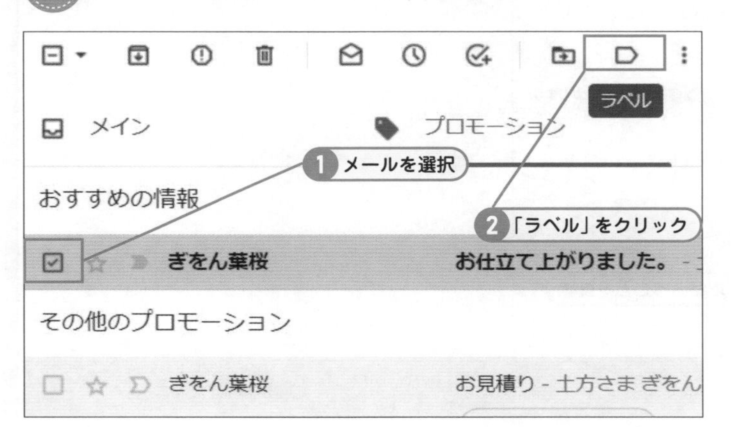

① ラベルを付けたいメールを選択します（複数も選択できます）。「ラベル」ボタンをクリックして開きます。

② ラベルを選択する

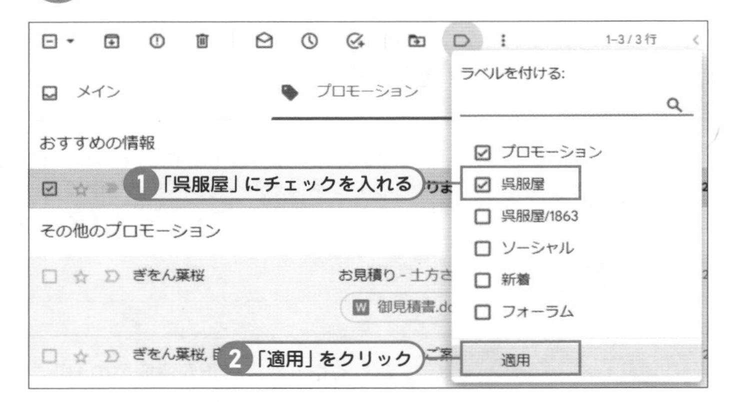

② 付けたいラベルにチェックを入れます。ラベルは複数選ぶことも可能です。ここでは「呉服屋」にチェックをいれて「適用」をクリックします。

「呉服屋/1863」って何？

呉服屋」の配下にある「1863」ラベルのことです。ここではスラッシュ「/」で配下が表示されます。

③ ラベルが付いたことを確認

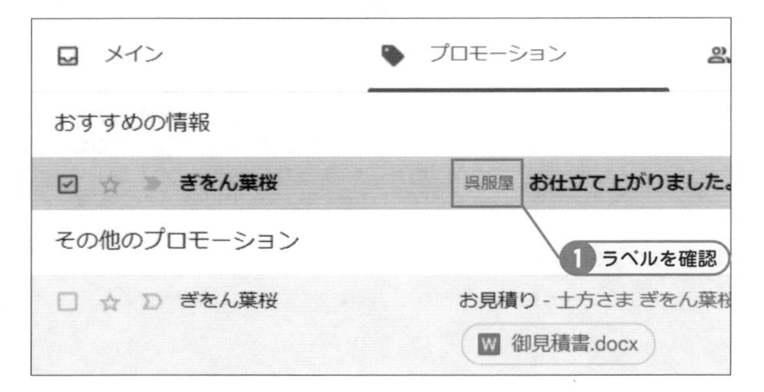

③ メールの件名の左に、新しく「呉服屋」のラベルがついていることが確認できます。

④ ラベルの中にメールがあることを確認

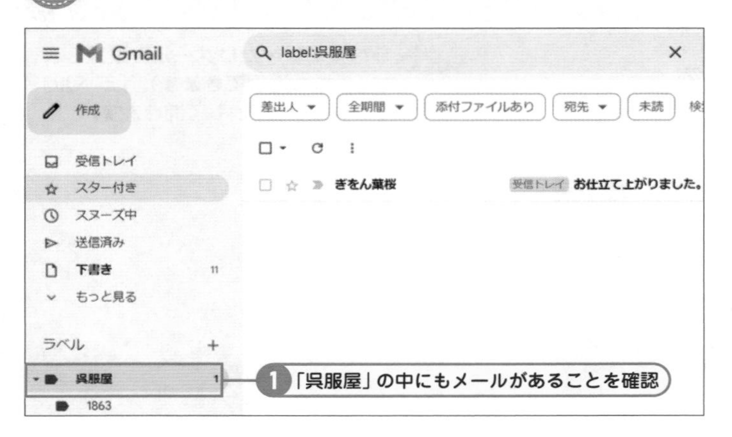

④ 画面左手のメニューの中にある「呉服屋」のラベルをクリックします。ラベルの中に先ほどラベルを付けたメールがあることを確認出来ます。

SECTION 26

Key Word メールの自動振り分け設定

受信メールに自動でラベルを付けるように設定するには

メールを１つ１つ選んで手動でラベルを付けて行くのはなかなか大変ですよね。受信したメールをGmailが判断して、自動でラベルをつけてくれたら、とても便利ですよね。今回はその設定方法を説明していきたいと思います。

受信メールに自動でラベルが付くように設定してみよう

1 検索で振り分けたいキーワードを検索

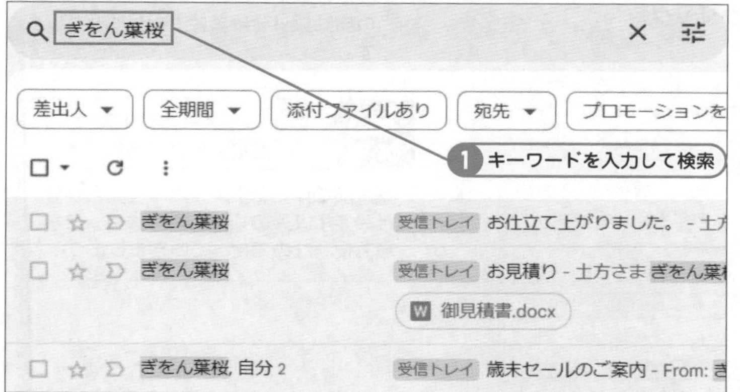

1 画面上部の検索バーで、振り分けたいメールのキーワードを入力して検索します。ここでは、「ぎをん葉桜」をキーワードに検索していきます

2 メールを１つ選択

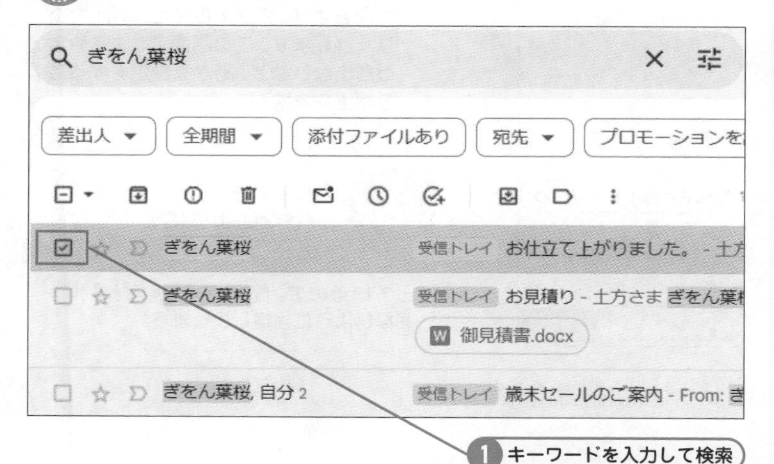

2 検索内容に問題がなければ、１つメールにチェックを入れて選択します。

検索した文言は黄色で強調される

検索した文言は、黄色くマーキングされます。強調されるのでより見やすくなります。

③「その他」をクリック

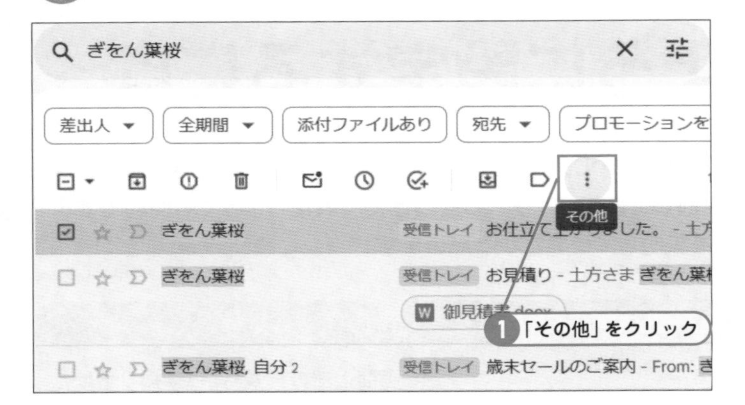

③ メールを選択すると表示されるアイコンの中から「その他」をクリックします。

④「メールの自動振り分け設定」をクリック

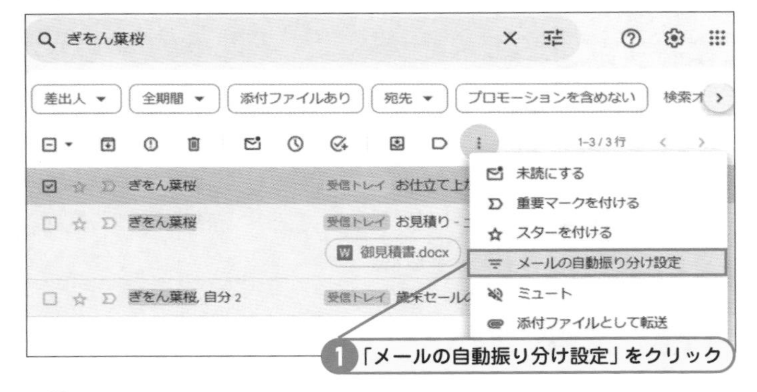

④ 表示されたメニューの中から「メールの自動振り分け設定」をクリックします。

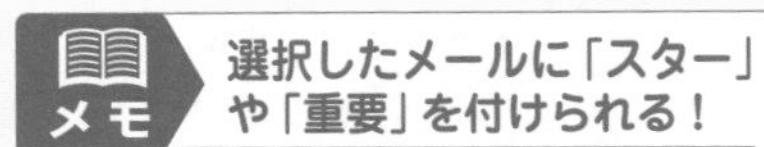

メモ 選択したメールに「スター」や「重要」を付けられる！

選択肢の中には「メールの自動振り分け設定」以外の項目もあります。こちらも便利なので使っていきましょう。

⑤「フィルタを作成」をクリック

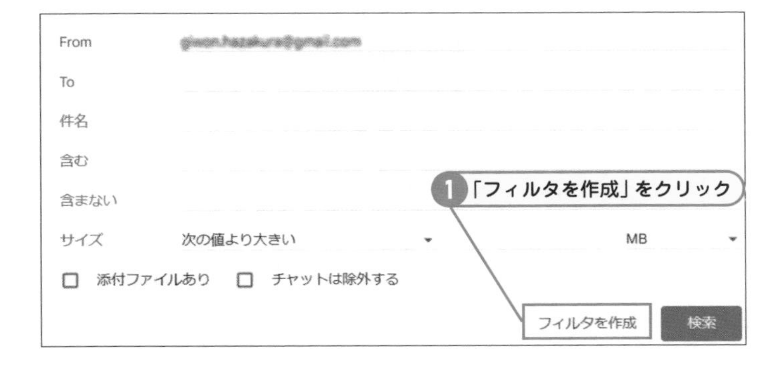

⑤ Fromに振り分けしたいメールアドレスが入力された状態で、新しい画面が開きます。「フィルタを作成」をクリックします。この画面で、件名や含む含まないなど、細かな設定をすることが出来ます。

チェック 「検索」を押さないように！

メールの検索画面と全く同じ作りになっているので、間違って「検索」を押さないように注意しましょう。

6 条件にチェックを入れて「フィルタを作成」をクリック

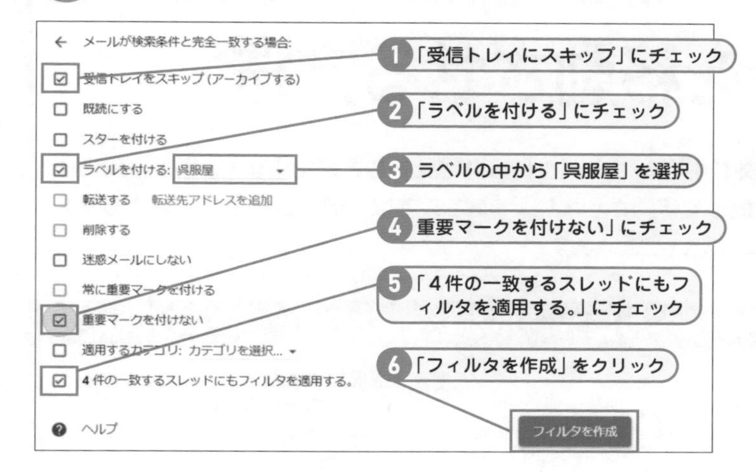

6 「受信トレイをスキップ」「ラベルを付ける（ラベル名は呉服屋を選択）」「重要マークをつけない」「4件の一致するスレッドにもフィルタを適用する。」の4つにチェックを入れて、「フィルタを作成」をクリックします。

メモ 「受信トレイをスキップ」ってどういう意味？

新規に受け取ったメールを受信トレイに入れずに、ラベルに配達するという意味です。ここにチェックを入れると受信トレイには入ってこないので、ラベルの未読メッセージに気を付ける必要があります。

7 受信トレイの「プロモーション」タブを選択

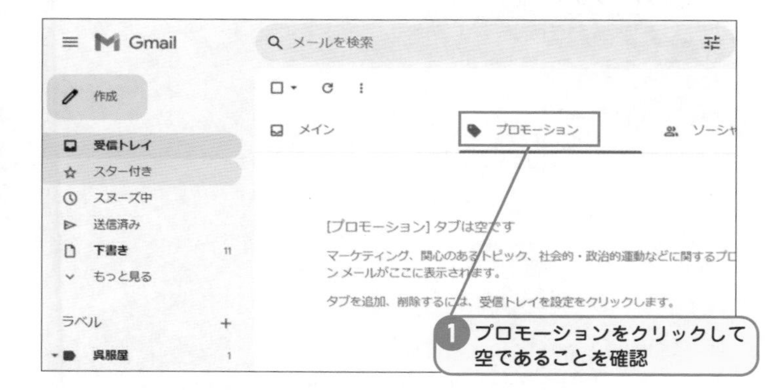

7 受信トレイの「プロモーション」タブを選択すると、すでにフィルタが動いていて、ここにあったメールは移動しています。何も表示されません。

8 「呉服屋」をクリック

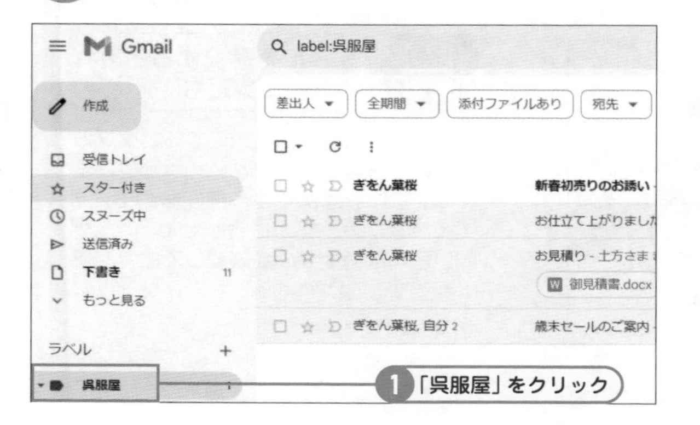

8 左側のメニュー、ラベルの下にある「呉服屋」をクリックすると、フィルタで移動したメールが表示され、新規のメールも受信トレイではなく、ラベルに入っていることが確認出来ます。

メモ 「呉服屋」ラベルの右側の数字は何？

ラベルの右側に表示される数字は、このラベルに入っている未読メールの数を表しています。受信トレイにない場合がほとんどなので、注意してチェックしましょう。

SECTION 27

Key Word ラベルへの移動

受信トレイを綺麗にするためにメールを移動させる方法

自動で振り分ける以外にも手動でラベルに移動させることが出来ます。振り分けにくいメールは手動で選択して移動させましょう。ここでは受信トレイのメインにあるメールを移動して、空にしたいと思います。

受信トレイからラベルにメールを移動しよう

1 「選択してください」の□をクリック

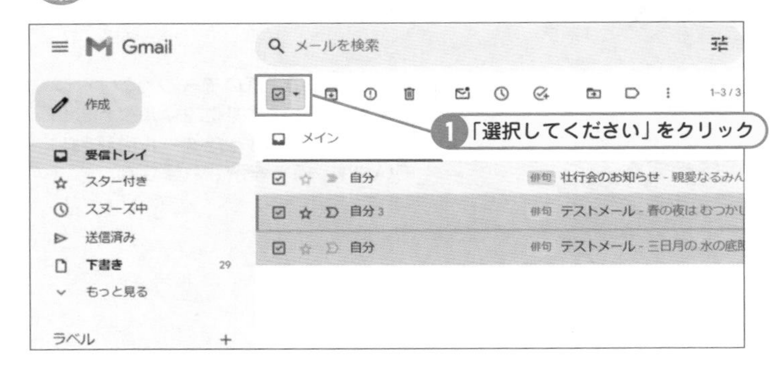

1 「選択してください」の□をクリックすると、表示されているメールをすべて選択することが出来ます。ここではすべてのメールを移動させるので、表示されているすべてのメールを選択します。

2 「移動」をクリック

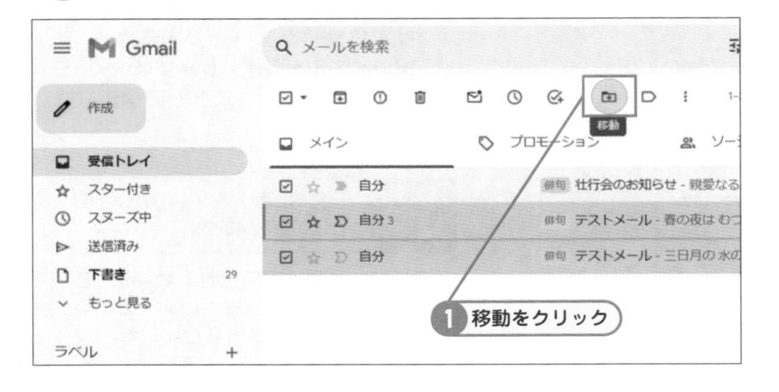

2 メールを選択すると表示されるアイコンの中から「移動」をクリックします。

メモ メールを選択すると現れるアイコンたち

メールを選択した状態にするとタブの上に小さなアイコンがいくつか並びます。それらはよく使う機能なので、アイコンにカーソルを合わせて、いったいどんな機能なのか確認しておくと便利です。

③ 「俳句」を選択

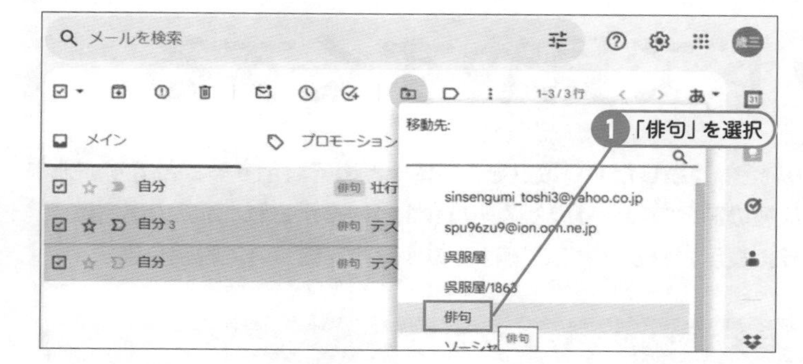

③ 表示される移動先一覧の中から「俳句」を選択

移動先の検索

移動先は、ラベルが多くなってくると下に伸びて表示されるので、移動先を探すのが大変になってきます。そういった場合には、移動先上部にある検索バーが便利です。

④ 「受信トレイ」をクリック

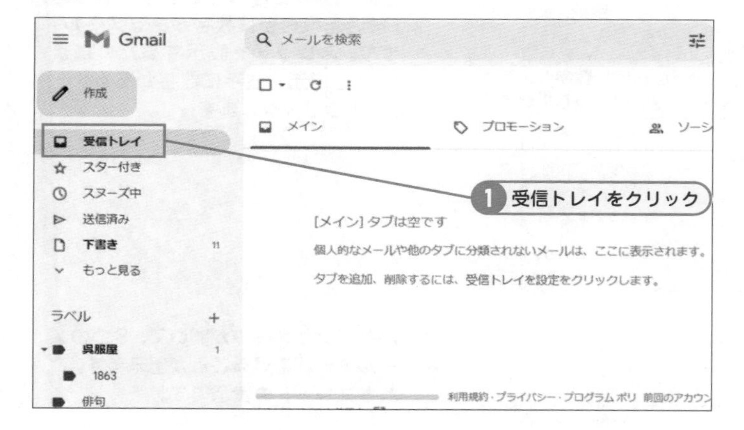

④ 「受信トレイ」をクリックしてメインタブを見てみましょう。メールは綺麗に空になっています。

⑤ 「俳句」をクリック

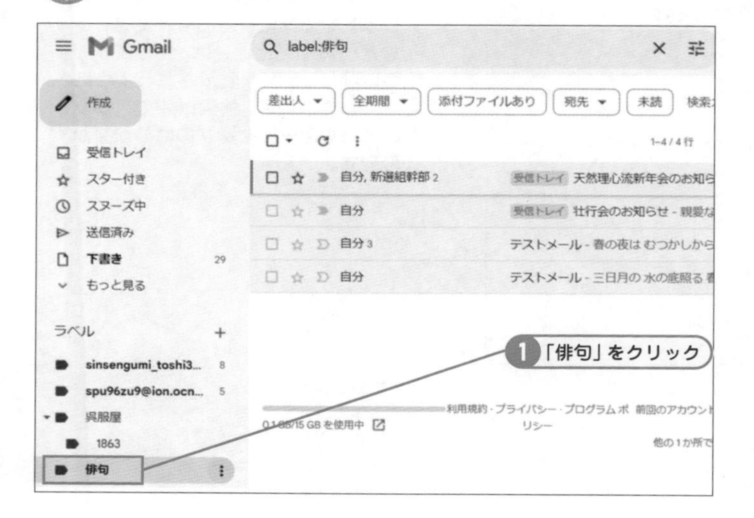

⑤ 左側のメニューのラベルから「俳句」をクリックして、俳句のラベルを表示してみましょう。先ほどのメールがすべてこちらに移動しているのを確認します。

SECTION 

28 メールのやり取りをスレッドで見やすくする

スレッドとは、Gmailの場合、連続したやり取りを１つにまとめて表示することです。例えばスレッドがオンの状態の時３つのやり取りメールが１つに表示され、オフの場合は、３つのメールがバラバラに表示されます。ここではそのオンオフについて説明します。

スレッドって何？どう使うの？

1 宛先の右手に数字があるメールをクリック

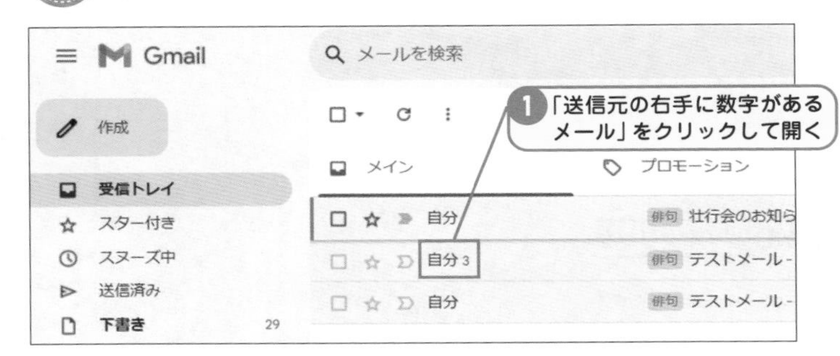

1 Gmailは初期の設定でスレッドがオンになっています。実際どんなメールがスレッドになっているかというと「送信元の右手に数字があるメール」です。スレッドを表示するためにまず、「送信元の右手に数字があるメール」をクリックします。

2 スレッドが表示されたことを確認

2 隠れていたメールが開いて、３つのメールを一覧で見ることが出来ます。これがスレッドの表示です。

ヒント　スレッドがオンの場合のデメリットは？

スレッドをオンにしておくと受信トレイなど一覧で見たときは、まとまって１つになり、数字が表示されるようになってしまうので、検索以外でスレッドのメールの一部を探すのはなかなか大変です。

スレッド表示のオンオフをやってみよう！

1 「設定」をクリック

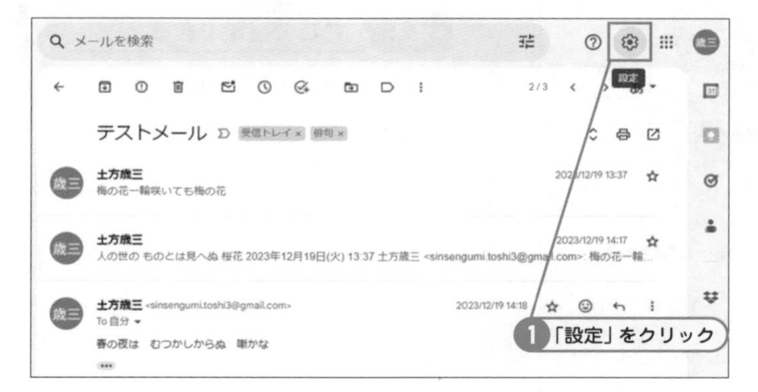

1 画面右上にある歯車マークの「設定」をクリックします。

2 「すべての設定を表示」をクリック

2 新たに表示された画面から「すべての設定を表示」をクリックします。

1つの話題、議題について、返信をまとめて1つにしたもののことです。メールだけではなく、電子掲示板などでもよく使われます。
スレと略されることもあります。ここでは1つにまとめない方法を解説しています。

3 「スレッド表示OFF」をクリックして選択

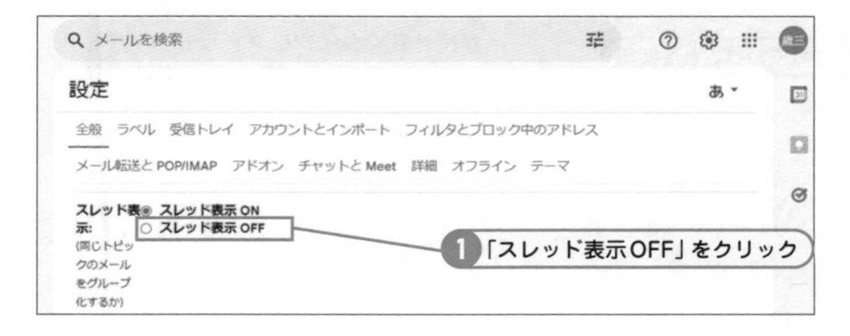

3 設定画面の中にあるスレッド表示の項目から、「スレッド表示OFF」をクリックして選択します。

設定画面の最下部にある「変更を保存」をクリック

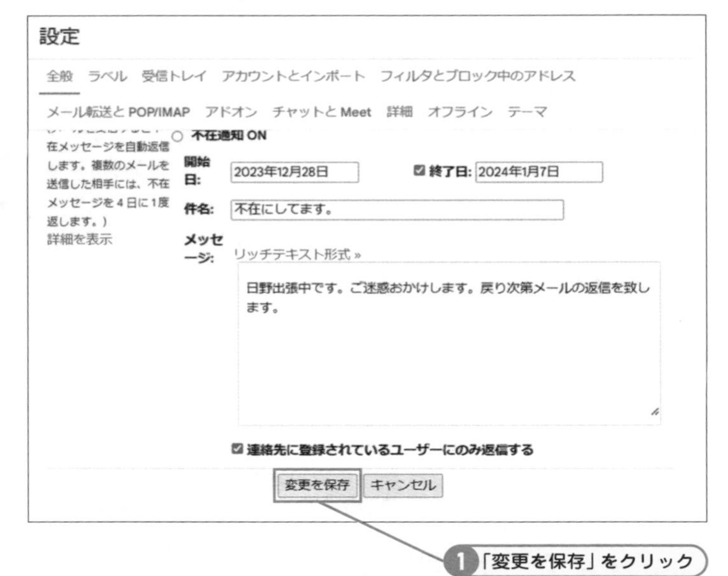

1 「変更を保存」をクリック

4 設定画面の最下部にある「変更を保存」をクリックします。

メモ 不在通知もここで設定できる

スマートフォンの説明で8章に乗っている不在時のメール通知設定は、パソコン版だとここで行うことが出来ます。覚えて置きましょう。

スレッドのOFFを確認

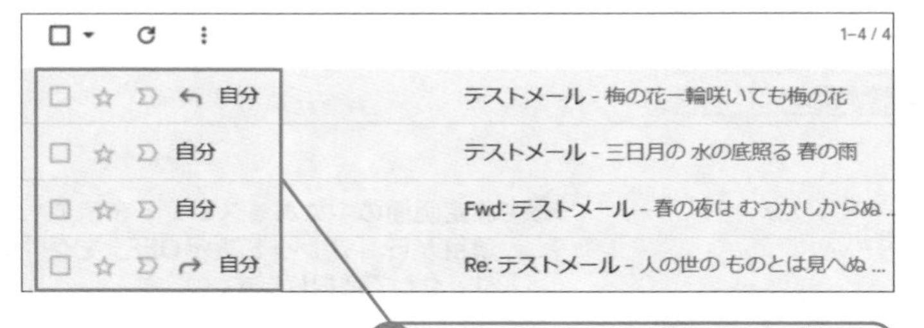

1 メールがすべて表示されていることを確認

5 スレッドの中に格納されていたメールが表示されていることを確認します。

メモ スレッドのONとOFFはお好みで

やりとりが1つに表示されるスレッドONと、バラバラで1つのメールが見えるスレッドOFFのどちらがいいかは使う人によると思います。やりとりが長く続くタイプはスレッドONがおススメです。そこまでメールの往復がないのであればOFFでも問題はないと思います。

SECTION Key Word 検索

29 必要なメールを簡単に探し出してみよう

メールが多くなってくると必要なメールが見つからないことも出てくると思います。特にスレッド内のメールは一覧だと見えないのでいちいちスレッドを開くことになります。そこで便利なのがキーワード検索です。ここでは検索の方法を学んで行きましょう。

キーワードを使ってメールを検索するには？

1 「メールを検索」をクリック

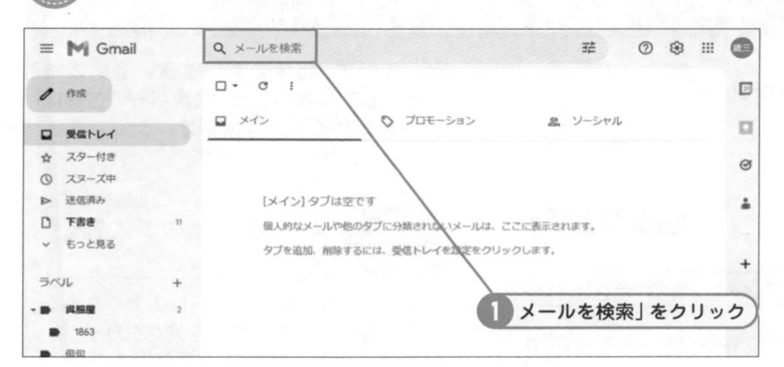

1 画面上部にある「メールを検索」をクリックします。

2 検索バーに検索したい文字列を入力してエンターキーを押す

2 検索バーに検索したい文字列を入力します。ここでは「ぎをん葉桜」を検索してみましょう。検索バーに「ぎをん葉桜」と入力し、エンターキーを押します。

ヒント キーワードは複数でも可能

キーワードはここでは1つだけですが、スペースキーでスペースを空けることで、複数のキーワードを入力することが出来ます。

③ 検索結果が表示される

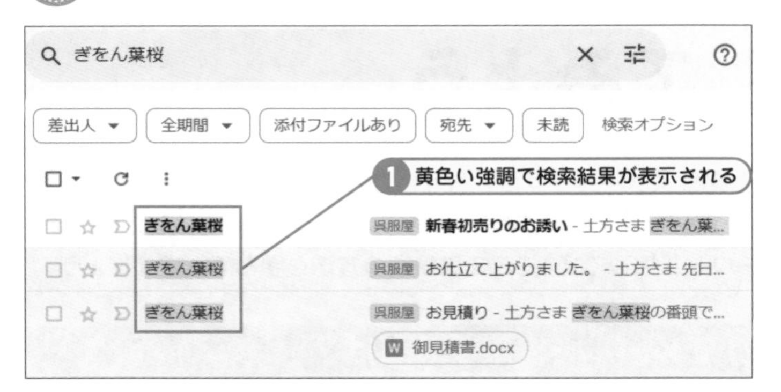

③ 黄色い強調文字が表示され、検索結果一覧が並びます。

特定のキーワードを除外して検索するには？

① 「検索オプションを表示」をクリック

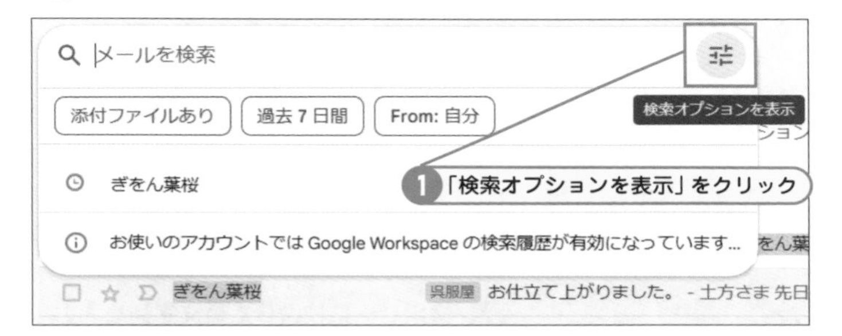

① 続けて、特定の文字を含まない検索をしてみましょう。検索バーの右端にあるアイコン、「検索オプションを表示」をクリックします。

チェック　メールを検索の下にある文字列は？

よくある検索キーワードは入力しなくても表示されている文字列をクリックすることで、検索することが出来ます。よく表示されているのは「添付ファイル」「未読」「過去7日間」などです。

② 「含まない」に文字列を入力して「検索」をクリック

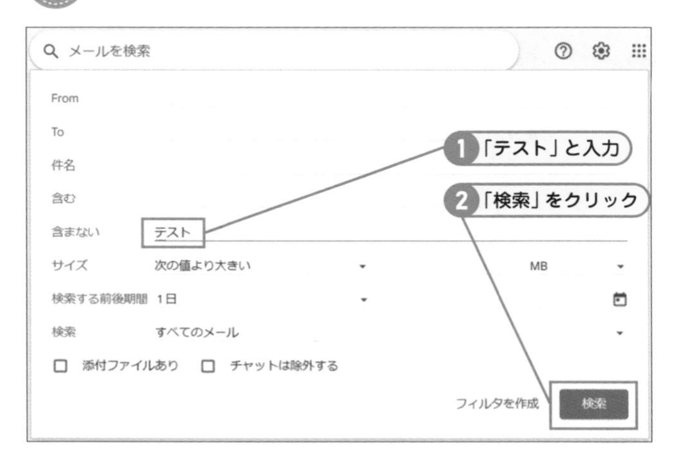

② 「含まない」の項目に文字列「テスト」を入力して「検索」をクリックします。

メモ　複数条件でキーワード検索が出来る

検索オプションでは、複数条件の検索も出来ます。例えば「これを含んで、これを含まず、検索範囲はこれで・・・」といった風に出来ます。1つのキーワードでは結果が多すぎる時、もっと絞り込んでみましょう。

③ 「テスト」を含まないメールが表示される

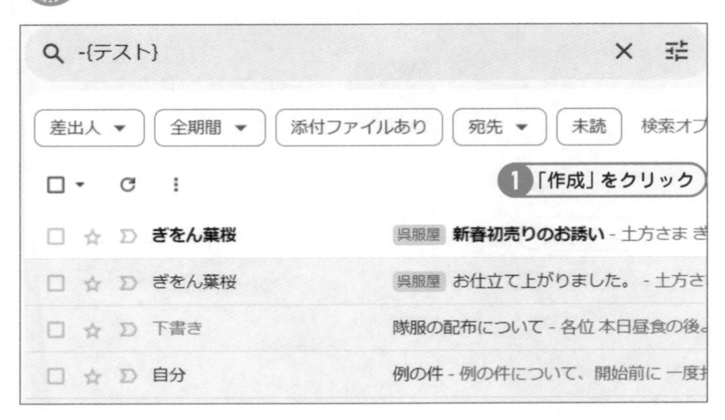

③ 検索結果に「テスト」を含まないメール一覧が表示されます。

> **ヒント 黄色い強調はここでは表示されない**
>
> ここではキーワードを含まないので、普通の検索結果と異なり、黄色い強調は表示されません。

差出人の名前で検索するには？

① 「検索オプションを表示」をクリック

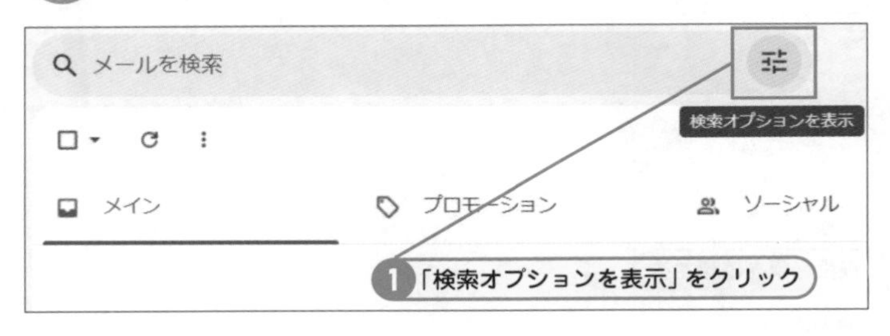

① 今度は差出人の名前で検索してみましょう。検索バーの右端にあるアイコン、「検索オプションを表示」をクリックします。

② Fromに検索したい名前を入力

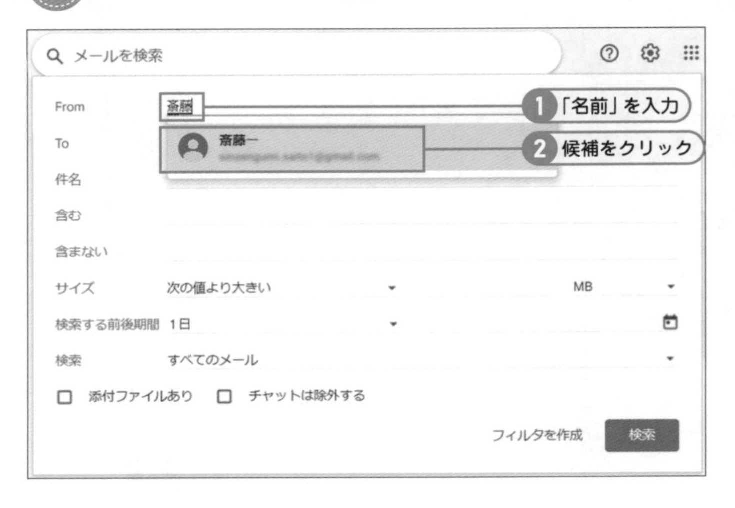

② Fromに検索したい名前を入力していくと、候補が表示されるので、候補をクリックします。

> **ヒント 名前やメールアドレスの冒頭を入力すると候補が表示される**
>
> 名前やメールアドレスの一部を入力することで、候補が表示されます。最後まで入力すると間違いが起こることもあるので、候補が正しければ候補をクリックして選択してしまいましょう。

③ 「検索」をクリック

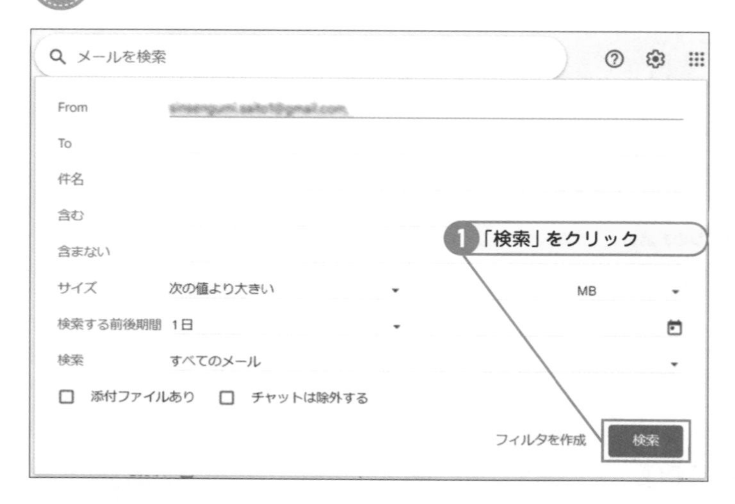

③ Fromが名前ではなくメールアドレスが入力された状態になります。「検索」をクリックします。

チェック　メールアドレスを入力してもOK

Fromには名前じゃなくても、メールアドレスでも検索可能です。

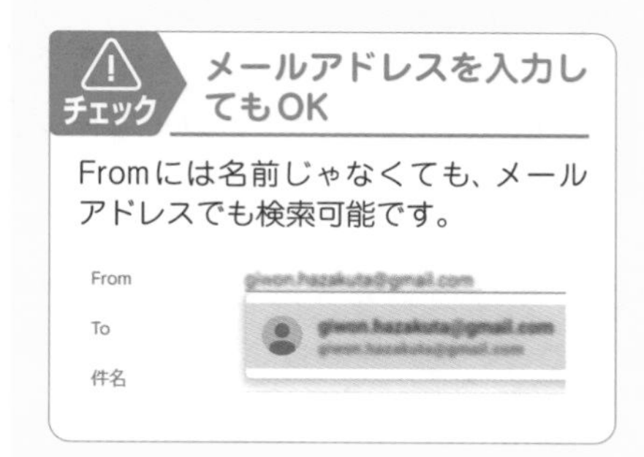

④ 検索結果が表示されるのを確認

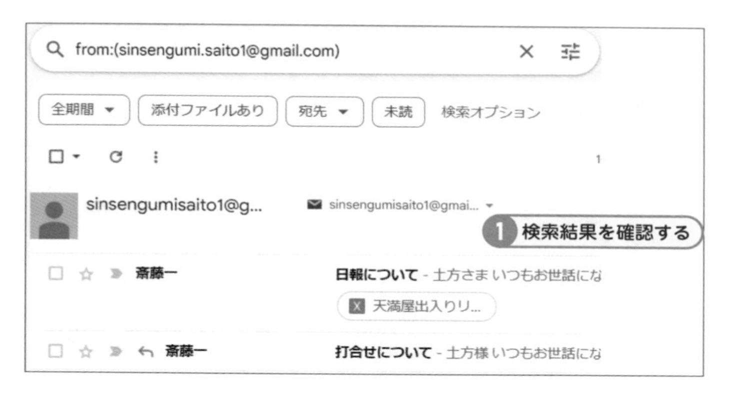

④ 検索結果が表示されていることを確認しましょう。

メモ　検索方法は他にもたくさん！

検索オプション画面で、添付ファイルにチェックをいれるだけで、添付ファイルのついたメールだけを表示させることも出来ます。また、「検索」の項目で検索範囲なども設定できるので、検索結果が多すぎる時にはぜひ使ってみてください。

SECTION 30

Key Word 未読

既読のメールを未読に変更するには？

一度は既読にしてしまったけど、またあとでチェックしたいメールを、未読にして置けたらいいなと思いませんか？そんな時はワンクリックで簡単！メールを未読に戻してしまいましょう！複数のメールもチェックをいれておくことで一気に未読にすることも出来ます。

既読のメールを未読にする

1 未読にしたいメールの「未読にする」をクリック

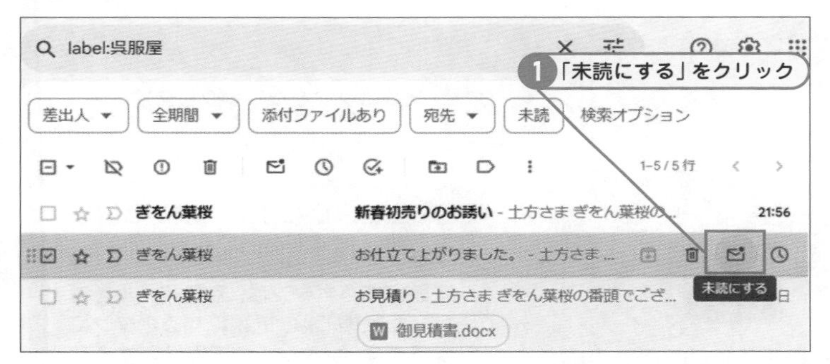

1 未読にしたいメールにカーソルを合わせて、右側に表示されるアイコン4つの中の「未読にする」をクリックします。

2 メールが未読になったことを確認する

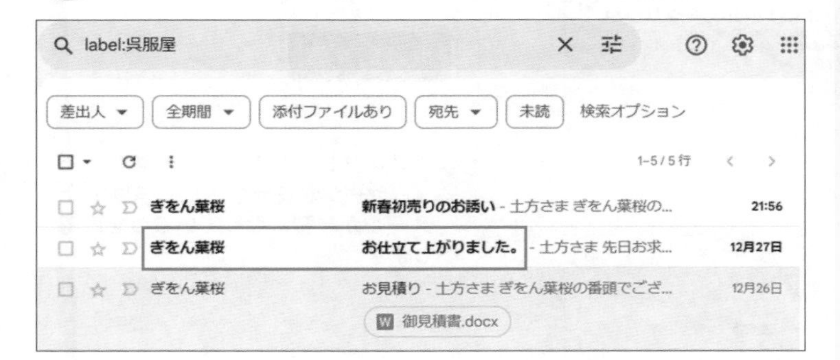

2 選択したメールが未読の太字になったことを確認します。

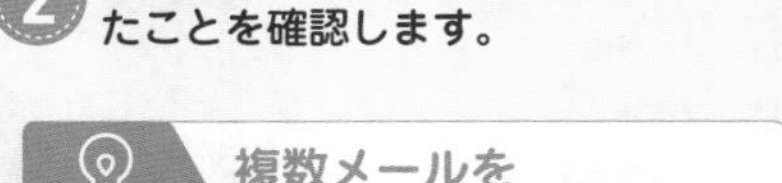

ヒント 複数メールを未読にしたい時には？

まずはメールにチェックを入れて選択します。上に表示される「…」マークのその他をクリックし、表示されたメニューの中から「未読にする」をクリックすることで、複数メールを未読に出来ます。

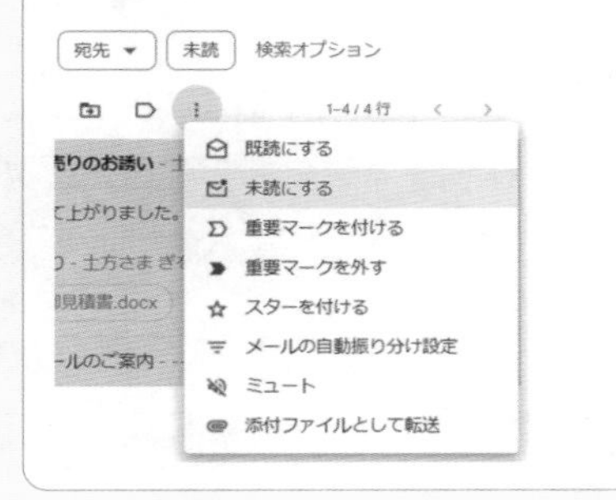

複数のメールを未読にする

① 複数メールにチェックを入れる

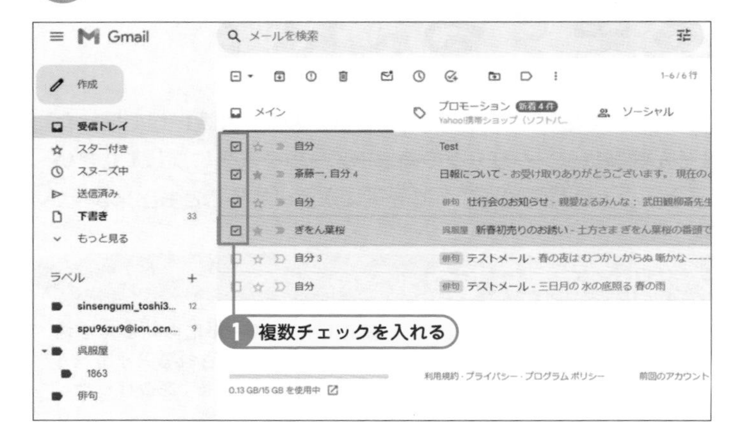

① メールの先頭にあるチェックボックスに複数チェックを入れる。

② 未読ボタンをクリック

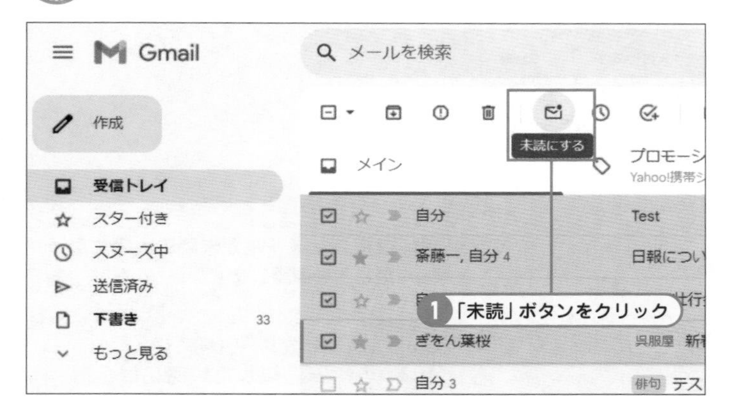

② 未読ボタンをクリックします。

ヒント 未読にするボタンと既読にするボタン

未読にするボタンは、未読メールを選択した状態では、既読にするボタンになります。ボタン１つで既読にすることも可能です。

③ 選択したメールが未読になる

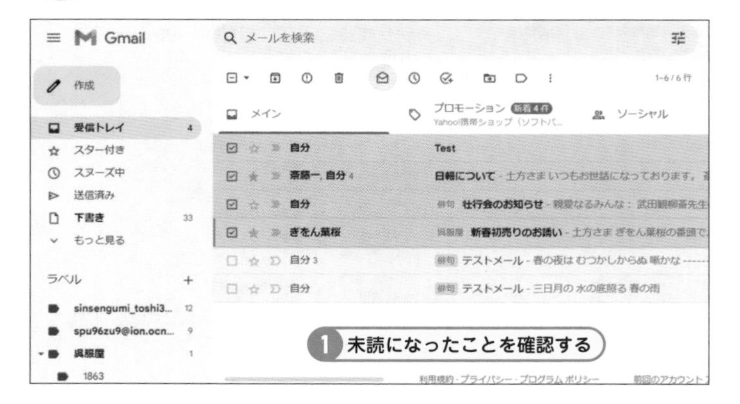

③ ４件のスレッドを未読にしましたとメッセージが表示されます。選択したメールが未読になっているのを確認します。

5章

Gmail以外のメールを見られるようにするには

Gmailでは、Gmailだけではなく他の無料メールYahoo!やMicrosoft、プロバイダーのメールも受け取ることが出来ます。ここではその設定方法を解説していきたいと思います。パソコンやスマートフォンですべてのメールを見られるようにしてしまいましょう。

SECTION 31

Key Word 会社のメールを設定する

会社のメールをGmailで受信できるようにするには

会社のメールをGmailでいつでも見られたらとても便利です。（会社によっては禁止されているところもあるので、情報セキュリティ担当に確認してから設定してください）ここでは、プロバイダのメールアドレスを使えるように設定してみます。

会社のメールを受け取れるように設定する

1 「設定」をクリック

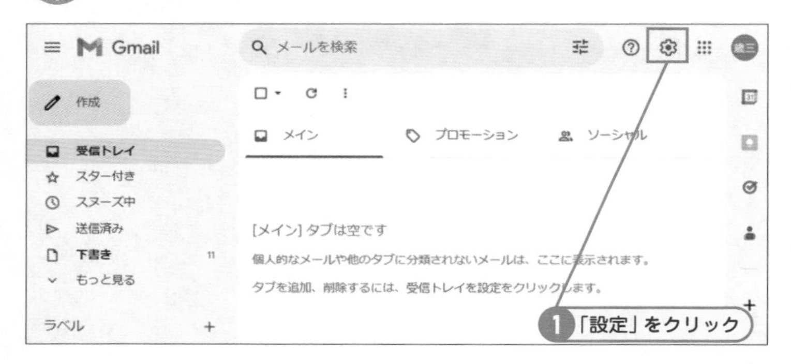

1 画面右上にある歯車マークの「設定」をクリックします。

2 「すべての設定を表示」をクリック

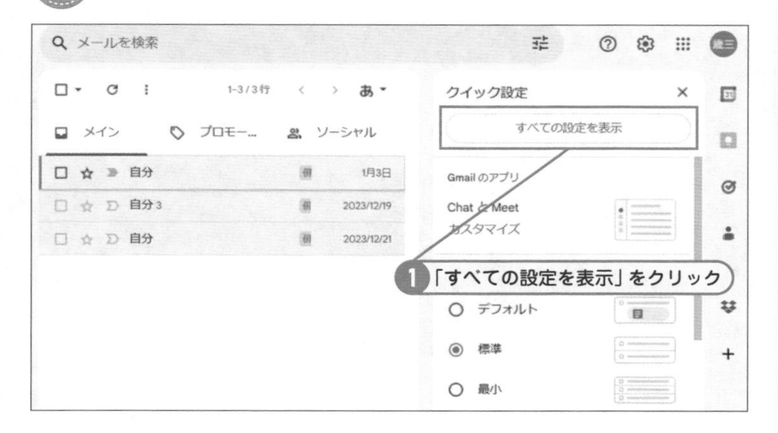

2 「すべての設定を表示」をクリックします。

ヒント プロバイダメールの追加は設定が細かい！

プロバイダのメールを追加する場合、少し手順が多くて煩雑です。説明が少し長くなりますし、サーバの設定など一度でうまくいかない場合も多いです。1つ1つ丁寧に説明をしていくので、諦めずに根気よくやって行きましょう。

3 「アカウントとインポート」をクリックし「メールアカウントを追加する」をクリック

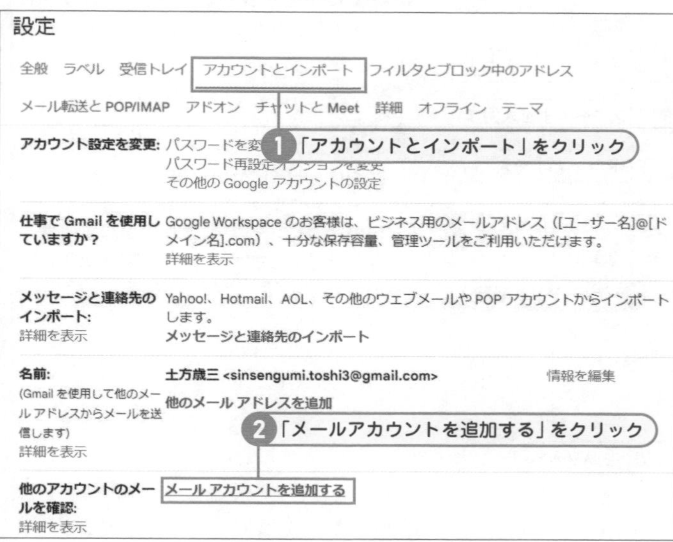

3 「アカウントとインポート」をクリックし、その中にある「メールアカウントを追加する」をクリックします。

チェック 間違えないように注意！

1つ上に「他のメールアドレスを追加」がありますが、間違えないように気を付けてください。

4 「メールアドレス」を入力して次へ

4 追加したいメールアドレスを入力して、「次へ」をクリックします。

チェック ご自身のメールアドレスを入力してください

ここでは例としてOCNのプロバイダメールを入力していますが、実際に設定するときはご自身のメールアドレスを入力してください。

5 「他のアカウントからメールを読み込む（POP3）を選択

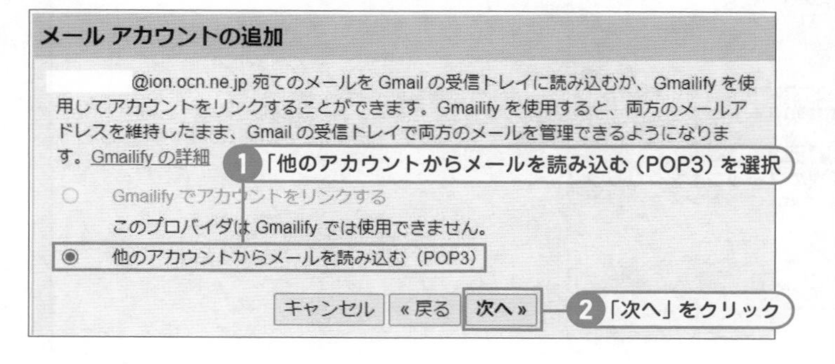

5 「他のアカウントからメールを読み込む（POP3）を選択して、「次へ」をクリックします。

ヒント OCNではGmailifyが使えない

Gmailifyを使ったリンク方法は、次のYahoo！のメールアドレスの追加方法で説明を行います。もしお使いのプロバイダまたは会社で使える場合には、次の6-2を参考に設定してみましょう。

6 メールの設定を入力して「次へ」をクリック

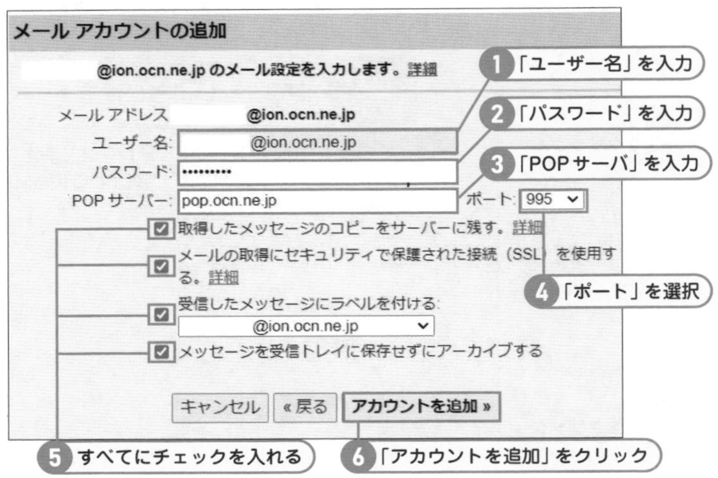

6 「ユーザー名」「パスワード」「POPサーバ」「ポート」を正しく入力し、すべてにチェックをいれて、「アカウントを追加」をクリックします。

ヒント POPサーバ名やポートは プロバイダによって違う

この例ではOCNのPOPサーバ名やポートが設定されていますが、会社やプロバイダによってこの画面の設定は異なります。公式サイトに記載があると思いますので、そちらを参考に設定してください。

7 「はい」を選択して「次へ」をクリック

7 「はい」を選択して「次へ」をクリックします。

ヒント 「いいえ」を選ぶと どうなるの？

メールの受信は出来ますが、このメールアドレスを使っての送信が出来なくなります。Gmailのメールアドレスでの返信になるので、新しく追加するメールアドレスで返信したい場合には「はい」を選択しましょう。

8 「次のステップ」をクリック

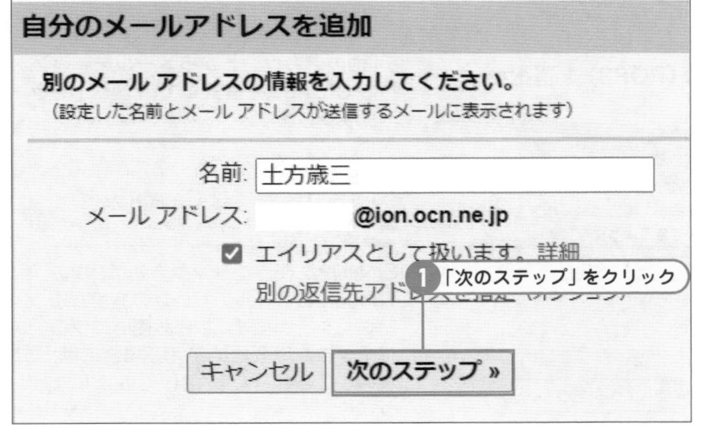

8 内容を確認して「次のステップ」をクリックします。

9 SMTPサーバの設定を行って「アカウントを追加」をクリック

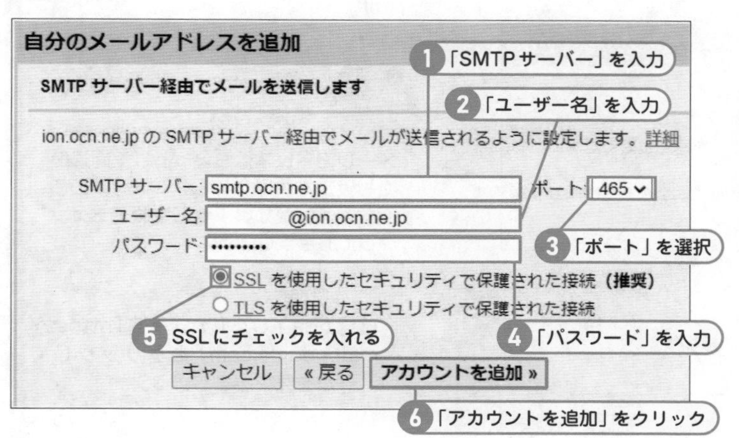

9 「SMTPサーバ」「ユーザー名」「ポート」「パスワード」を入力し、SSLにチェックを入れて「アカウントを追加」をクリックします。

チェック ここも会社やプロバイダによって異なる

この設定内容も会社やプロバイダによって異なりますので、公式サイトのＳＭＴＰサーバを参考に設定を行ってみてください。

10 「ウインドウを閉じる」をクリック

自分のメールアドレスを追加

確認手順に従ってメール アドレスを追加します

ご使用の他のサーバーを検出し、認証情報を確認しました。作業はもう少しで完了します。

確認リンクを記載したメールを @ion.ocn.ne.jp に送信しました。
[メールを再送信]
メールアドレスを追加するには、確認メールに記載されたリンクをクリックします。

ウィンドウを閉じる

1 「ウインドウを閉じる」をクリック

10 新しく追加したメールアドレスにGmailから確認メールが飛びます。「ウインドウを閉じる」をクリックして閉じます。

11 Gmailから届いたメールのURLをクリック

Gmail チーム <gmail-noreply@google.com>
詳細　2023年12月30日 16:25　返信

認証: このメールの認証情報

宛先：spu96zu9@ion.ocn.ne.jp

タグ：

You have requested to add spu96zu9@ion.ocn.ne.jp to your Gmail account.

Before you can send mail from spu96zu9@ion.ocn.ne.jp using your Gmail account (sinsengumi.toshi3@gmail.com), please click the link below to confirm your request:

https://mail.google.com/mail/f-%5BANGjdJ92TDSpY8h4MV45nguKIQKqdesL37BHz0BX77V1PizgxZhjQOoV13YSkqwYuxkoGqyQ_j8YuNecaGnG%5D-XpO0Q0usBx9Irg6AH8q99eHFVrI

If you click the link and it appears to be broken, please copy and paste it into a new browser window.

Thanks for using Gmail!

1 URLをクリック

11 Gmailから確認メールを受け取ったら長いリンクをクリックして、確認を行います。

⑫ 「確認」をクリック

Gmail 確認

@ion.ocn.ne.jp としてメールを送信することを確認してください。

Gmail アカウントに戻るには次をクリックしてください: https://mail.google.com。

確認 ① ここをタップ

⑫ メールアドレスに間違いがないことを確認して「確認」をクリックします。

メールアドレスの間違いには要注意

メールアドレスはちょっとした間違いでも設定を失敗してしまいます。ここでも間違いがないように重ねてチェックしておきましょう。

⑬ 「https://mail.google.com」をクリック

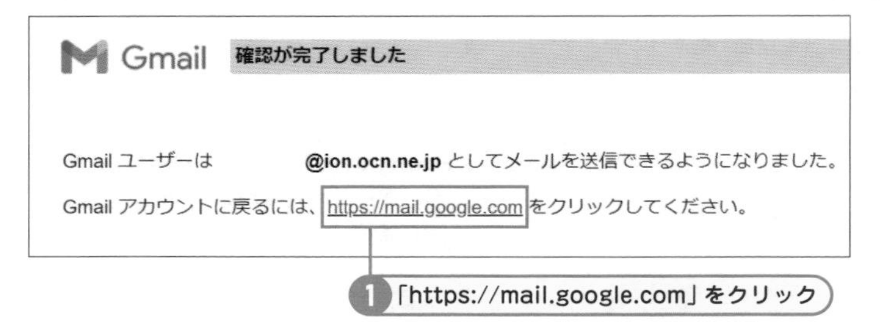

① 「https://mail.google.com」をクリック

⑬ 確認が完了しました。早速「https://mail.google.com」をクリックしてメールを見てみましょう。

⑭ 新しいラベルを確認する

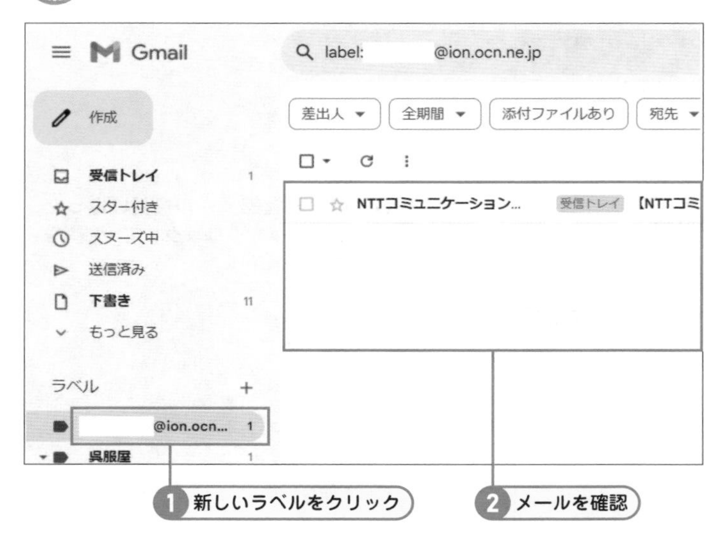

① 新しいラベルをクリック ② メールを確認

⑭ 一度Gmailを開きなおして、右側のメニューを見ると、新しく追加したメールアドレス名でラベルが追加されています。ラベルをクリックするとメールが表示されます。

ヒント

設定が上手くいかない時には

プロバイダのよっては公式HPなどに記載されている情報が古くなっていて、設定をしても送受信が上手くいかない場合もあります。何度やっても出来ないと心が折れそうになってしまいますが、そんな時はプロバイダのサポートに問い合わせてみましょう。

SECTION 32

Key Word 他の無料メールを送受信

Yahoo！などの無料メールをGmailで送受信するには

プロバイダに引き続き、今度は無料メールを追加してみましょう。ここではYahoo！の無料メールを設定していきます。他の無料メールも追加できるので、同じようにやってみましょう。

Yahoo!のメールアドレスをGmailに追加してみよう！

1 「設定」をクリック

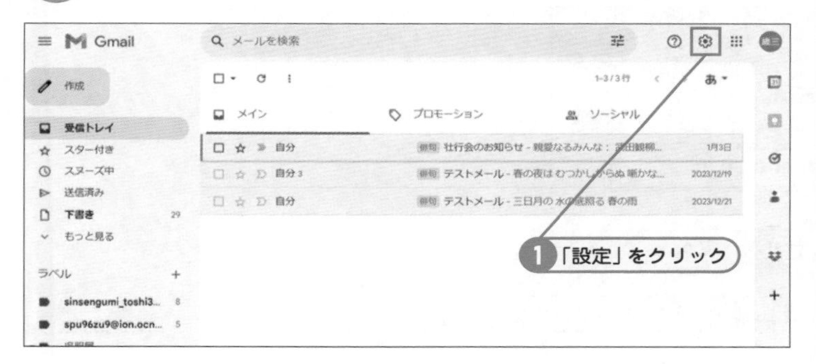

1 画面右上にある歯車マークの「設定」をクリックします。

2 「すべての設定を表示」をクリック

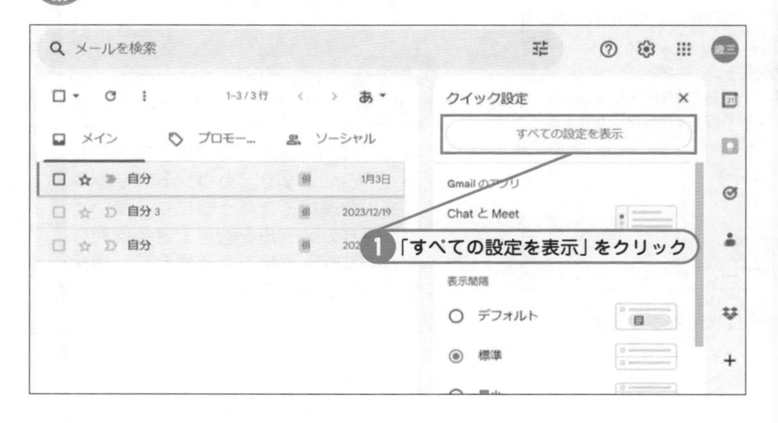

2 開いたメニューの中から「すべての設定を表示」をクリックします。

ヒント 設定方法が2種類ある

受信トレイにYahooメールを受信する方法と、ラベルをつけてラベルにYahoo！メールを受信する方法と2種類の方法を解説していきます。好みの設定方法を選んで行ってください。

③ 「メールアカウントを追加する」をクリック

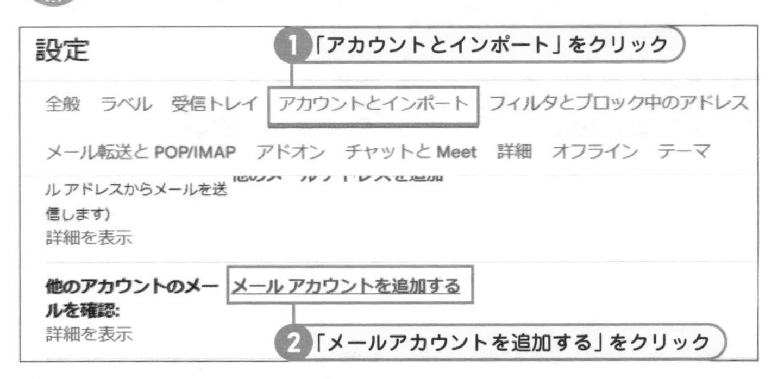

③ 「アカウントとインポート」の中にある「メールアカウントを追加する」をクリックします。

ヒント　ここでも「他のメールアドレスを追加」を選ばない

すぐ上に「他のメールアドレスを追加」とありますが、それではなく「メールアカウントを追加する」を選択しましょう。名前が似ていて間違えやすいので気を付けてください。

④ メールアドレスを入力して「次へ」をクリック

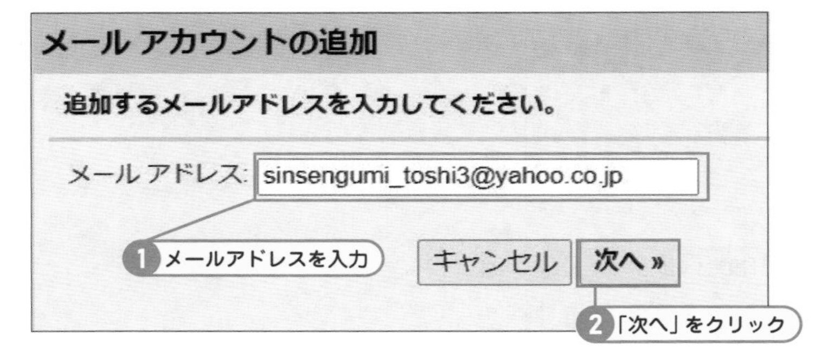

④ Yahoo！のメールアドレスを入力して「次へ」をクリックします。

⑤ 「Gmailifyでアカウントをリンクする」を選択して「次へ」

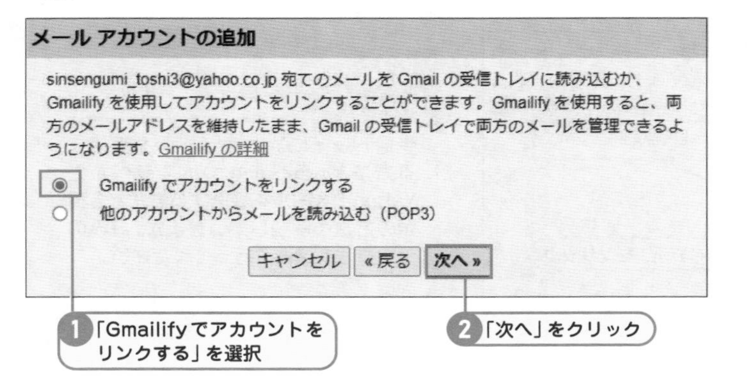

⑤ 「Gmailifyでアカウントをリンクする」を選択して「次へ」をクリックします。

メモ　「Gmailifyでアカウントをリンクする」を選択できる

プロバイダ（OCN）では選択できなかった「Gmailifyでアカウントをリンクする」を選択できるようになっています。両方のメールを管理できる便利な機能なので、選択できる場合には積極的に選択していきましょう。

6 「パスワード」を入力して「次へ」

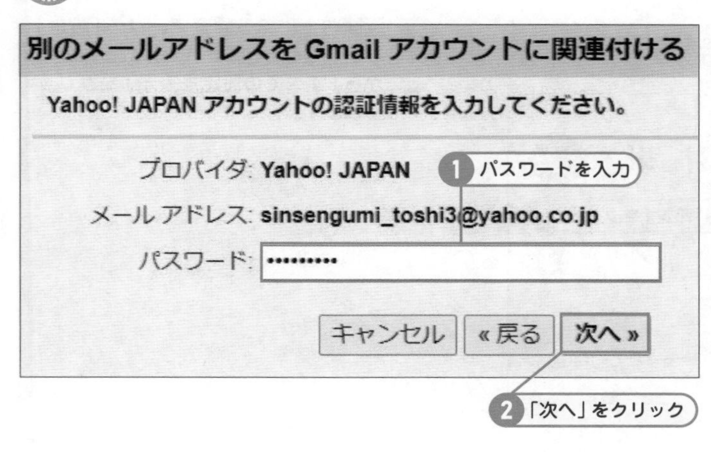

6 「パスワード」を入力して「次へ」をクリックします。

7 「閉じる」をクリック

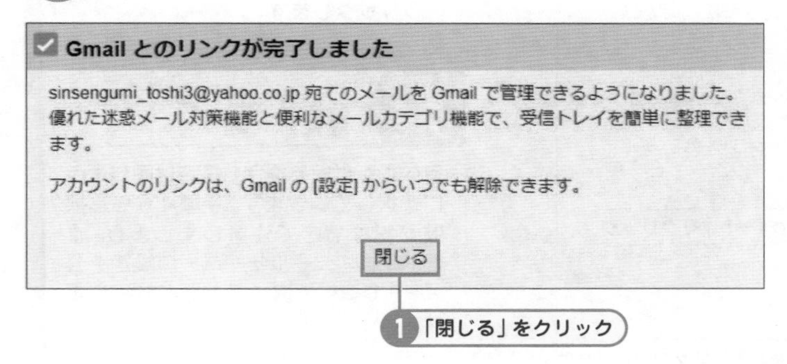

7 内容を確認して「閉じる」をクリックします。

8 メールアカウントが追加されたことを確認する

8 メールアカウントが追加されたことを確認します。

メールが受け取れていない場合には？

「メールを今すぐ確認する」をクリックすると、メールの受信が開始して、最新状態になっている場合には「○分前取得したメールはありません」といったメッセージが表示されます。

ラベルを付けてYahoo！メールを設定するには？

① 「設定」をクリックして「すべての設定を表示」

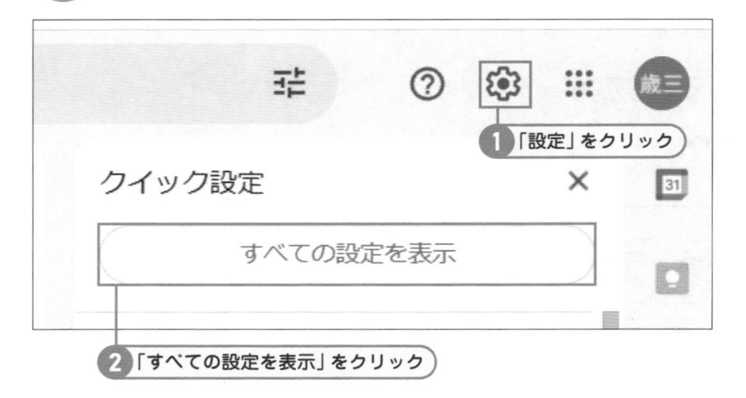

① 画面右上にある歯車マークの「設定」をクリックし、開かれたメニューの中から「すべての設定を表示」をクリックします。

② 「メールアカウントを追加する」をクリック

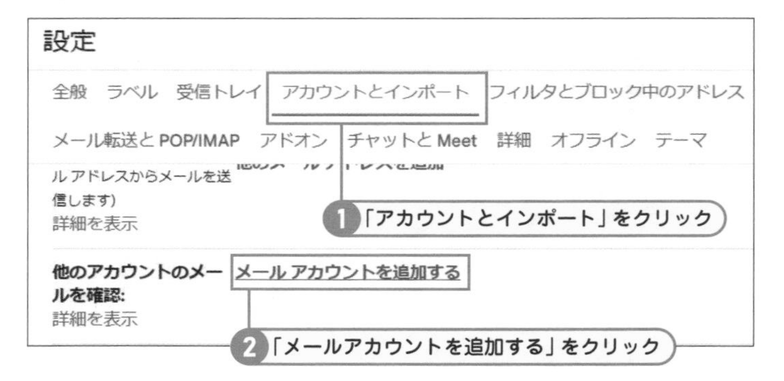

② 「アカウントとインポート」の中にある「メールアカウントを追加する」をクリックします。

メモ ラベルを付ける場合も最初は一緒！

ラベルを付ける場合もここは同じように選択していきます。手順４から選択肢が異なるので注意しましょう。また、事前にメールサーバーの設定を公式HPで調べて置くことをお勧めします。

③ 「メールアドレス」を入力して「次へ」

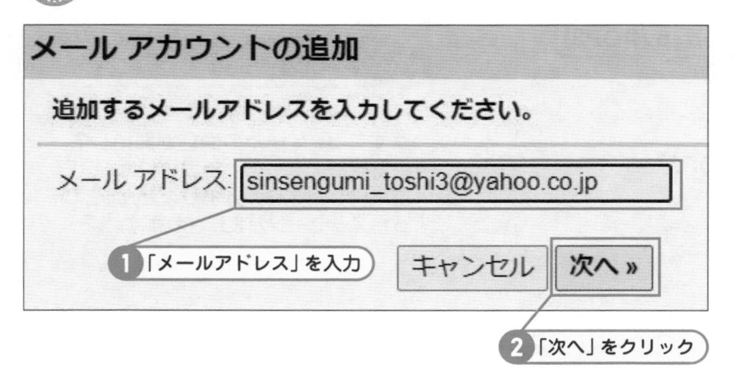

③ 「メールアドレス」を入力して「次へ」をクリックします。

4 「他のアカウントからメールを読み込む」をクリック

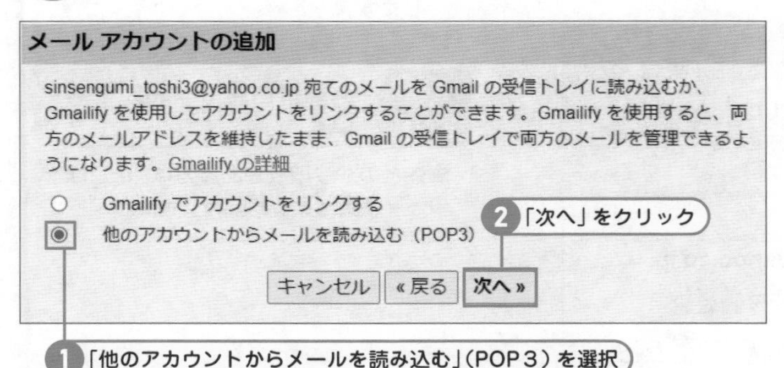

4 「他のアカウントからメールを読み込む」（POP３）を選択して「次へ」をクリックします。

5 必要項目を入力して「アカウントを追加」をクリック

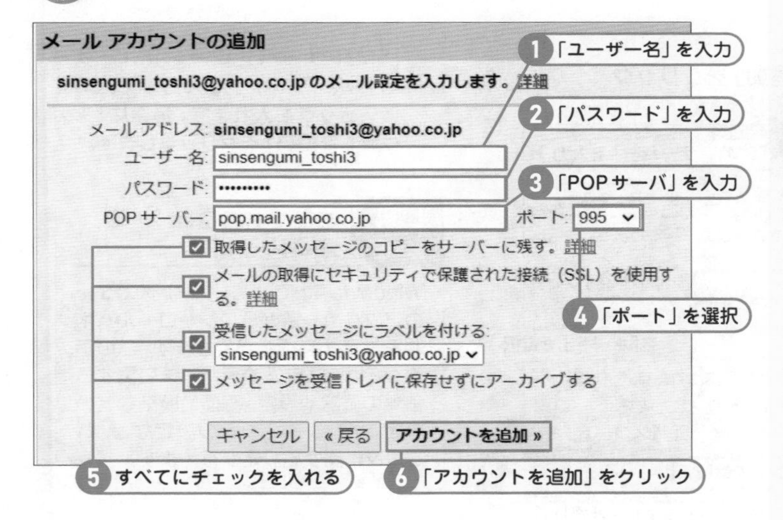

5 「ユーザー名」「パスワード」「POPサーバ」「ポート」を入力し、すべてにチェックを入れて、「アカウントを追加」をクリックします。

メモ　この画面の設定は人によって異なる

使いたい無料メールによってこの画面の設定が異なります。公式サイトでPOPサーバの設定方法を検索してみましょう。

6 「はい」を選択して「次へ」

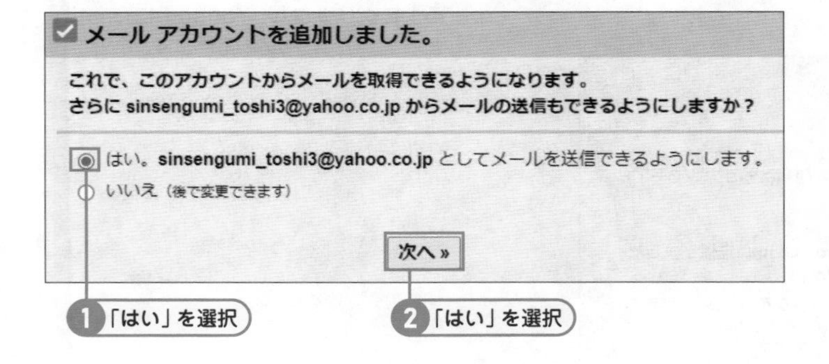

6 「はい」を選択して「次へ」をクリックします。

7 「名前」を入力して「次のステップ」をクリック

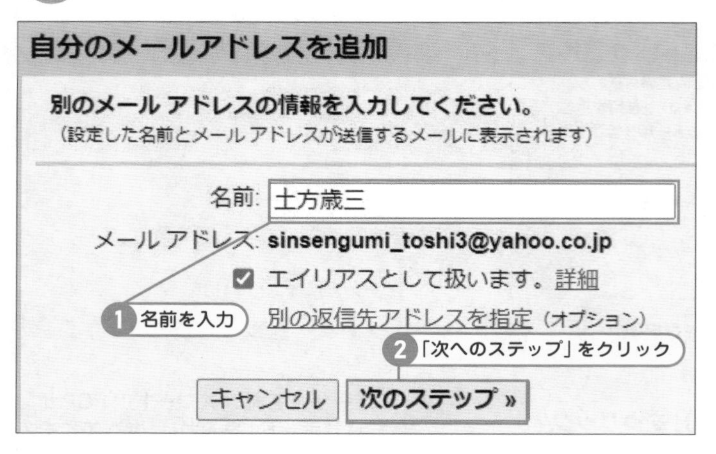

7 メールに表示されるための「名前」を入力して「次のステップ」をクリックします。

ヒント 名前はローマ字表記でもOK

海外とのやり取りがある方は、ここはローマ字表記でも問題ありません。

8 設定を入力して「アカウントを追加」をクリック

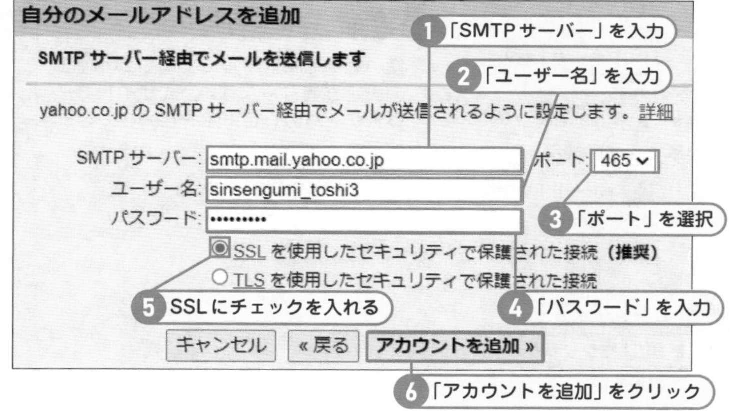

8 「SMTP サーバ」「ポート」「ユーザー名」「パスワード」を入力して、SSLにチェックを入れます。最後に「アカウントを追加」をクリックします。

メモ ここでも設定は無料メールによる

Windows 11では、スタートメニューのアプリの一覧からコントロールパネルを表示することができます。この画面から、システムやデバイスに関する情報の確認や設定、画面や時刻などの設定、インターネットの設定など、パソコンに関する設定が行えます。

9 「ウインドウを閉じる」をクリック

9 内容を確認して「ウインドウを閉じる」をクリックし、Yahoo！にGmailから届いたメールを開きます。

10 メールの中から長いURLをクリック

Gmail からYahoo！に届いたメールを開き、長いURLをクリックします。

Gmail チーム <gmail-noreply@google.com> 20:29 (1 時間前)
To sinsengumi_toshi3

You have requested to add sinsengumi_toshi3@yahoo.co.jp to your Gmail account.

Before you can send mail from sinsengumi_toshi3@yahoo.co.jp using your Gmail account (sinsengumi.toshi3@gmail.com), please click the link below to confirm your request:

1 長いURLをクリック

https://mail.google.com/mail/f-%5BANGjdJ-EhmKvEHilypfSJN56bb lUIE2T_dAECLOpulYWJWK8aSUSo9oiH3JPxlbKXqHmAiBYlXOVKshdBVzpat xCut45H8J0oqO1kfPouw%5D-9ftFuqtfHysTxswdXzZGSC17UVc

If you click the link and it appears to be broken, please copy and paste it into a new browser window.

Thanks for using Gmail!

11 「確認」をクリック

ブラウザが開くので、内容を確認して「確認」をクリックします。

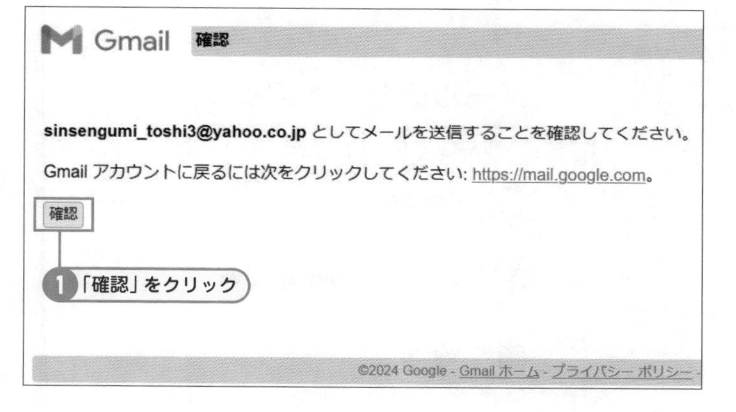

12 「https://mail.google.com」をクリック

「https://mail.google.com」のURLをクリックします。

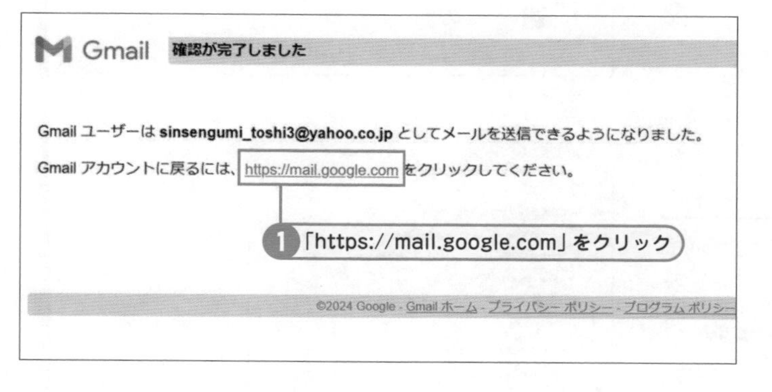

「新しいメールアドレスのラベル」をクリック

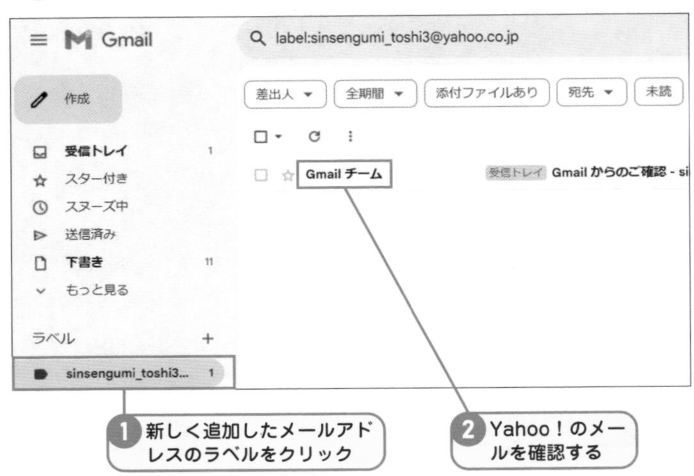

13 新しく追加したメールアドレスのラベルをクリックすると、早速Yahoo！に届いているメールを確認することが出来ます。

メモ 無料メールの追加はスマフォ版のほうが簡単？

無料メールの設定は、スマートフォンのGmailのほうが簡単に追加切替出来ます。スマートフォン版とは連動しているのでスマートフォンをお使いの方は、８章を参考にスマートフォンで追加が便利です。

チェック Yahoo！のアドレスを使ってメールを送りたい時には？

新規メッセージを作成すると、元々登録してあったGmailが差出人に表示されます。そこで、差出人の▼をクリックしてみましょう。登録してあるメールアドレスが表示され、Yahoo！のアドレスを使って送受信が可能になります。

SECTION

Key Word 連絡先のエクスポート

33 Outlookや他のメールアプリの連絡先をGmailで使う方法

仕事で使っているOutlookや他のメールアプリの連絡先をGmailで使いたい！ここではMicrosoftのOutlookから連絡先をエクスポートして、Gmailにインポートする方法を説明していきます。

Outlookから連絡先をエクスポート（取り出し）てみよう！

1 「ファイル」をクリック

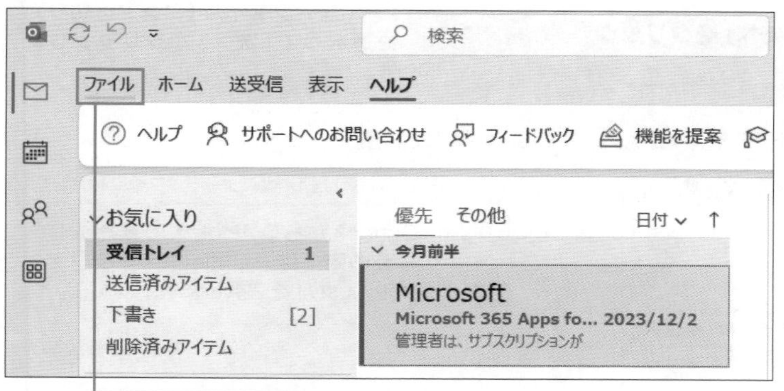

1 画面左上にある「ファイル」をクリックします。

チェック Outlookを開いて設定をするには

ここではOutlookをWクリックで起動し設定を行います。Gmailの画面ではないので、間違えないように注意してください。

2 「開く／エクスポート」をクリックし「インポート／エクスポート」をクリック

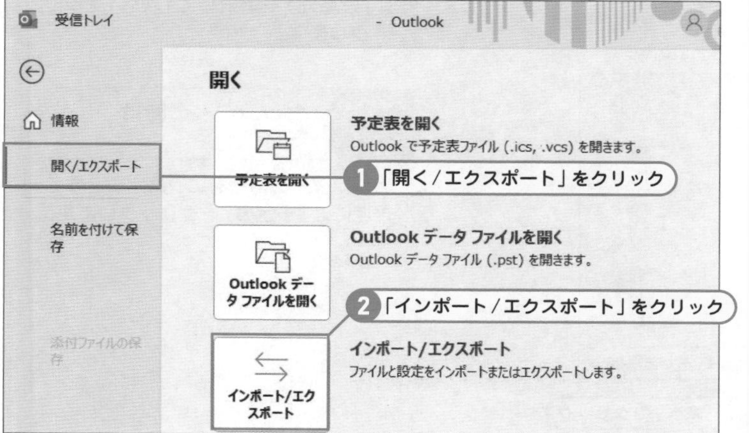

2 右側に表示される「開く／エクスポート」をクリックし「インポート／エクスポート」をクリックします。

3 「ファイルにエクスポート」を選択「次へ」をクリック

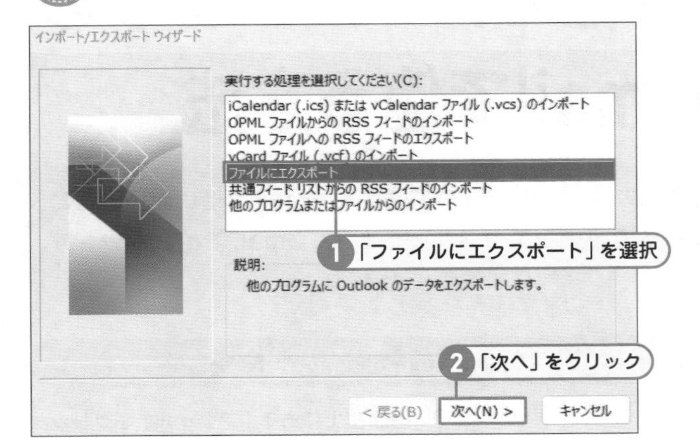

3 「ファイルにエクスポート」を選択して「次へ」をクリックします。

4 「テキストファイル」を選択して「次へ」をクリック

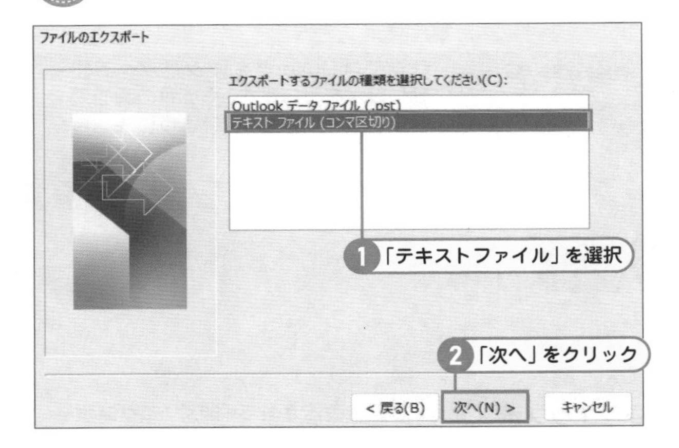

4 「テキストファイル(コンマ区切り)」を選択して「次へ」をクリックします。

ヒント Outlookへの移動の際は「Outlookデータファイル(.pst)」

OutlookからOutlookへの連絡先に移動の際には、「Outlookデータファイル(.pst)」を選択します。

5 「連絡先」を選択して「次へ」

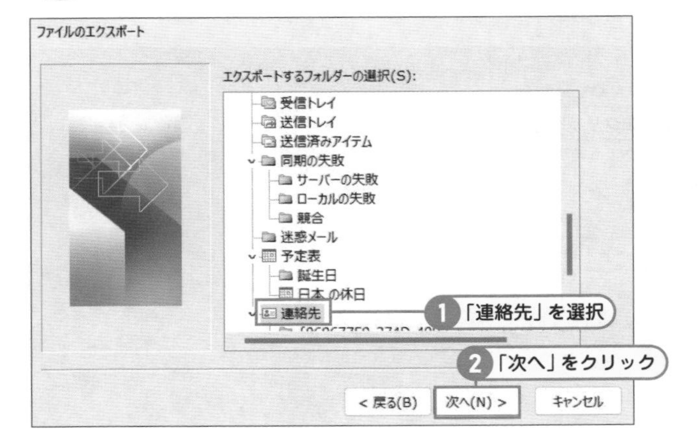

5 「連絡先」を選択して「次へ」をクリックします。

ヒント カレンダーの時は「予定表」

カレンダーの情報をエクスポートするときには「予定表」をクリックします。

参照をクリックして保存先を決め、「次へ」

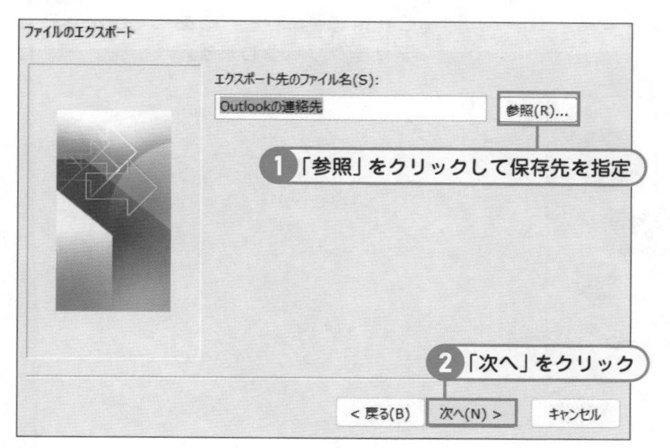

6 参照をクリックして、わかりやすい保存先を決めてから「次へ」をクリック

ヒント 何も指定しないとファイルはどこに保存される？

何も指定しないで「次へ」を押してしまった場合、ファイルはドキュメントの中に保存されているので探してみましょう。

7 「実行する処理」を選択し「完了」

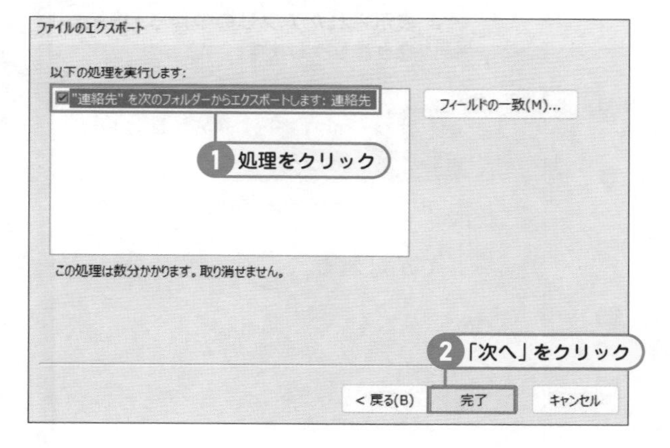

7 「実行する処理」ここでは「"連絡先"を次のフォルダからエクスポートします：連絡先」をクリックで選択し「完了」をクリックします。

ヒント この処理は数分かかる

画面にも記載してありますが、この処理は数分かかり、取り消しが出来ません。連絡先の量が多い時やパソコンが古くメモリが足りない場合には、数分が伸びることがあります。気長に待ちましょう。

8 保存した連絡先を確認

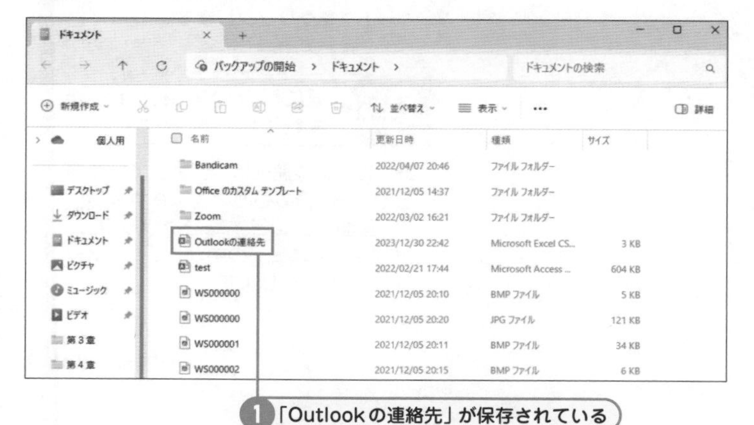

8 指定したフォルダの中に「Outlookの連絡先」が保存されていることを確認します。

Gmailに連絡先をインポートする方法

① Googleアプリをクリック

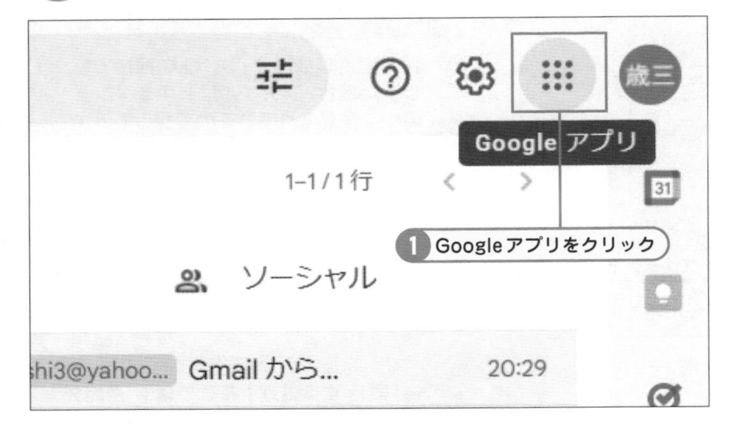

① Gmailの画面左上にあるGoogleアプリをクリックします。

② 「連絡先」をクリック

② 表示されたアプリの中から「連絡先」をクリックします。

ヒント　並び順は画像の通りとは限らない

アプリの並び順は、画像の通りとは限らないので、アプリの中から探し出してみましょう。

③ 「連絡先をインポート」をクリック

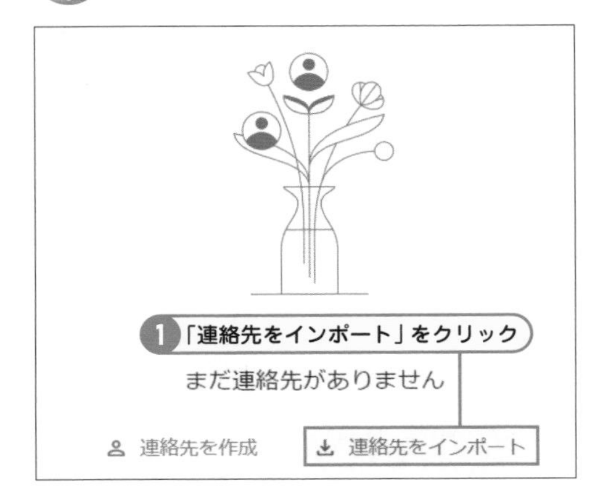

③ 連絡先が開いたら「連絡先をインポート」をクリックします。

チェック　既にほかの連絡先は登録されている場合は？

既にほかの連絡先は登録されている場合は、花の柄の画面は表示されないので、画面左上の三本線をクリックし、出てきたメニューの中から「インポート」をクリックします。

4 「ファイルを選択」をクリック

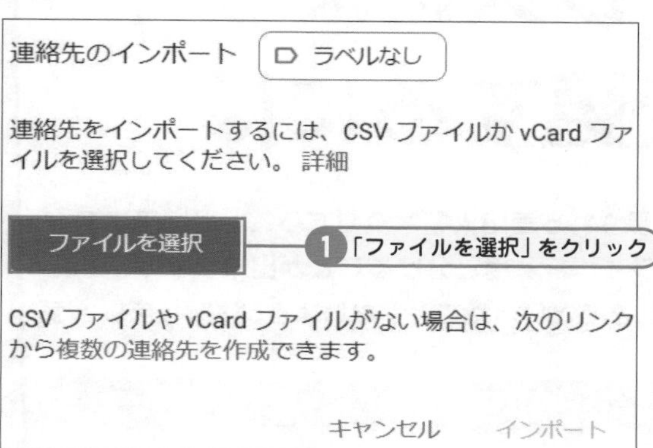

4 連絡先のインポートが表示されます。「ファイルを選択」をクリックします。

メモ 連絡先にラベルを付けることが出来る

「ラベルなし」をクリックすると、ラベルを選択出来て、新しいラベルを設定することも可能です。

5 「Outlookの連絡先」をクリックし「開く」

5 保存して置いた「Outlookの連絡先」をクリックし、「開く」をクリックします。

ヒント ドキュメントに「Outlookの連絡先」がない場合には?

保存先を変更していませんか?保存先に指定したフォルダを見てみましょう。見つからない場合には、もう一度エクスポートを試してみましょう。

6 「インポート」をクリック

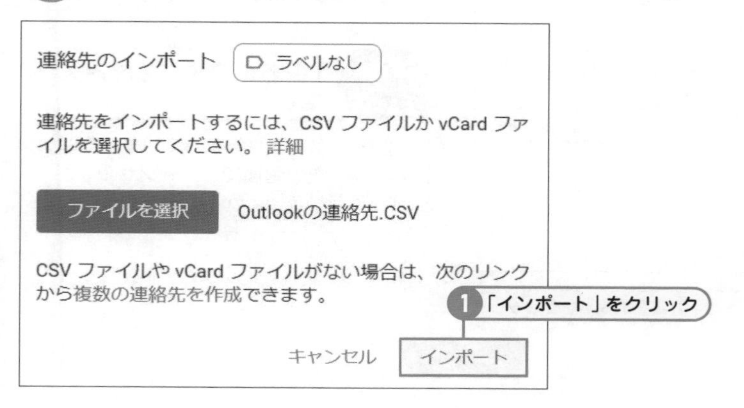

6 「インポート」をクリックします。

SECTION 34

Key Word 差出人の変更

メールアドレスによって差出人を変更するには

相手がメールを受け取ったときに表示される差出人名は変更することが出来ます。複数作ることが出来るので、仕事用プライベート用と分けることが出来ますが、間違って仕事用にプライベート用をつけてしまうといったことがないよう、注意しましょう。

差出人名を変更してみよう

1 「設定」をクリックして「すべての設定を表示」をクリック

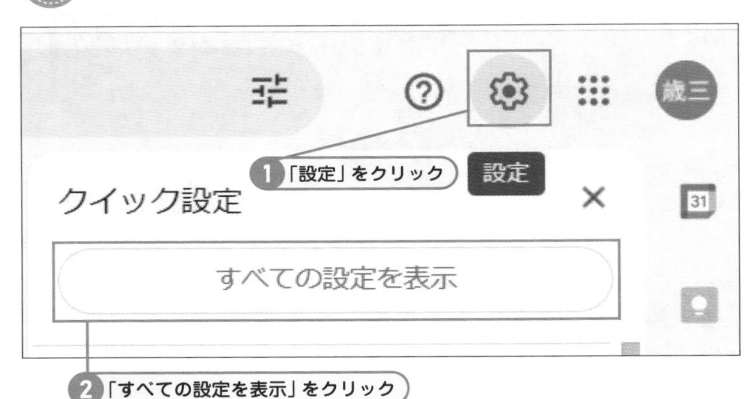

1 画面右上にある「設定」をクリックして、表示された中から「すべての設定を表示」をクリックします。

2 「アカウントとインポート」をクリック「情報を編集」をクリック

2 「アカウントとインポート」をクリックし、名前の設定で、「情報を編集」をクリックすることで名前を変更できます。ここでは「sinsengumi_toshi3@yahoo.co.jp」の「情報を編集」をクリックします。

チェック 「情報の変更」を間違えない

間違ってメールを選択してしまった場合には、次の画面で「キャンセル」を押して戻りましょう。

3 名前を変更して「次のステップ」をクリック

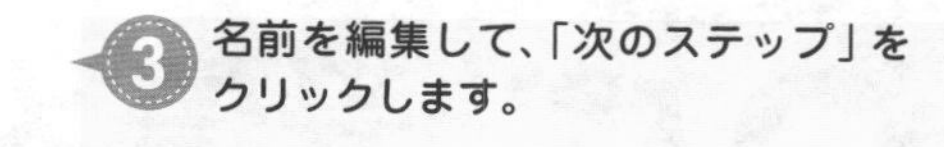

3 名前を編集して、「次のステップ」をクリックします。

名前は混乱がないようなものにする

名前は受け取り手が真っ先に見るものです。特に仕事に使うメールアドレスに、長すぎる名前を使ったり、逆に省略したりして、相手に混乱を与えないようにしましょう。

4 パスワードを入力して「変更を保存」

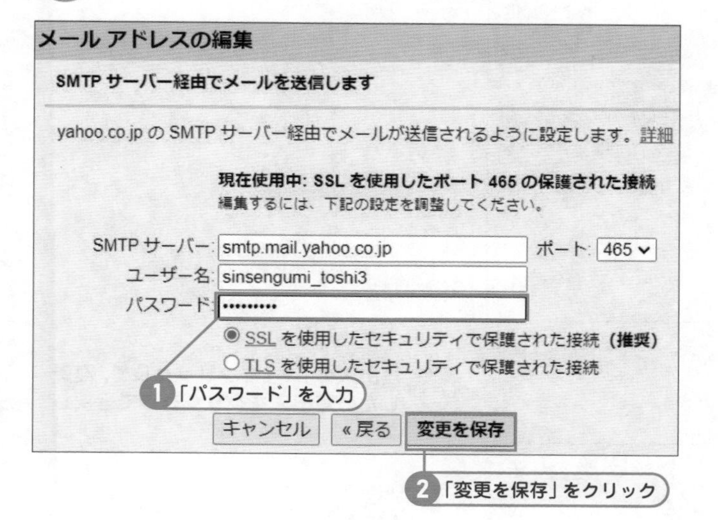

4 変更に際してパスワードが求められます。パスワードを入力して、「変更を保存」をクリックします。

SMTPサーバの設定はいじらない

設定されているSMTPサーバの設定は正しいものはすでに入力された状態になっています。変更するとメールの送受信が出来なくなることがあるので、そこはいじらないようにしましょう。

5 名前が変更されたことを確認

5 元の設定画面に戻ります。名前が変更されていることを確認しましょう。

SECTION

Key Word 違うメールアドレスで返信

35 受信メールとは違うアドレスで返信するには

送り先の相手によって送信元のメールを変えたい場合の方法を説明していきます。また、使っていてデフォルトで使っているメールアドレスが変わってきたときに、他のメールアドレスをデフォルトにする方法も併せて説明します。

別のメールアドレスで返信する場合

1 「作成」をクリック

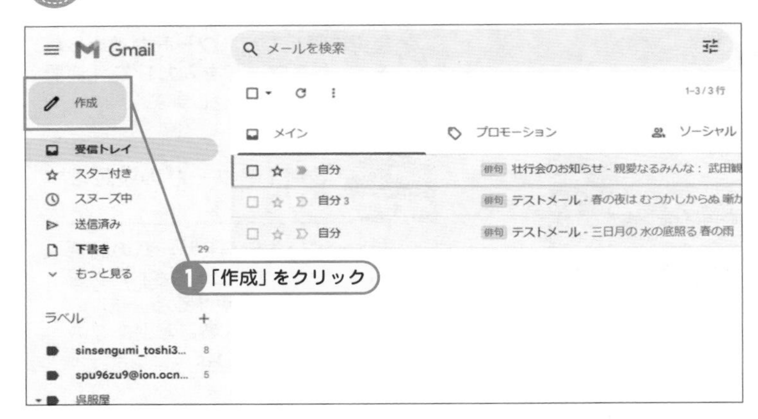

1 画面左上にある「作成」をクリックして、新規メッセージを開きます。

2 「差出人」をクリックして選択

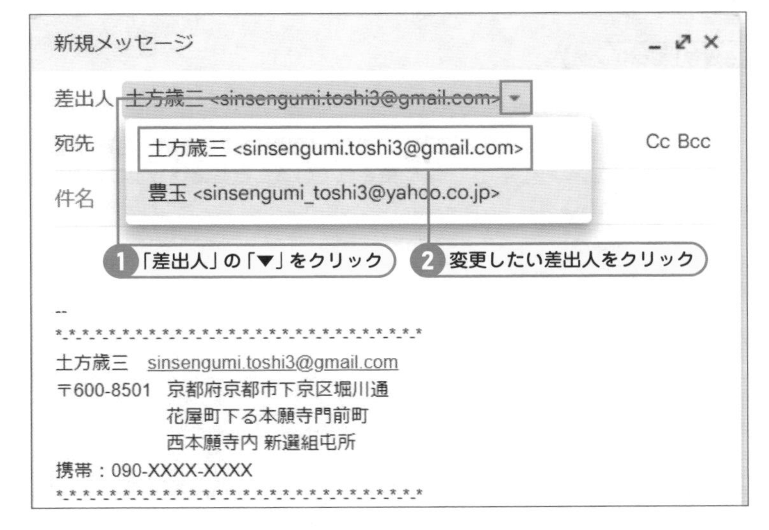

2 差出人の「▼」をクリックして、変更したい差出人をクリックして選択します。

ヒント 差出人名は送信前にチェック

間違ってペンネームやハンドルネームを、仕事関係者に送ってしまったりしないよう、取り扱うには十便注意しましょう。

デフォルトのメールアドレスを変更する

1 「設定」をクリックし「すべての設定を表示」をクリック

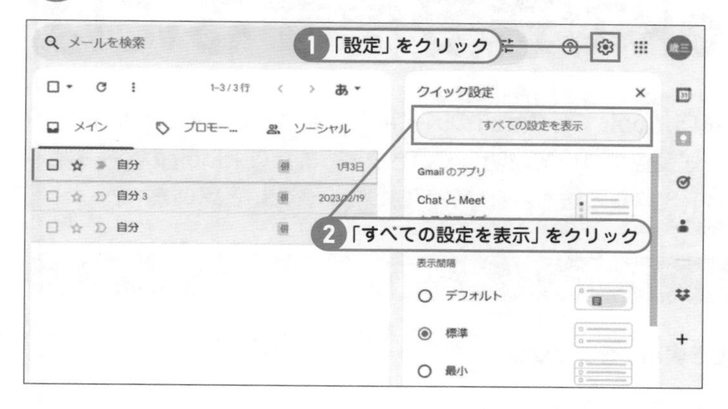

1 画面右上にある歯車の「設定」をクリックし、開いた中から「すべての設定を表示」をクリックします。

2 「アカウントとインポート」をクリックして「デフォルトの設定」をクリック

2 「アカウントとインポート」をクリックして、名前の設定を表示します。ここでは豊玉のアカウントをメインに変更していきます。「デフォルトに設定」をクリックします。

3 デフォルトが切り替わったことを確認

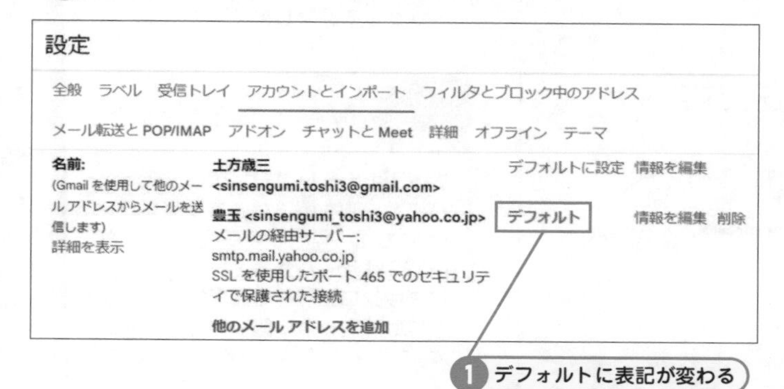

3 豊玉のメールアドレスがデフォルトに変更されたことで、新規メッセージを作成しようとすると、差出人の欄は豊玉のメールアドレスが自動的に入るようになりました。

戻したい時には？

戻したい時は、デフォルトにしたいメールアドレスの「デフォルトに設定」をクリックします。

SECTION

Key Word Outlook で Gmail を送受信

36 Gmailのアカウントを Outlookで送受信するには

お使いのメールソフトがOutlookでもGmailのメールを送受信することが可能です。ここではその設定方法と送受信について説明していきます。またOutlookのメールをGmailにコピー&ペースト出来る方法も合わせて解説していきたいと思います。

OutlookにGmailのアカウントを追加する方法

1 「設定」をクリックして「すべての設定を表示」をクリック

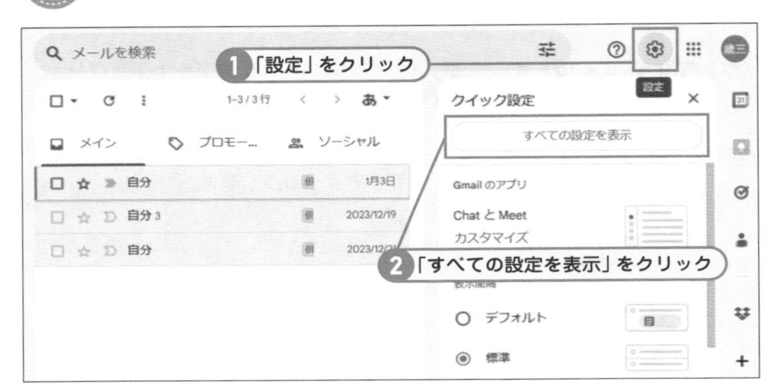

1 画面右上にある「設定」をクリックして「すべての設定を表示」をクリックします。

メモ まずはGmail側の設定を変更する

「OutlookにGmailアカウントを追加する方法」ですが、まずはGmail側の設定をしていきます。まずはGmailをWクリックで立ち上げて操作しましょう。

2 「メール転送とPOP/IMAP」をクリックし「IMAPを有効にする」にチェック「変更を保存」

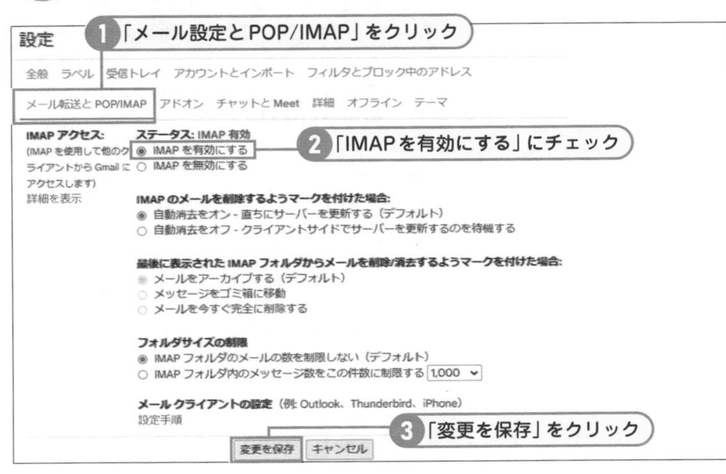

2 設定画面にある「メール転送とPOP/IMAP」をクリックし、「IMAPを有効にする」にチェックを入れます。最後に一番下にある「変更を保存」をクリックして保存します。

ヒント IMAPって何？

IMAPはメールの設定の1つで、サーバにメールを置いたままでパソコンには何もない状態のことです。逆にPOP3はサーバからメールをパソコンにダウンロードしてきているのでサーバには設定しない限り残らない状態です。ここではIMAPを有効にします。

③ Outlookを立ち上げて「ファイル」をクリック

③ Outlookを立ち上げて、画面左上にある「ファイル」をクリックします。

チェック 手順3からOutlookを起動して操作する

手順3からはOutlookをWクリックして起動して行います。Gmailの画面ではないので、混乱しないように気を付けてください。

④ 「情報」をクリック「+アカウントの追加」をクリック

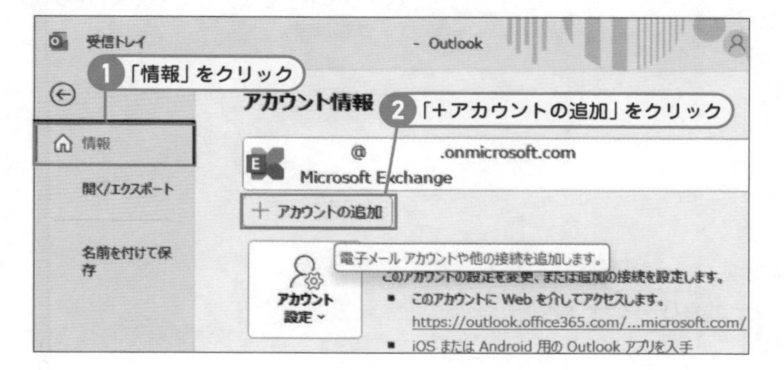

④ 画面左側にある「情報」をクリックして、「+アカウントの追加」をクリックします。

⑤ 「メールアドレス」を入力して「接続」をクリック

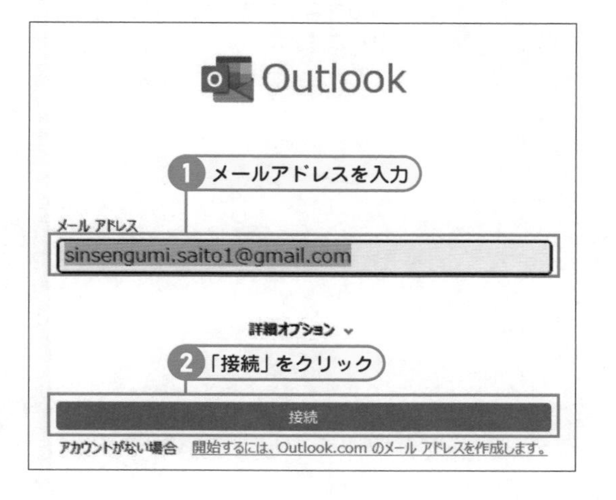

⑤ 「メールアドレス」を入力して「接続」をクリックします。

メモ 開始するにはOutlook.comのメールアドレスがなくても大丈夫

画面上に記載がありますが、Gmailの設定を開始するにはOutlook.comのメールアドレスがなくても大丈夫です。Gmailのメールアドレスを入力してください。

6 「メールアドレス」を確認して「次へ」をクリック

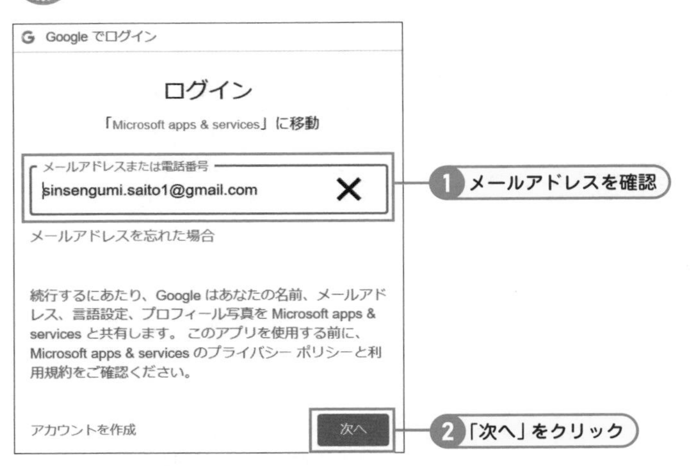

1 「メールアドレス」を確認して「次へ」をクリックします。

> **ヒント Gmailの画面に移動して設定する**
>
> 手順6，7，8は、Gmailの画面に自動的に移動して設定をすることになります。一時的に画面の雰囲気がOutlookではなくなりますが、問題はありません。

7 「パスワード」を入力して「次へ」をクリック

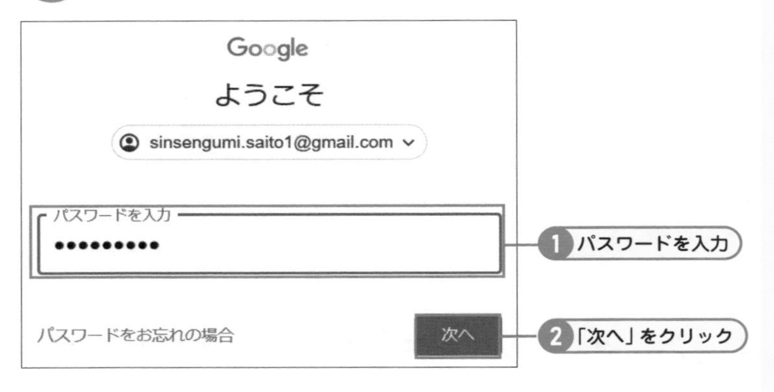

7 「パスワード」を入力して「次へ」をクリックします。

8 内容を確認して「許可」をクリック

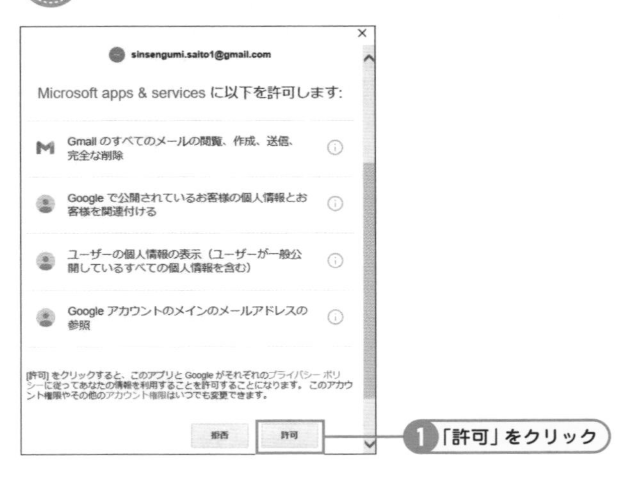

8 許可の内容を確認して「許可」をクリックします。

9 「完了」をクリック

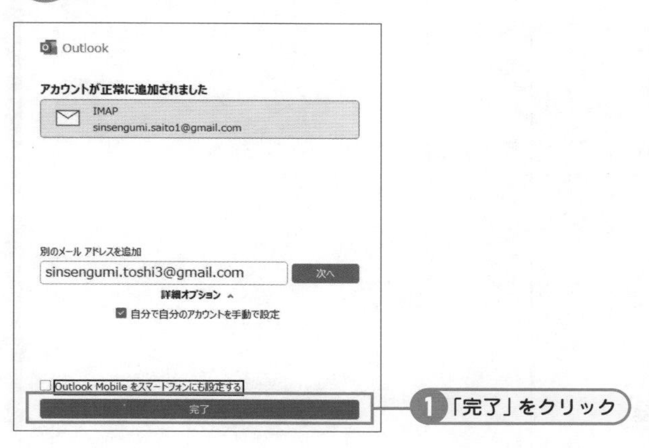

9 アカウントが正常に追加されたことを確認し、「完了」をクリックします。

10 メールアカウントが追加されたことを確認する

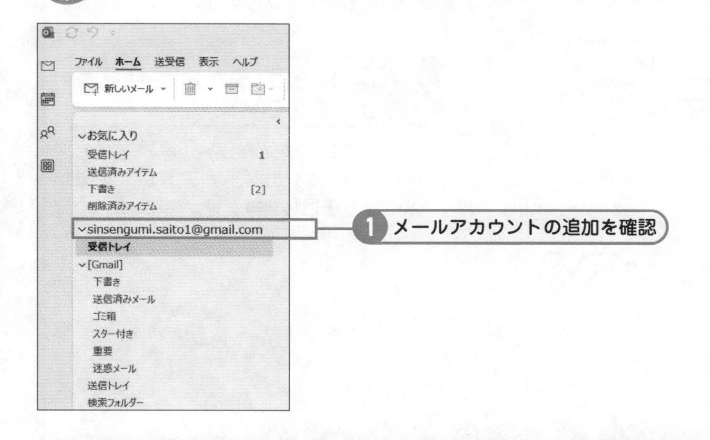

10 メールアカウントが既存のアカウントの下に追加されていることを確認します。

チェック　アカウントしか表示されていない場合

マークをクリックすることで、受信トレイ以外のラベルやフォルダも表示されます。

Outlookに追加したアカウントで送信するには？

1 「追加したアカウント名」をクリックし「新しいメール」をクリック

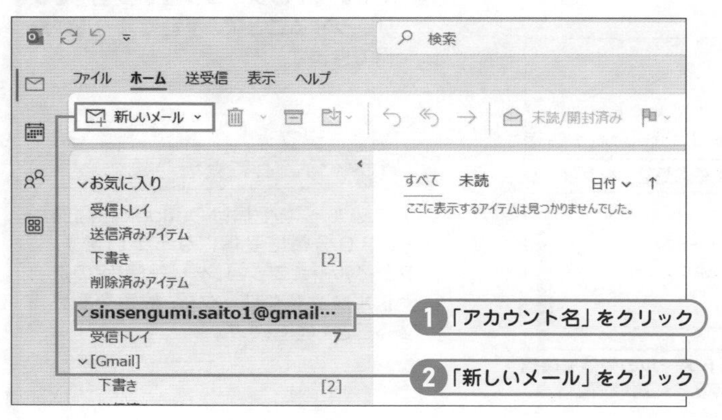

1 画面左側にある「追加したアカウント名」をクリックし、「新しいメール」をクリックします。

2 差出人が新しいアカウント名になっていることを確認

2 差出人が新しいアカウント名になっていることを確認します。

3 「宛先」「件名」「本文」を入力して「送信」をクリック

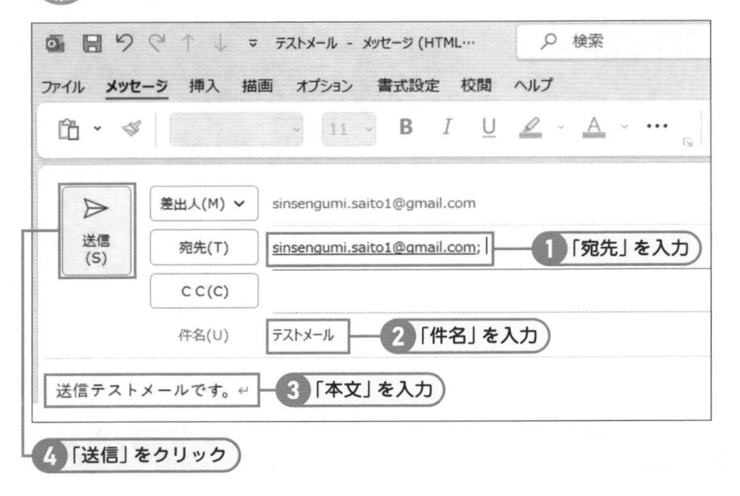

3 「宛先」「件名」「本文」を入力して「送信」をクリックします。

まずは自分にテストメールを送ってみましょう。自分のメールアドレスを宛先にして送信します。

4 「送受信」をクリックして「すべてのフォルダを送受信」をクリック

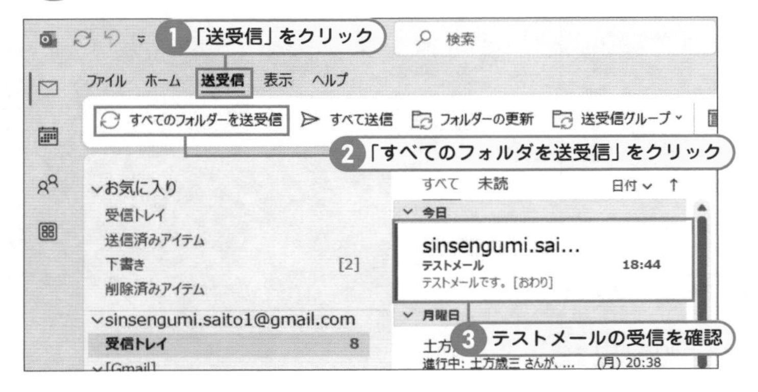

4 画面上にある「送受信」をクリックして「すべてのフォルダを送受信」をクリックすることで、手動でメールが受信できます。

ヒント デフォルト設定では、30分ごとに受信

デフォルトで受信はOutlook起動時と、３０分毎に受信になっています。ファイル→オプション→詳細設定の送受信ボタンをクリックし、設定を変更することも可能です。

OutlookのメールをGmailにコピー＆ペーストする方法

① コピーしたいメールを右クリックし「移動」を選択、「フォルダへコピー」をクリック

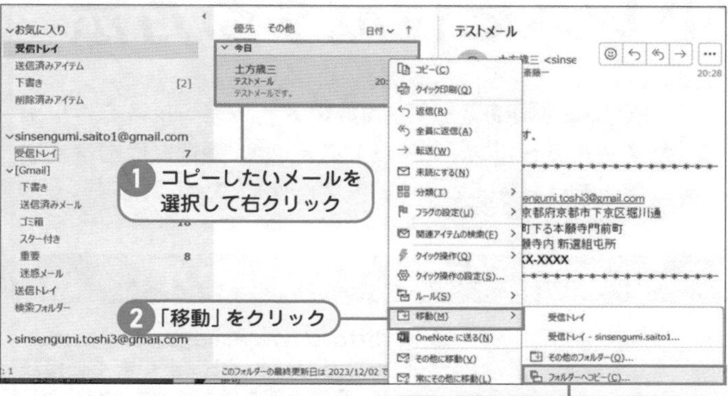

① コピーしたいメールを右クリックし「移動」を選択、「フォルダへコピー」をクリックします。

② コピーしたい先のフォルダを選択して「OK」をクリック

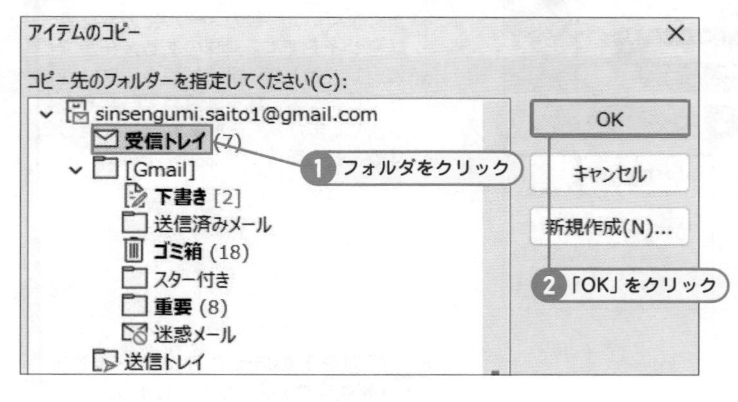

② コピーしたい先のフォルダを選択して（例としてここではsinsengumi.saito1@gmail.comの受信トレイを選択しています）「OK」をクリックします。

ヒント 新規作成は何を新規作成するの？

この画面での新規作成は新規フォルダの作成になります。移動の際、コピー先フォルダを作りたい時には新規作成をクリックしてフォルダを作成してから選択して「OK」をクリックしてください。

メモ フォルダごとコピーも可能！

ここでは例としてメール１つ分をコピーしていますが、コントロールキーとクリックで複数選択することも可能ですし、フォルダごと選択することも可能です。空き容量には気を付けないといけませんが、OutlookにGmailアカウントを追加しておくと、手軽にコピーすることが可能です。

5 Gmail以外のメールアドレスを見られるようにするには

SECTION

37 1つのメールアドレスから複数のメールアドレスを作成する方法

Gmailは1つアドレスを作るとそれに付随する形で、複数のメールアドレスを作り出すことが出来ます。作り出したメールアドレス（エイリアス）では、受信だけでなく送信も行うことが出来ます。メルマガ用など分けて使うととても便利です。

エイリアスって何？複数メールを作成するメリットと作り方

1 まぐまぐに接続

1 「https://www.mag2.com/」メールマガジンサイト、まぐまぐに接続し、画面上部のログインをクリックします。

メモ まぐまぐってなに？

まぐまぐは、古参のメールマガジンの総合サイトです。興味のあるメールマガジンがあれば、購読してみてはいかがでしょうか。基本は無料で有料もあります。また、メールマガジンを発行することも可能です。

2 「新規作成」をクリック

2 画面を下のほうにスクロールして、「新規作成」をクリックします。

③ メールアドレスの@マークの前に「+○○○」と任意の半角英数と、希望パスワードを入力して「確認メールを送信する」をクリック

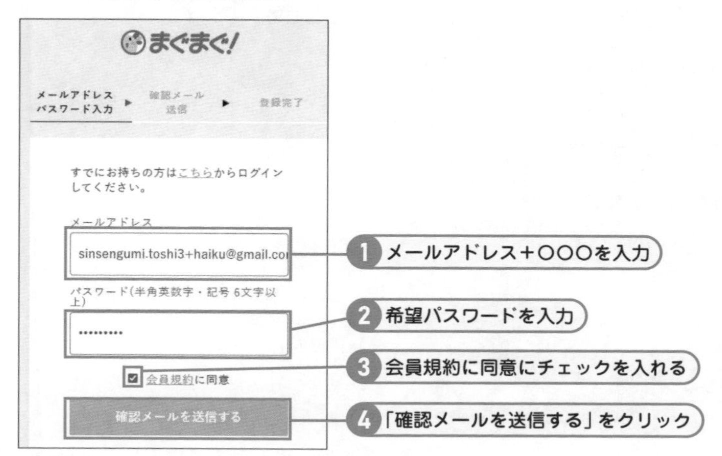

③ メールアドレスに「+○○○」と任意の半角英数を入力して(例の場合「sinsengumi.toshi3+haiku@gmail.com」)希望するパスワードを入力、会員規約に同意にチェックを入れてから、「確認メールを送信する」をクリックします。

メモ +のあとはなんでもいいの?

基本的に半角英数であれば付けることが出来ます。ただ、あまり長すぎると打つ時に辛くなるので、短く用途のはっきりしたものがいいでしょう。「+merumaga」「+kaimono」など使い分けてみましょう。

④ 確認メールを受信、メールアドレスの認証を行うことが出来る

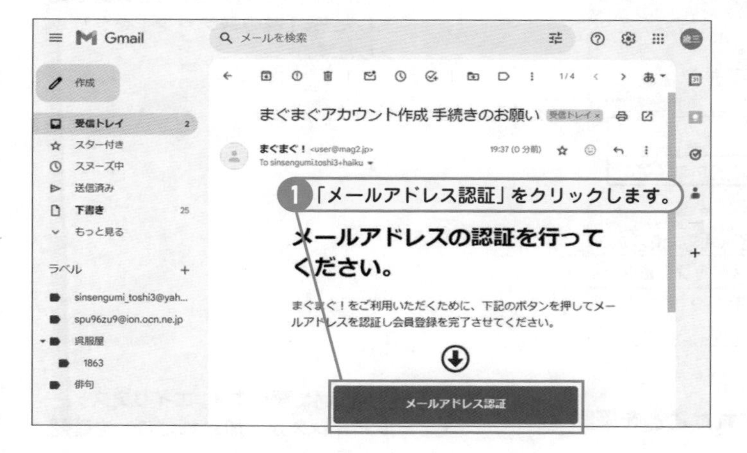

④ まぐまぐからの確認メールを受信します。メールアドレスの認証を行うことが出来ます。

ヒント エイリアスも受信トレイに届く

エイリアスで受信したメールも受信トレイに届きます。分けたい場合にはラベルを使って受信トレイに入らないようにするとよいでしょう。

作成したメールアドレスでも送受信できるように設定するには

① 設定をクリックし「すべての設定を表示」クリック

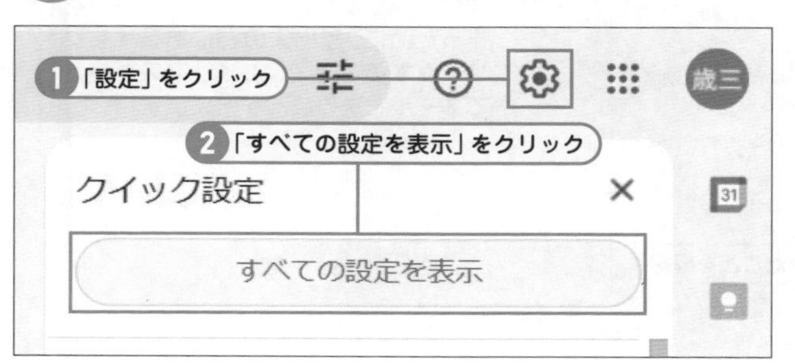

① 画面右上にある歯車マークの「設定」をクリックし、開いた画面から「すべての設定を表示」をクリックします。

② 「アカウントとインポート」をクリックし、「他のメールアドレスを追加」をクリック

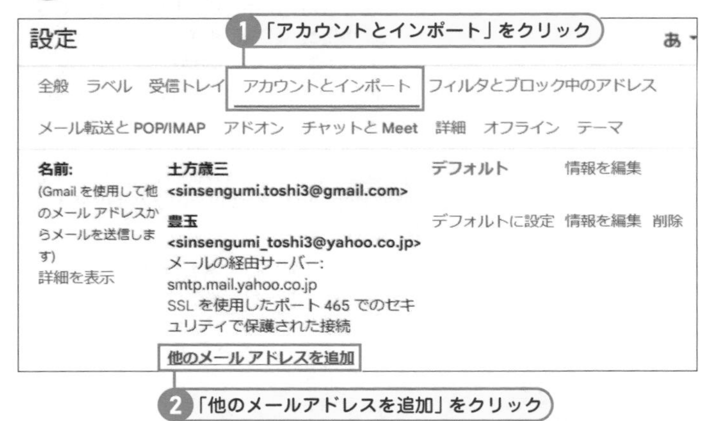

② 設定画面の上部にある「アカウントとインポート」をクリックし、名前の欄の「他のメールアドレスを追加」をクリックします。

③ 先ほど作成したエイリアスのメールアドレスを入力

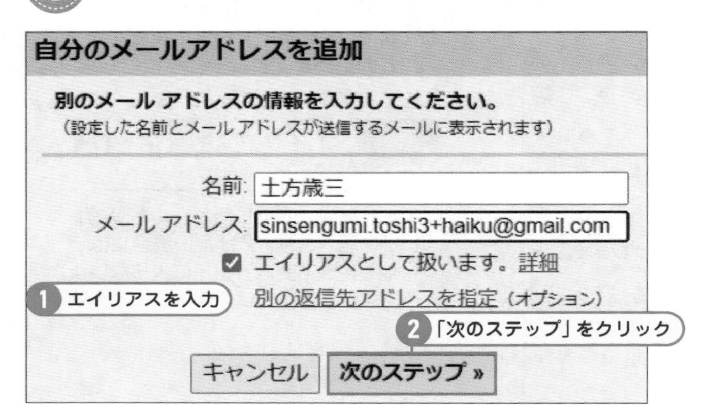

③ 先ほど作成したエイリアスのメールアドレスを入力します。ここでは例として「sinsengumi.toshi3+haiku@gmail.com」と入力します。入力が完了したら、「次のステップ」をクリックします。

④ エイリアスメールアドレスが追加されたことを確認

④ 設定画面に戻ります。エイリアスメールアドレスが追加されたことを確認します。

ヒント 新規メッセージで差出人として選べる！

作成をクリックして新規メッセージを作った時に、差出人の右にある▼をクリックすることで、エイリアスを使ってメールを送ることが出来ます。

SECTION

Key Word Gmailの複数アカウント

38 2つのGmailアカウントでGmailを使う方法

Gmailのアカウントは1人1つと決まっているわけではありません。同じ電話番号を使って複数作ることも可能です。複数Gmailを持っている方には、Gmailアカウントの追加がおススメです。複数を同時にログインした状態にも出来ます。

マルチログイン機能はとても便利！

1 「アカウント画像」をクリックし、「アカウントを追加」をクリック

1 「アカウント画像」をクリックし、「アカウントを追加」をクリックします。

ヒント 今までのアカウント追加とはスタートから違う

今までは設定画面でアカウント追加を行っていましたが、Gmailのアカウントの追加の場合は、アカウント画像から開始します。後はアカウントとパスワードを入力するだけなので、簡単です。

2 「追加したいメールアドレス」を入力して「次へ」をクリック

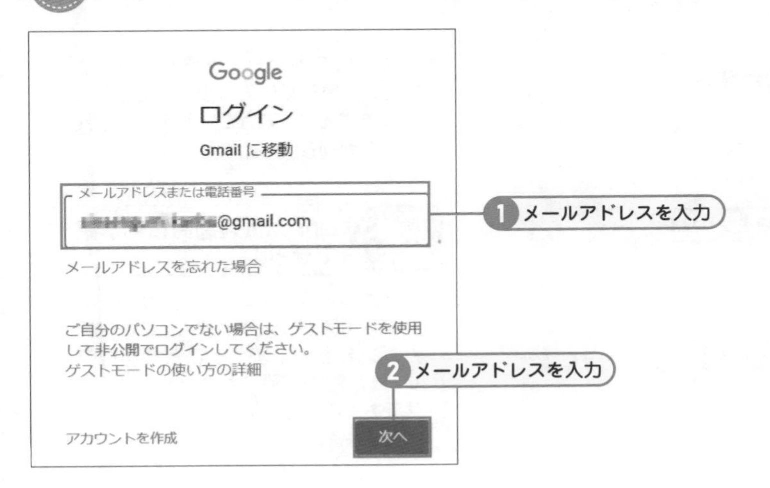

2 「追加したいメールアドレス」を入力して「次へ」をクリックします。

③ 「パスワード」を入力して「次へ」をクリック

③ 「パスワード」を入力して「次へ」をクリックします。

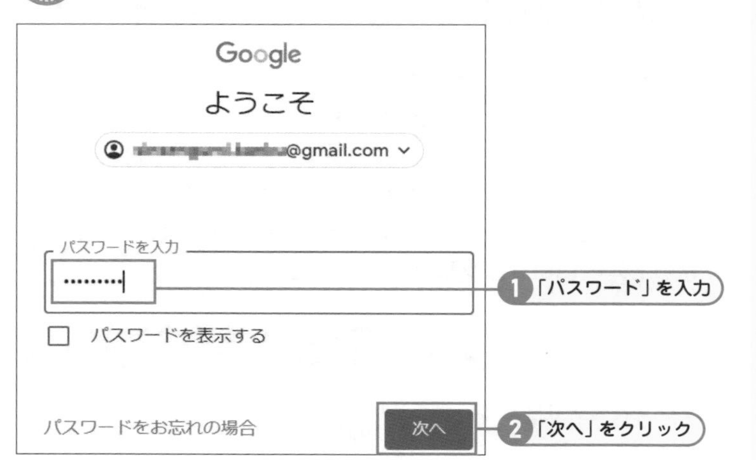

④ 「OK」をクリック

④ 「OK」をクリックします。

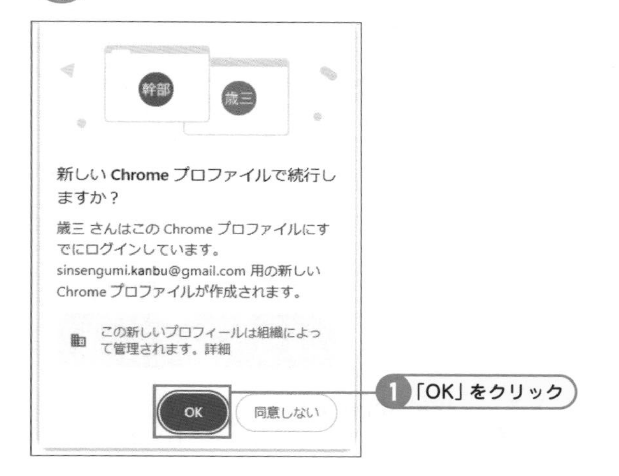

⑤ アカウント画像をクリックして切替える

⑤ 左上のアカウント画像をクリックして、変更したいアカウントをクリックすることで、アカウントを切り替えることが可能です。

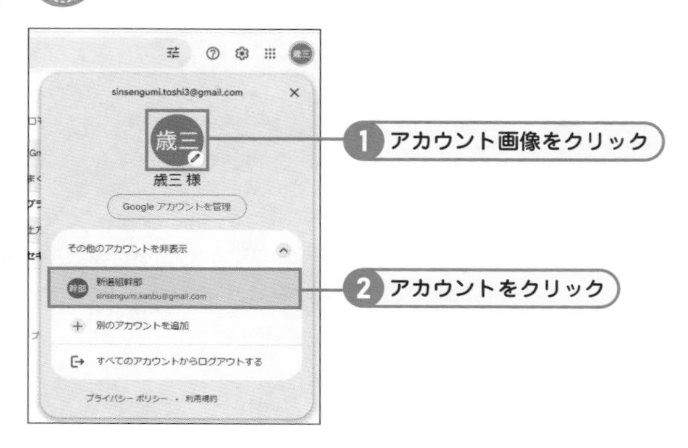

Chrome起動時にも選択できる！

新たにChromeを開くとユーザーを選択する画面が表示されます。ここでアカウントを切り替えることも可能です。また別窓で別アカウントを表示させておくことも可能です。

SECTION 39

メールの転送

Gmailで受信したメールを自動で他のメールアドレスに転送するには

Gmailに送られてきたメールを他のメールアドレスに自動ですべて送ることが可能です。例えば、「他のGmailをメインに使うので転送したい」など、使い方はいろいろです。事前に電話番号を登録し、すぐに認証出来るようにしておきましょう。

転送先メールアドレスを設定する

① 「設定」をクリック「すべての設定を表示」をクリック

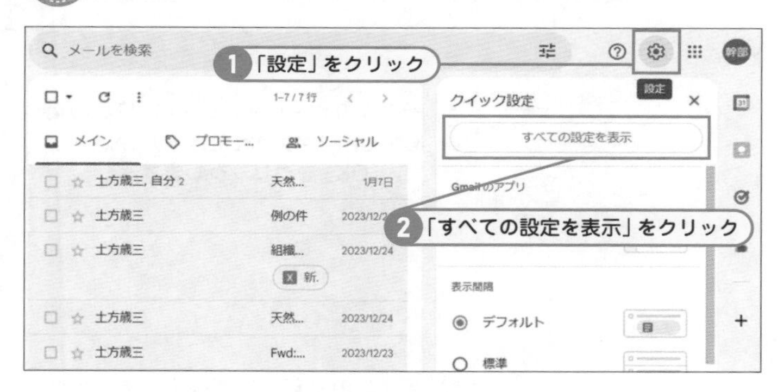

① 画面右上にある「設定」をクリックし、開いたメニューの中から「すべての設定を表示」をクリックします。

② 「メール転送とPOP/IMAP」をクリックし「転送先アドレスを追加」をクリック

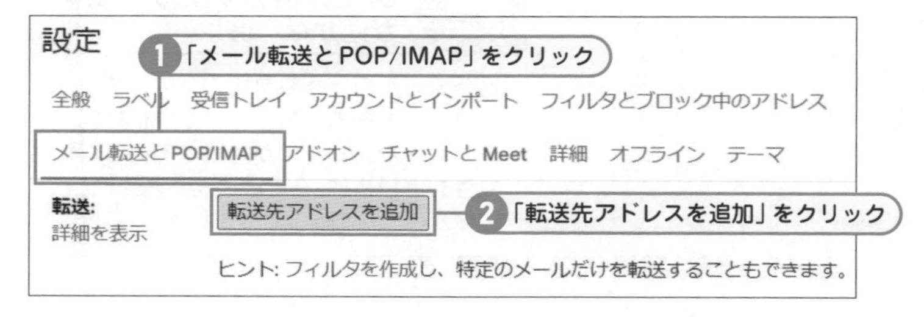

② 設定画面の中から「メール転送とPOP/IMAP」をクリックし「転送先アドレスを追加」をクリックします。

ヒント 受け取りたくないメールだけはじくことはできる？

フィルタや特定メールアドレスのブロックを使って、そもそもそういったメールが届かないように設定してしまいましょう。設定画面の「フィルタとブロック中のアドレス」で設定が可能です。

③ 「メールアドレス」を入力して「次へ」をクリック

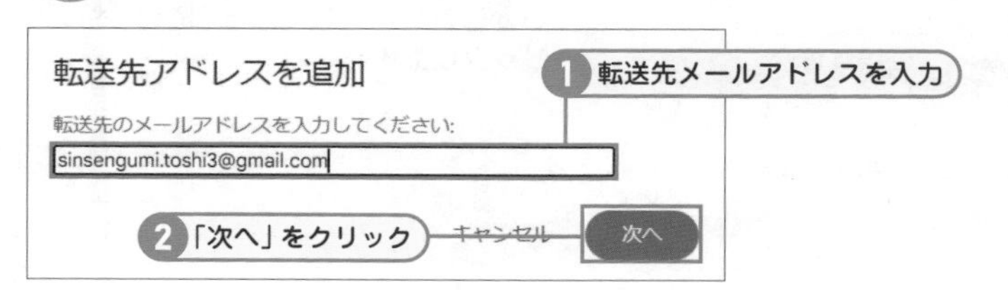

③ 転送先メールアドレスを入力して「次へ」をクリックします。

4 認証を行う

4 登録している番号のスマートフォンで、本人確認のコードを入力する必要があります。ここでは、認証コードの中から79を選択します。場合により選択する数字は異なります。選択するとパソコン側の画面が切り替わります。

5 「続行」をクリック

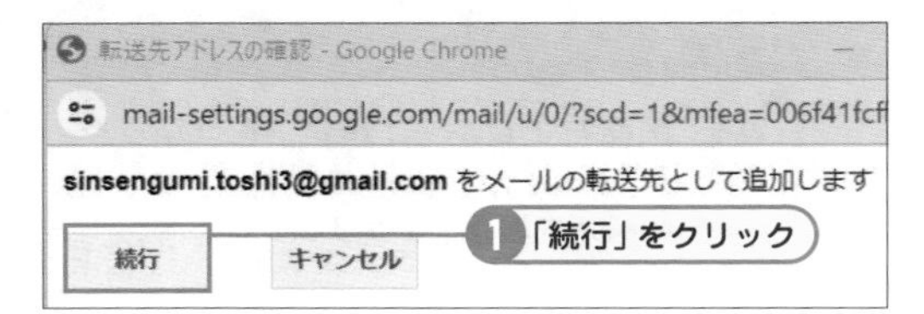

5 転送先アドレスの確認画面が表示されます。メールアドレスに間違いがないかよく確認をして、「続行」をクリックします。

6 「OK」をクリック

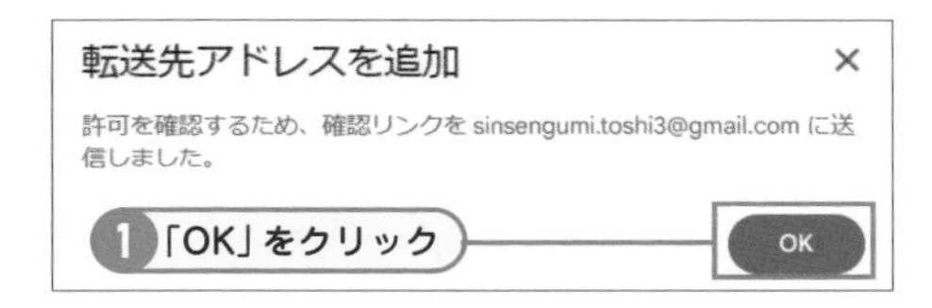

6 転送先のメールアドレスに、確認のためのURLの書かれたメールが届きます。「OK」をクリックします。

7 メール中央にある長いURLをクリック

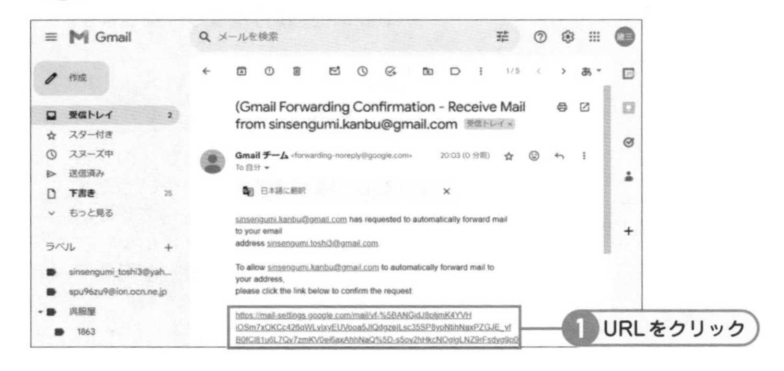

7 メールの文章のほぼ中央にある長いURLをクリックします。

メモ URLの書かれたメールが届かない時は

迷惑メールのフォルダに入ってしまっていることもありますが、登録した転送先メールアドレスが間違っている可能性もあります。もう一度よく確認をしながら、やり直してみましょう。

8 「確認」をクリック

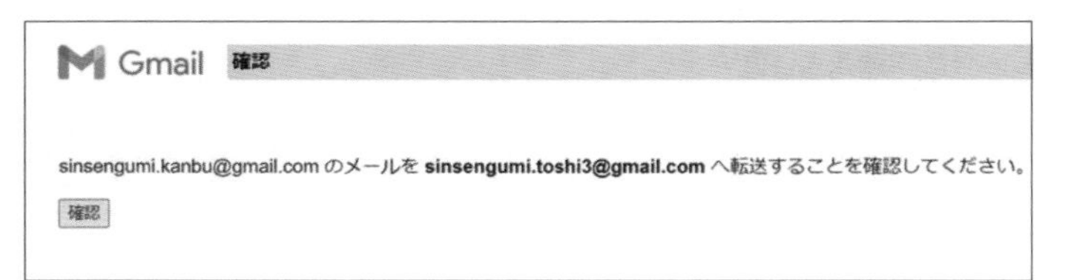

8 URLをクリックすると確認画面が開きます。メールアドレスに間違いがないか最終確認をしてから「確認」をクリックします。

6章

知っておきたい生産性向上のためのGmailおススメ機能

この章では、「送信取り消し機能」「英語メールの翻訳方法」「自動返信機能」「連絡先」や「ラベル」の便利な使い方など、Gmailを使う際にはぜひ知っておいて貰いたい、特に便利なおススメ機能を紹介していきます。作業効率を上げたい方はぜひ設定してみてください。

SECTION

送信取り消し

40 直前に送ったメールの送信を取り消す方法

「誤字脱字をしたままメールを送ってしまった！」のなら、まだ取り返しがつきますが、送り先を間違ってしまったら取り返しがつかないこともあります。そんな時、送信の取り消し機能が使えます。ここではその送信取り消し方法について学びましょう！

送信取り消しを設定しておこう

① 「設定」をクリックして「すべての設定を表示」

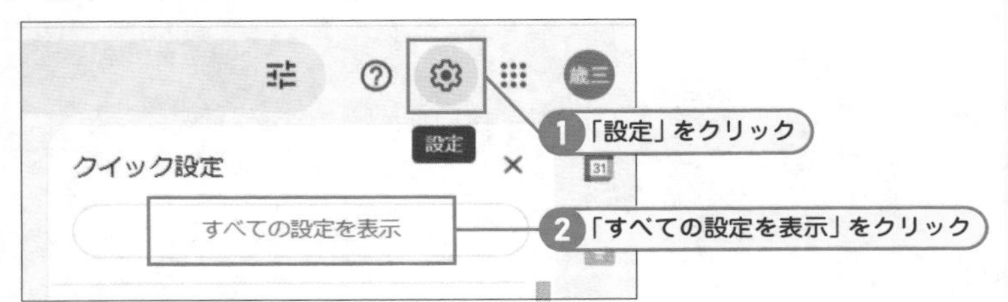

① 画面左上の「設定」をクリックして「すべての設定を表示」をクリックします。

② 「取り消せる時間」を変更

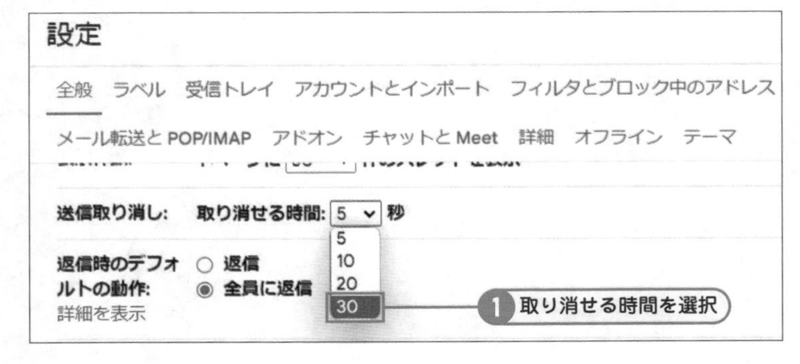

② 全般タブの中にある送信取り消しの「取り消せる時間」が初期設定で５秒になっているので、好きな時間に延長します。

取り消せる時間はどのくらいがいいの？

取り消せる時間に悩んだら、特にこだわりがなければ一番長い30秒にしておくのをお勧めします。自分のミスにすぐ気づけるとは限らないので、出来るだけ長めにしておきましょう。

③ 「変更を保存」をクリック

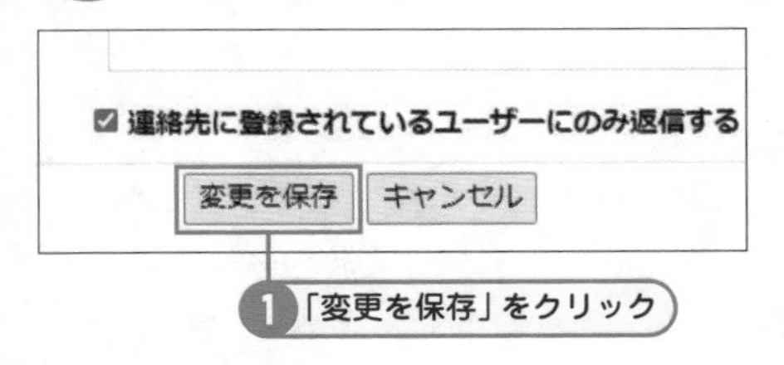

③ 画面一番下までスクロールして「変更を保存」をクリックします。

いざという時に送信を取り消すには

① 「送信」をクリック

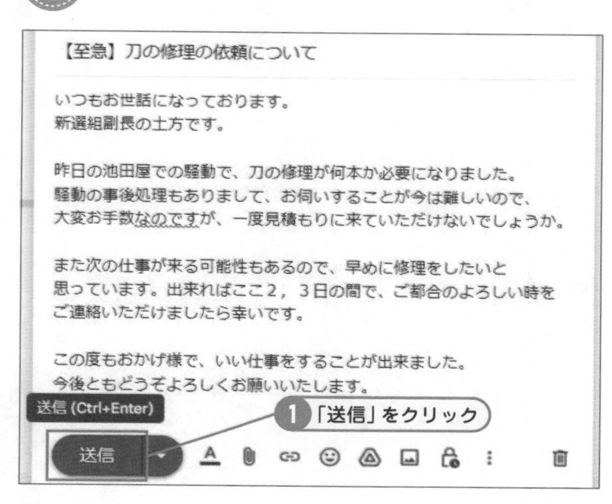

① 「宛先」「件名」「本文」を入力して、「送信」をクリックします。

② 「元に戻す」をクリック

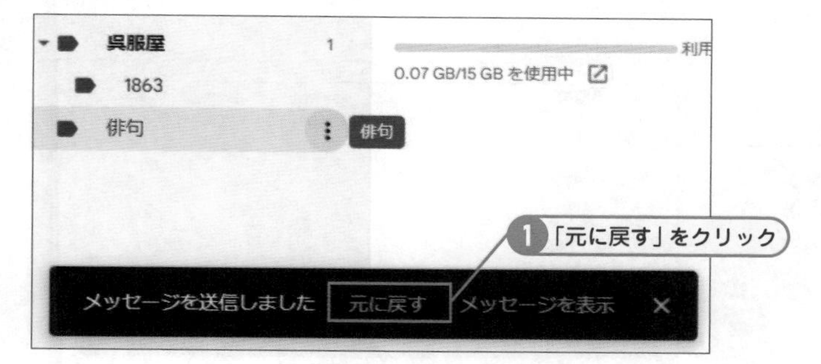

② メールを送信すると、画面左下に「メッセージを送信しました」と表示されます。表示されている間が送信取り消し出来る時間です。その時間内に「元に戻す」をクリックします。

ヒント　黒いバーが消えてしまった後に取り消しをしたい場合

黒いバーは初期設定では5秒、最大で30秒しか表示することが出来ません。そして、黒いバーが消えてしまった後はもう送信されてしまっているので、メッセージを取消することが出来ません。

③ 「送信を取り消しました。」と表示される

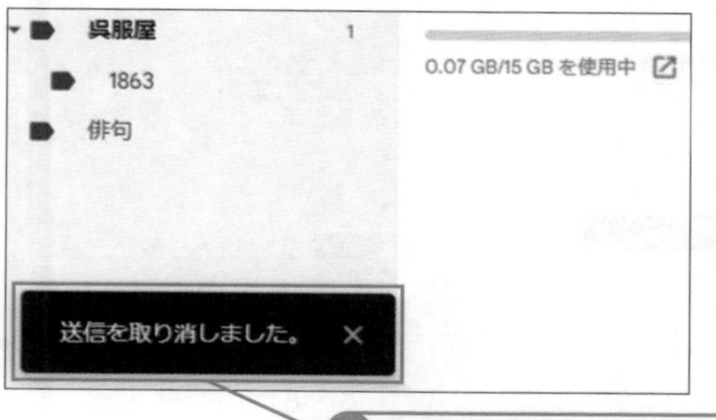

③ 送信が無事キャンセルされると「送信を取り消しました。」と表示されます。

「送信を取り消しました」と表示されない場合は、送信されてしまっている可能性が高いです。送信済みフォルダをクリックして、送信されているかどうかを確認しましょう。

メールを編集し、再度送信することが出来る

【至急】刀の修理の依頼について

いつもお世話になっております。
新選組副長の土方です。

昨日の池田屋での騒動で、刀の修理が何本か必要になりました。
騒動の事後処理もありまして、お伺いすることが今は難しいので、
大変お手数なのですが、一度見積もりに来ていただけないでしょうか。

また次の仕事が来る可能性もあるので、早めに修理をしたいと
思っています。出来ればここ2，3日の間で、ご都合のよろしい時を
ご連絡いただけましたら幸いです。

この度もおかげ様で、いい仕事をすることが出来ました。
今後ともどうぞよろしくお願いいたします。

1 再度「送信」を押すことが出来る

送信

4 メールを編集することが出来るようになります。修正して正しいメールを再度送信することが可能です。

「メッセージを表示する」とメールはどうなる？

メッセージを表示するは、送信したメッセージを表示するので、メールは送信されてしまいます。間違った！と思った時は、必ず落ち着いて「元に戻す」をクリックしましょう。

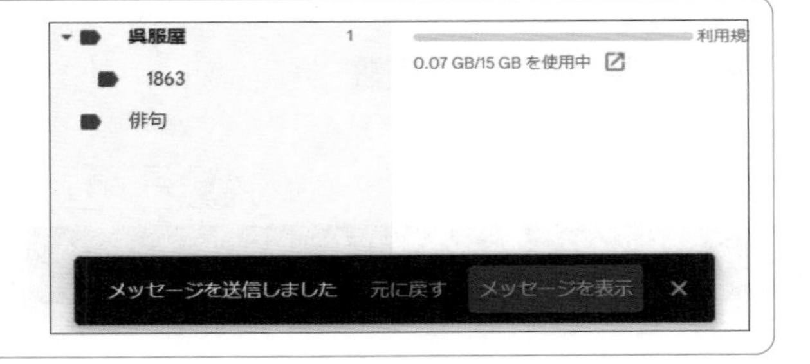

ヒント

再度送信しても、もう一度送信取り消しが可能

一度送信を取り消して編集しなおしたメールを、再度送信して、また間違っていることに気づいた場合、再度送信取り消しすることが出来ます。何度も編集に戻ることが可能ですが、メールはよくよく注意してから送信するようにしましょう。

SECTION 41

Key Word 送信時間の設定

送信する時間を指定したメールを作成するには

後でメールしようと思うけど忘れそうな時、時間を指定してメールを出せたらいいなと思うことがあると思います。そんな時に使える送信時間の設定方法を説明していきます。深夜のメール、会議のリマインドなど、ぜひ活用してみてください。

送信時間の設定をしてみよう

① 「送信」の右隣にある「▼」をクリック

明日の打ち合わせについて

斎藤一

明日の打ち合わせについて

斎藤さま

いつもお世話になっております。
報告書を受け取りました。

いつも面倒をかけて申し訳なく思います。
今後ともどうぞよろしくお願いいたします。

先日の打ち合わせの件、
明日の19時から例の場所で問題ないでしょうか。
問題がある場合は、ご連絡よろしくお願い致します。

久々に顔を合わせられるのを楽しみにしています。

その他の送信オプション

送信

1 「送信」の右側の「▼」をクリック

① 普段通り「宛先」「件名」「本文」を入力し、送信を押さずに送信の右隣にある「▼」をクリックします。

チェック 間違って送信を押さないように！

間違って送信を押してしまうとメールは送信されてしまいます。慎重にクリックしましょう。もし間違って送ってしまった場合には、落ち着いて送信の取り消しを行いましょう。

② 「送信日時を指定」をクリック

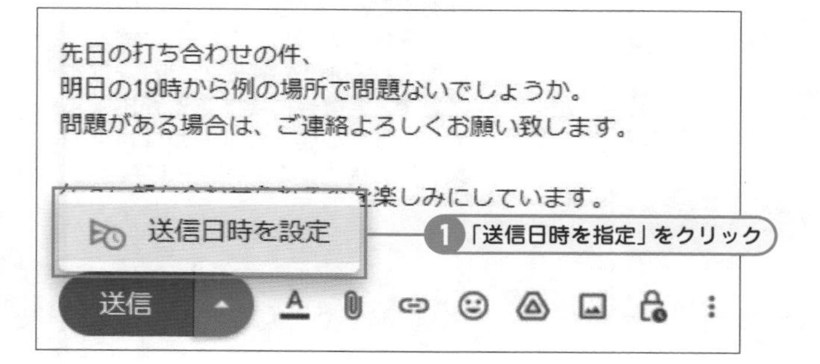

② 「送信日時を指定」をクリックします。

③「日付と時刻を選択」をクリック

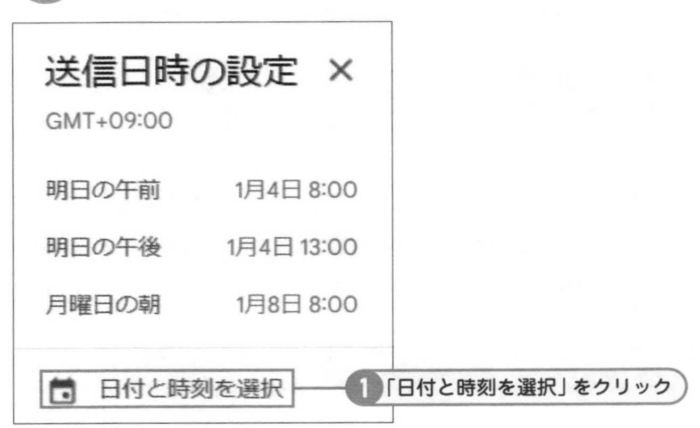

③ 送信日時の設定が表示されます。3つの時間を選択することも出来ます。ここでは一番下にある「日付と時刻の選択」をクリックします。

④ 日時を指定して「送信日時を設定」をクリック

日付と時間を選択
1 日付をクリック
2024年1月
2024/01/03
20:00
2 時間を入力
3「送信日時を設定」をクリック
キャンセル
送信日時を設定

② 「カレンダー」から日付をクリックして選択し、次に右側の時間を入力して、時間を設定します。最後に問題がなければ「送信日時を設定」をクリックします。

チェック 一見送信されたように見えてしまう

「送信日時を設定」をクリックするとメールが送信準備に入ります。一瞬送信してしまったように感じますがまだ指定した日時になっていなければ送信されていないので、大丈夫です。

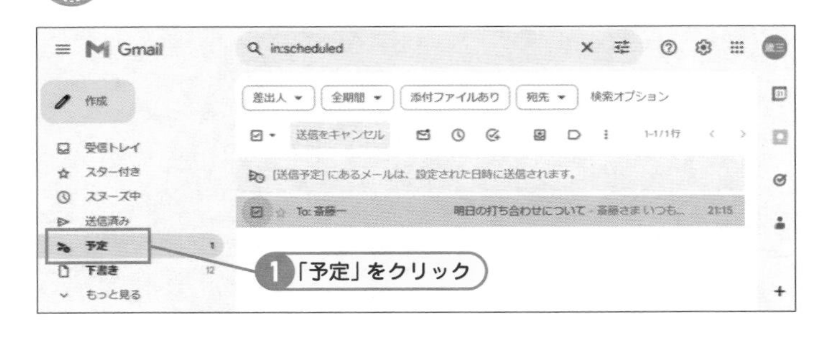

⑤ 左側のメニューの中にある「予定」をクリックして、今日時指定したメールがあることを確認します。日時を間違えた場合には、ここでメールにチェックを入れ「送信をキャンセル」をすることで、下書きに戻すことが出来ます。下書きに戻ったメールは再度編集して送信することが出来ます。

SECTION 42

Key Word 署名

メールの最後に自動で署名が入るようにする

Gmailでは、送信メールに自動でつけられる署名を複数作って使い分けることが出来ます。ここでは新規署名の作り方を説明していきます。署名はメールにつけられる名刺のようなもの。情報に間違いがないように注意して作成していきましょう。

メールに署名を付けてみよう

「設定」をクリック

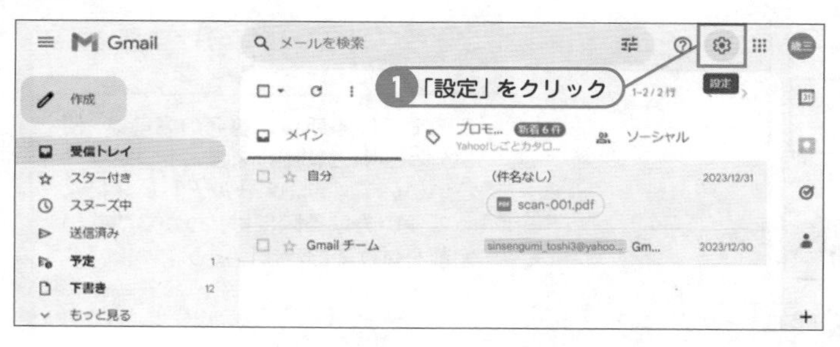

1 画面右上にある「設定」をクリックします。

2 「すべての設定を表示」をクリック

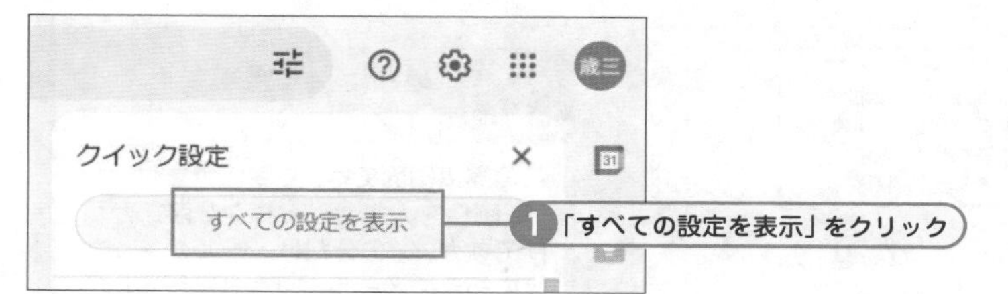

2 「すべての設定を表示」をクリックします。

ヒント 署名に書く内容を事前に用意しておこう

署名に書く内容は決まっていますか？会社の規定で書かないほうがいい内容があったり、会社によっては書式が決まっていることもあるので、一度調べてみるといいと思います。書く内容は、名前、所属、連絡先程度で十分だと思いますが、自己アピールを入れている人も良くいます。

--
-
土方歳三　sinsengumi.toshi3@gmail.com
〒600-8501　京都府京都市下京区堀川通
携帯：090-XXXX-XXXX
-

③ 「＋新規作成」をクリック

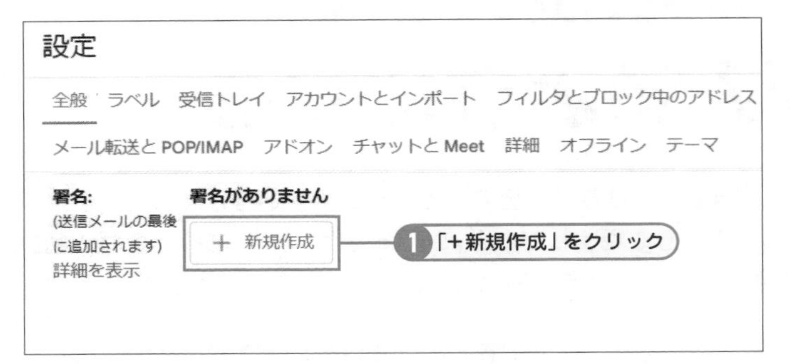

③ 全般の中ほどにある「署名」の右側にある「＋新規作成」をクリックします。

④ 署名に名前をつけて、「作成」をクリック

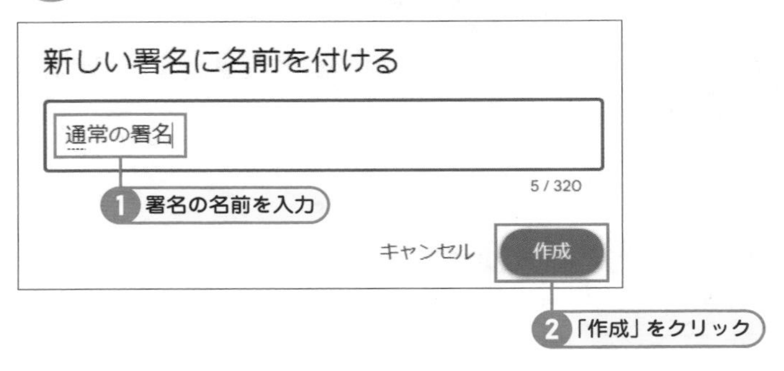

④ 署名に名前をつけて、「作成」をクリックします。

ヒント 署名を使い分けるための名前

ここでつける新しい署名の名前は、使い分ける際に使用します。1つだけならいいのですが、メールアドレスによって使い分ける際には、わかりやすい名前を付けておきましょう。

⑤ 「署名」を入力欄に入力

⑤ 右側に出来た署名の枠に、署名を入力します。

ヒント 署名は長すぎずシンプルに

この編集画面では、文字に色を付けたり、画像を入れたりと様々な装飾が可能ですが、その分だけメールが重くなって相手のメールボックスを圧迫してしまいます。特にシンプルテキストモードを使う方は、シンプルな標準文字だけのものにしておきましょう。また縦に長すぎるのもスクロースが大変になるのでやめておきましょう。

新規メール用、返信／転送用の「署名」を選択

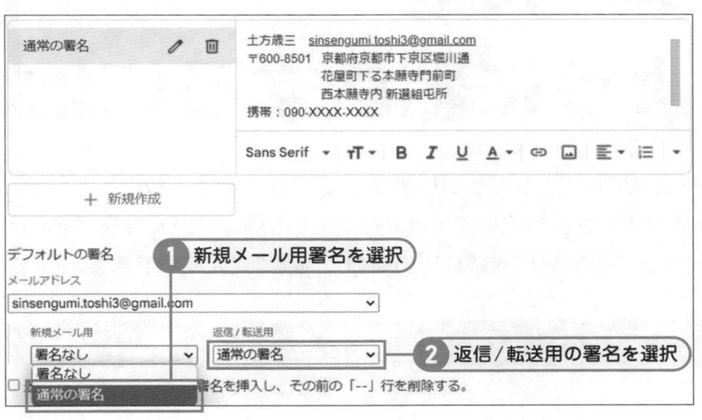

6 新規メール用、返信／転送用の「署名」を選択します。ここでは署名なし状態から「通常の署名」を選択しています。

メモ 新規用と返信／転送用2つ必要？

仕事上、同じ人と何度もやり取りすることが多い場合、署名の分メールが長くなってしまいます。そんな時は返信／転送用の署名は「署名なし」にしておくとスッキリ用件だけのメールにすることが出来ます。用途に合わせて選んでみましょう。

7 「変更を保存」をクリック

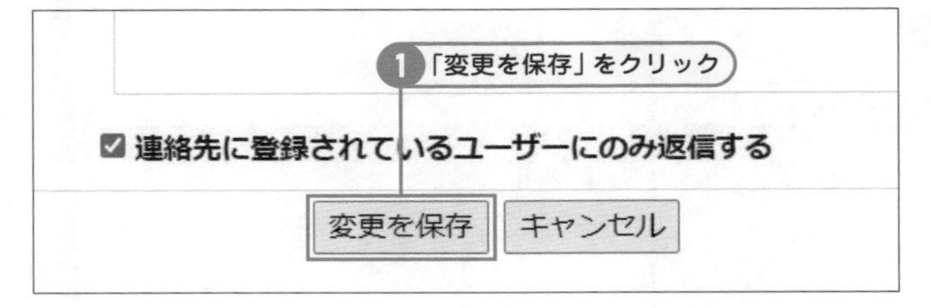

7 スクロールして最下部にある「変更を保存」をクリックします。

8 「作成」を押して署名を確認

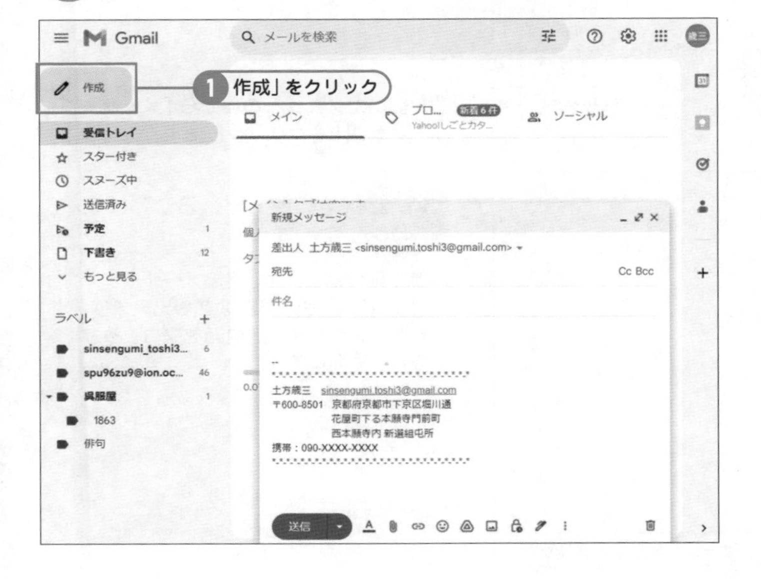

8 「作成」を押して署名の内容を確認します。

ヒント メールアドレスごとに署名を変更したい場合には？

手順6のデフォルトの署名設定画面で、メールアドレスを選択することが出来ます。別のメールに切り替えて、署名の種類を選びましょう。

SECTION

メールの翻訳

43 英語のメールを読めるように翻訳するには

突然届いた外国語のメール。語学が苦手だとつい固まってしまいますよね。大丈夫です。語学が苦手でもGmailがすぐさま翻訳してくれるので、もう固まる必要はありません。英語だけではなく、たくさんの言語に対応しているので、是非覚えておきましょう。

英語メールを翻訳してみよう！ほかの言語も選べる

1 「その他」をクリック

1 メールの右上にある「その他」をクリックします。

2 「メッセージを翻訳」をクリック

2 開いたメニューの中から「メッセージを翻訳」をクリックします。

ヒント その他で出来ることはたくさん！

その他の項目では、迷惑メールやフィッシング詐欺の報告なども出来ます。また、送ってきた送信元をブロックすることも可能です。

3 本文が翻訳されたことを確認

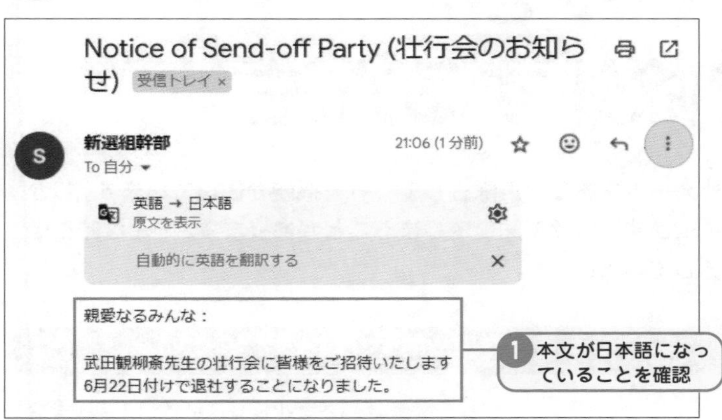

3 本文が翻訳されて日本語になっていることを確認します。

> **ヒント 「自動的に英語を翻訳する」をクリックするとどうなる？**
>
> 「自動的に英語を翻訳する」をクリックしておくと、英語のメールが届いたときに自動で翻訳してくれます。「原文を表示」をクリックすると、原文の英語が表示され、翻訳と見比べることが可能です。

4 「歯車マーク」をクリック

4 歯車マークをクリックします。

5 翻訳したい言語を選択

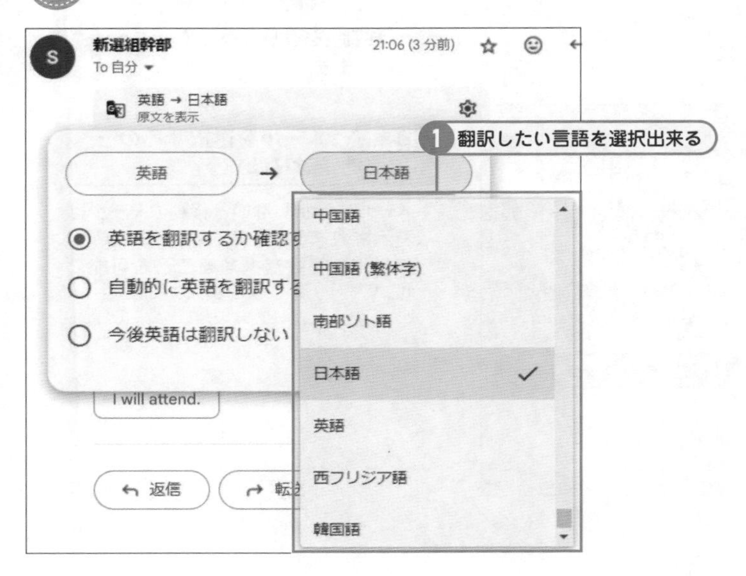

5 一覧の中から翻訳したい言語を選択して、翻訳することが出来ます。

> **ヒント iPhone版はなんと送信メールも翻訳出来る！**
>
> iPhone版では、パソコン版やAndroid版と少し異なり、送信メール作成中に翻訳したい文章を選択して、Wタップすることで翻訳の選択肢が表示されます。

SECTION 44

Key Word 迷惑メールの除外

迷惑メールを手動で除外する方法

Gmailは、自動的に迷惑メールをある程度除去してくれる機能が働いています。しかし、どうしても迷惑メールがすり抜けて届いてしまうことがあります。そんな時には手動で迷惑メールを除外してみましょう。

受信メールから迷惑メールを設定するには

1 迷惑メールにしたいメールにチェックを入れる

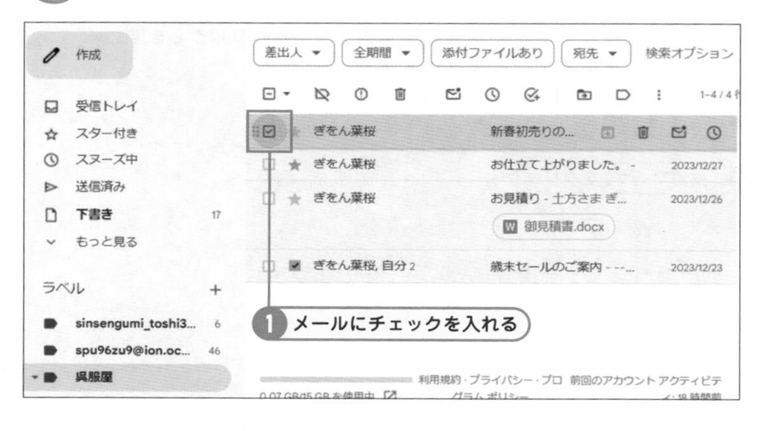

1 迷惑メールにしたいメールの□をクリックしてチェックを入れます。

2 「移動」をクリック

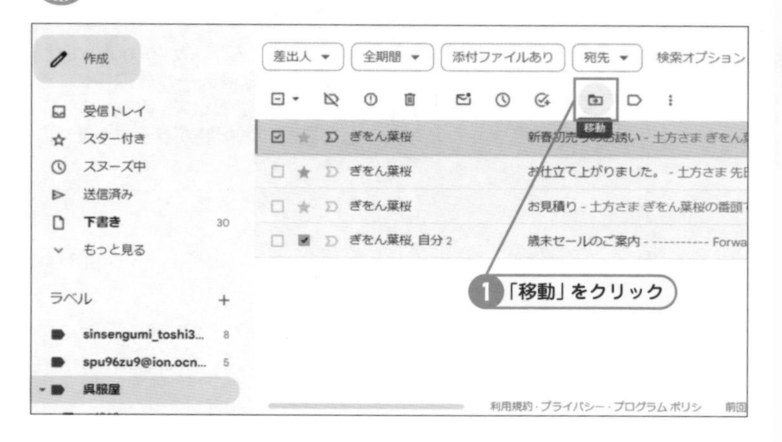

2 「移動」をクリックしてメニューを表示します。

メモ メールを選択するのを忘れない

メールを選択しないと移動のマークは表示されません。気を付けましょう。メールは複数選択することも可能です。

「迷惑メール」をクリック

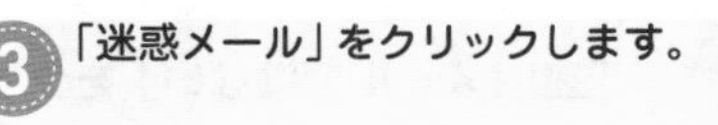

「迷惑メール」をクリックします。

「迷惑メール」として区分される

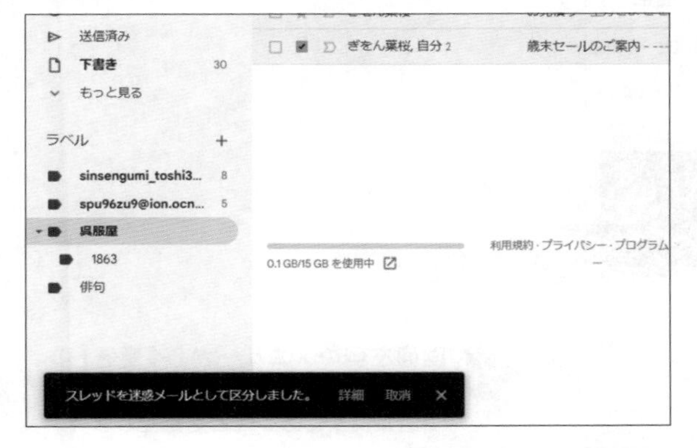

④「迷惑メール」として区分されたことが、左下に黒いバーで表示されます。

この段階で取り消しも出来る!

間違って設定してしまった場合、黒いバーに表示される「取消」をクリックすることで解除することが出来ます。

間違って迷惑メールに設定した場合の取り消し方

「迷惑メール」をクリックしてメールを「選択」

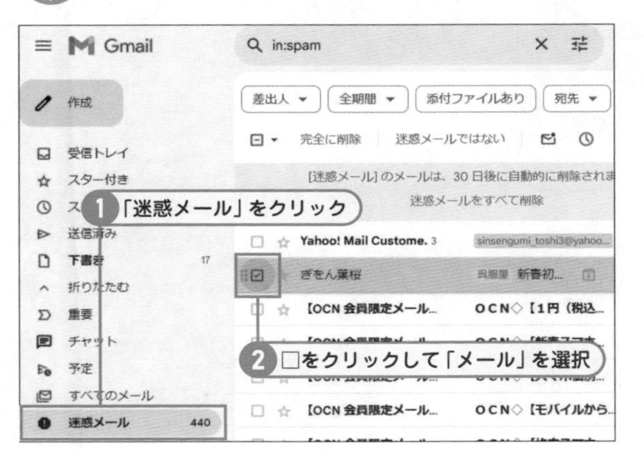

①黒いバーで取消できなかった場合、まずは左側のメニューから「迷惑メール」をクリックし、表示された中から間違ったメールの□にチェックを入れて選択します。

② 「迷惑メールではない」をクリック

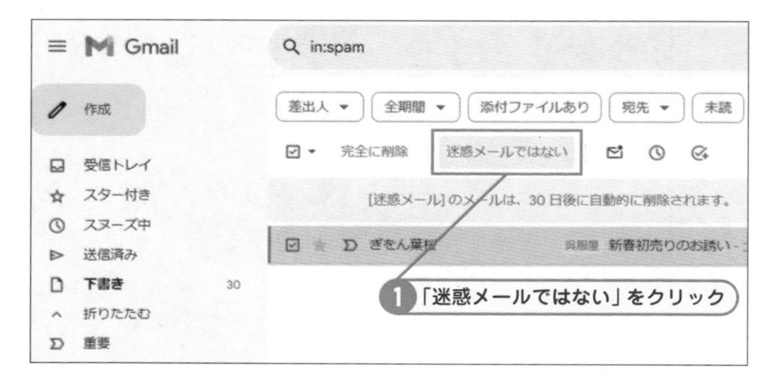

② 「迷惑メールではない」をクリックします。

ヒント 迷惑メールは30日後に自動削除される

迷惑メールも多くなると容量を食います。あまりに多い場合には、「迷惑メールを全て削除」をクリックして、迷惑メールを一掃してしまいましょう。

③ 黒いバーの内容を確認する

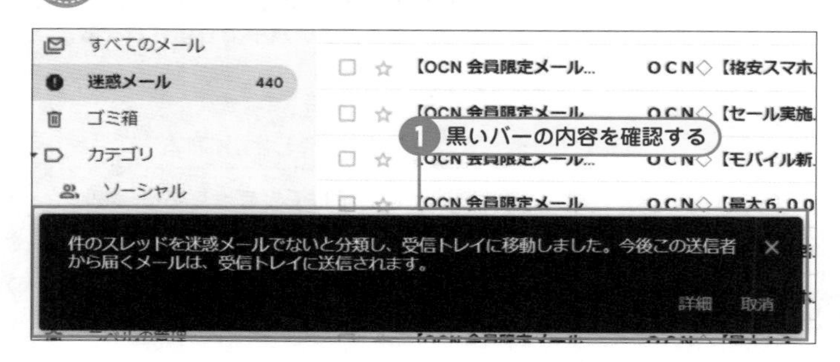

③ 迷惑メールに設定されていたメールを解除することが出来ました。今後は受信トレイに送信されてくることが、黒いバーのメッセージで表示されます。

④ 「受信トレイ」をクリックしてメールを確認

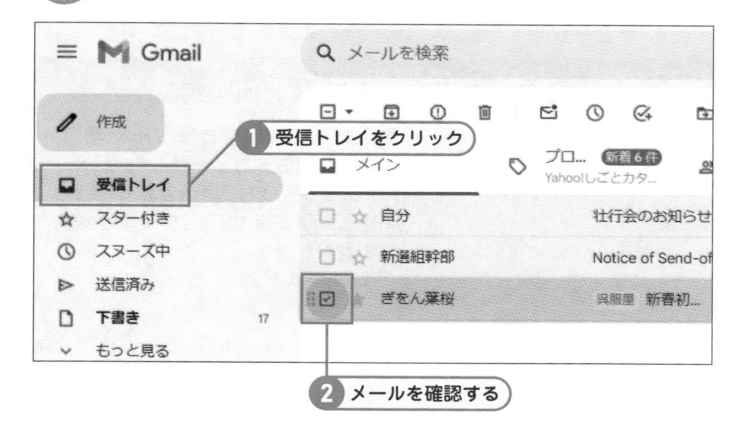

④ 画面左側のメニューから「受信トレイ」をクリックして、メールが正しく受信トレイにあることを確認します。

メモ ラベルには戻ってくれない

メールは受信トレイに戻ってしまうので、手動で各ラベルに戻しておきましょう。

SECTION Key Word 重要マーク

45 重要なメールにマークを付けるには

「このメールはうっかり捨てたり見過ごしてはいけない」そんな重要なメールに、重要マークをつけてみましょう！その前に、Gmailで重要マークは初期画面に表示されていません。まずは重要マークを表示させるところから始めましょう。

重要マークを表示するには

1 「設定」をクリックし「すべての設定を表示」をクリック

1 画面右上の歯車マークの「設定」をクリックします。画面の表示が変わるので、出てきたクイック設定の中の表示されている「すべての設定を表示」をクリックします。

ヒント 「すべての設定を表示する」は便利！

Gmailの設定で変更できるものはすべてここに詰まっています。「ここをあができたらいいのに」といったものも見つかるかもしれません。時間がある時にいろんな項目を見てみましょう。

2 「受信トレイ」をクリックし、「マークを表示する」を選択、最後に「変更を保存」をクリック

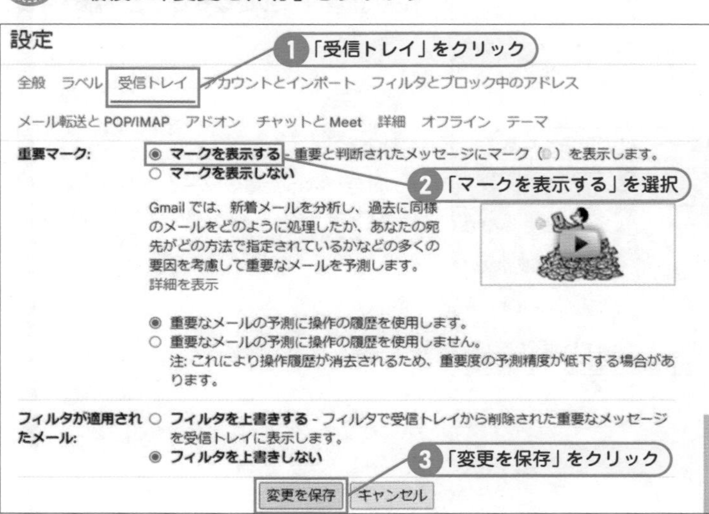

2 設定の画面の中にある「受信トレイ」をクリックし、その項目の中から重要マークの「マークを表示する」を選択します。最後に一番下にある「変更を保存」をクリックします。

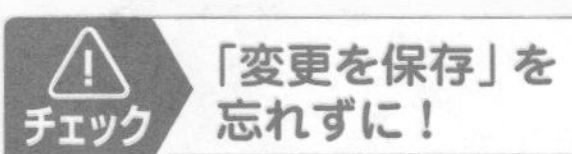

チェック 「変更を保存」を忘れずに！

「変更を保存」を最後にクリックせずに別の画面に移動してしまうと、設定は変わりません。忘れずに設定を保存しましょう。

③ 受信トレイにマークが表示される

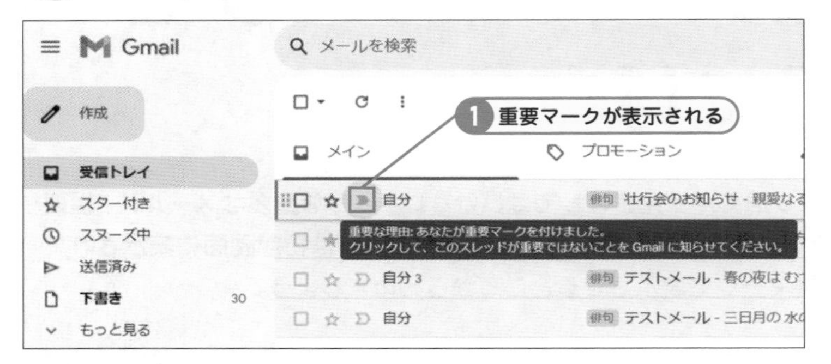

③ 「変更を保存」すると受信トレイに画面が戻ります。すると黄色い重要マークがメール１つ１つに表示されているのがわかります。

重要マークを付けてみよう

① 「重要マーク」をクリック

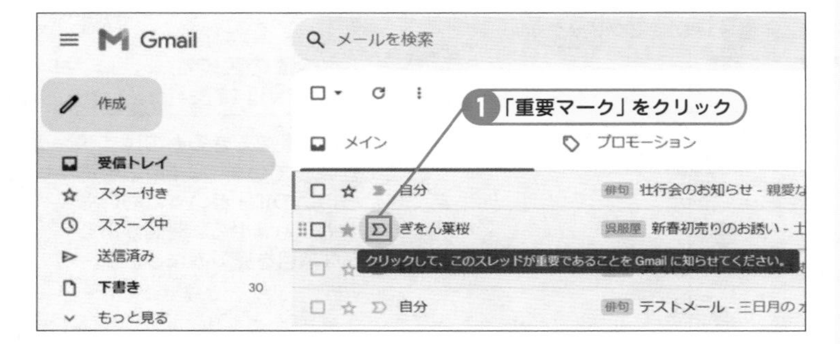

① 重要マークをつけたいメールの、重要マークをクリックします。

ヒント　勝手にメールに重要マークが付いている？

重要はGmailが重要だと思ったメールに付いています。重要マークにカーソルを合わせると「重要な理由」が表示され、重要だと判断した理由が書かれています。重要でないメールのマークを外すことでGmailが学習をするので、重要じゃないメールから重要マークを外しておきましょう。

② 「重要マーク」が黄色になっている

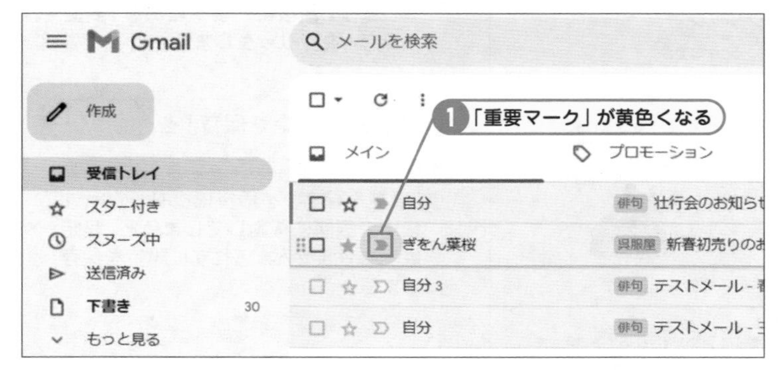

② 「重要マーク」に黄色く色がついて、重要メールになったことがわかります。

ヒント　重要マークを外すには？

黄色くなった重要マークをもう一度クリックすることで、重要マークを外すことが出来ます。

SECTION Key Word 自動返信

46 返信が出来ないときには自動的に返信できる機能を使う

長期間メールを見られない時、例えば、長期間の出張や、年末年始休暇中に、自動でメールを返信することが出来たら、とても便利ですよね。ここではその設定方法と解除方法を説明していきます。

自動で返信できるように設定してみよう

1 「設定」をクリックして「すべての設定を表示」をクリック

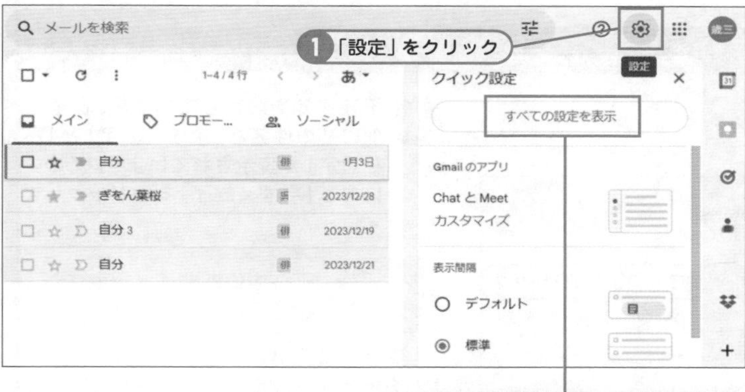

1 画面右上にある「設定」をクリックし、「すべての設定を表示」をクリックします。

2 「不在通知」のONにチェック、「開始日」「終了日」を選択

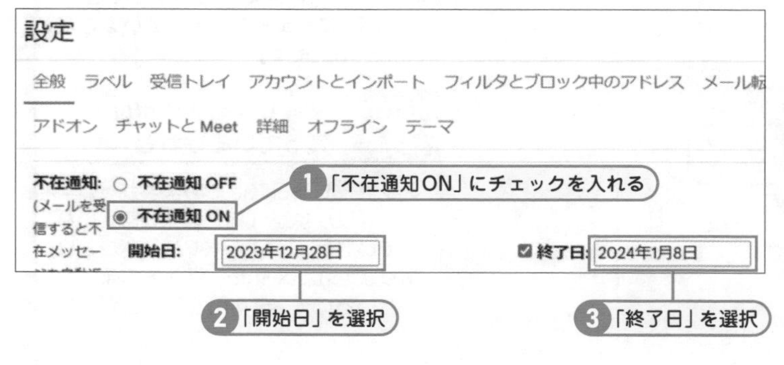

2 設定の中にある「不在通知ON」にチェックを入れます。続いてその下にある「開始日」「終了日」をクリックし、カレンダーから選択します。

メモ 不在通知は何時から何時まで？

不在通知は、開始日の午前 0 時から終了日の午後 11 時 59 分までの間に送信されます。なお画面にも表示されていますが、複数メールを送信してきてくれた相手に対しては、1度目はそのまま返信し、残りは4日間に一回返信します。

3 「件名」と「メッセージ」を入力して「変更を保存」をクリック

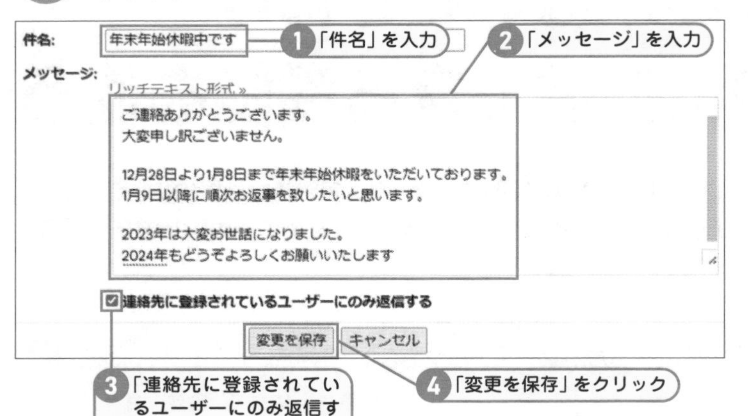

3 続いてその下にある「件名」と「メッセージ」を入力して、「連絡先に登録されているユーザーにのみ返信する」にチェックを入れて、「変更を保存」をクリックします。これで不在通知の設定は完了です。

チェック　チェックを忘れない！

「連絡先に登録されているユーザーにのみ返信する」にチェックを忘れてしまうと、例えばスパムメールや危険なメールにも返信をしてしまうことになります。ここは気を付けてチェックを入れておきましょう。またお返事したい相手を連絡先に登録することも忘れずに！

メールの自動返信設定を解除する方法

1 「今すぐ終了」をクリック

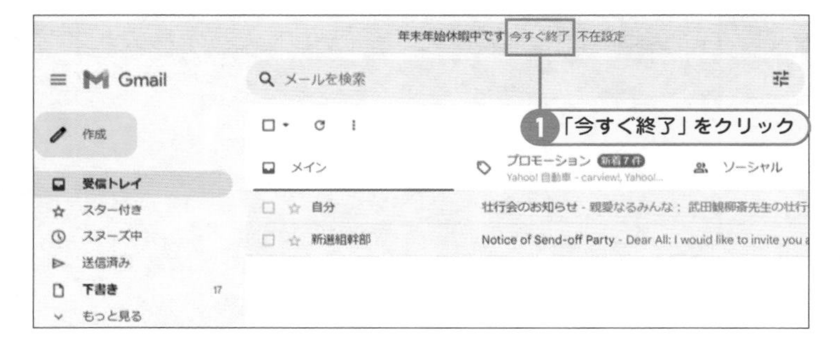

1 不在通知を設定している間、画面上部にその件名と「今すぐ終了」と「不在設定」が表示されています。その中にある「今すぐ終了」をクリックします。

ヒント　不在中の期間やメッセージを変えたい場合には？

画面上黄色いバーにある「不在設定」を押すか、「設定」をクリックして「すべての設定を表示」から不在通知の設定を表示して、設定しなおすことで変更も可能です。

2 「不在通知」の設定が「不在通知OFF」になる

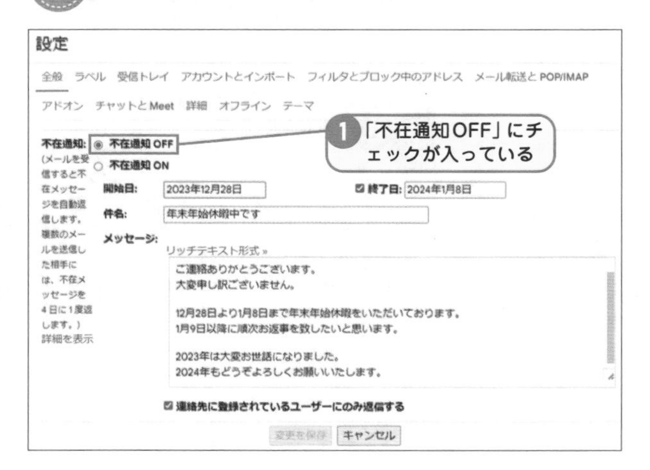

2 黄色いバーが消えます。「不在通知」の設定を確認してみると「不在通知OFF」にチェックが入っていることが確認出来ます。

メモ　メッセージや日付は残っているけれどOK

メッセージや日時はそのまま残ったままになりますが、「不在通知OFF」になっていれば、返信メールが飛ぶことはありません。メッセージがそのまま残っているので、再利用することが容易です。

SECTION Key Word 連絡先への登録

47 初めて受信した相手のメールアドレスを連絡先に登録するには

Gmailでは、自分が送信した相手の連絡先を自動で作成するように初期設定されていますが、受信メールを連絡先に登録したい場合は、手動になります。ここでは受信メールの連絡先への登録方法を学んでおきましょう。

連絡先に追加してみよう

1 「連絡先に追加」をクリック

1 送信者の名前にカーソルを合わせて、表示された画面の右上にある「連絡先に追加」をクリックします。

メモ 「詳細表示を開く」をクリックすると便利！

信者の名前にカーソルを合わせ、情報画面が表示された時に詳細表示をクリックすると、メールを送るなどのメニューの他にも、最近のメールのやり取りなども見ることが出来ます。

2 「連絡先を編集」をクリック

2 アイコンがペンの図に変化します。変化したアイコンの「連絡先を編集」をクリックします。

3 画面右側で連絡先を編集する

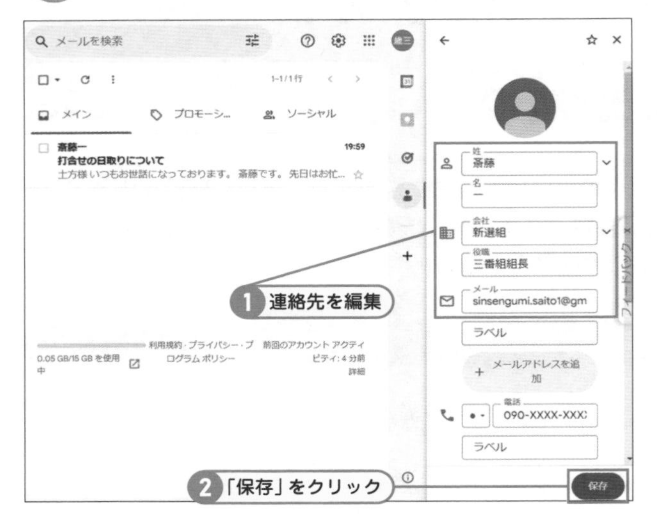

3 画面の右側に入力欄が表示されます。ここに入力することで連絡先が変更されます。編集が完了した後に「保存」をクリックします。

> **ヒント 電話番号も出来ればいれておこう！**
>
> メールアドレスが自動で入れば、電話番号は入力しなくていいかなと思いがちですが、電話番号を入れておくとスマートフォンでGmailを見るとき、電話する際にとても便利になります。電話番号も連絡先に入れておきましょう。

4 「Googleアプリ」をクリックし「連絡先」をクリック

4 連絡先に正しく登録されたことを確認してみましょう。画面右上にある「Googleアプリ」をクリックし、表示された画面の中から「連絡先」をクリックします。

5 「連絡先」に登録されたことを確認する

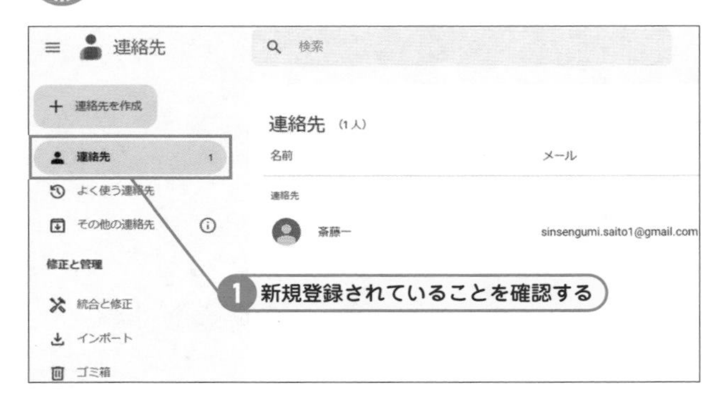

5 「連絡先」には今登録したメンバーが表示されます。

> 
>
> **ヒント 一度登録した連絡先を変更したい場合には？**
>
> 内容の変更は、Gmailからでも連絡先からでも行うことが出来ます。削除したい場合には、連絡先から行いましょう。

SECTION

Key Word 連絡先からメールを送る方法

48 連絡先に登録している送信先にメールを送る方法

登録して置いた連絡先からも、メールを送ることが出来ます。メールアドレスを直接入力したりすることがないので、間違いもなくとても便利です。ここでは連絡先を使ってメールを作成する方法を学んで行きましょう！

連絡先を選んでメールを作成してみる

1 「作成」をクリック

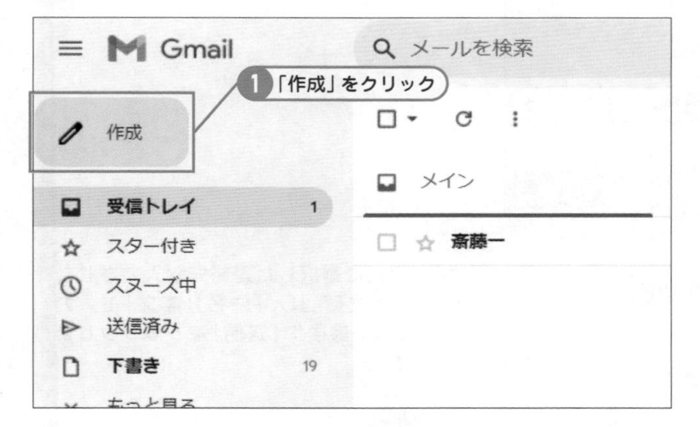

1 画面左上にある「作成」をクリックして新規メールを作成します。

メモ 「詳細表示を開く」をクリックすると便利！

信者の名前にカーソルを合わせ、情報画面が表示された時に詳細表示をクリックすると、メールを送るなどのメニューの他にも、最近のメールのやり取りなども見ることが出来ます。

2 「宛先」をクリック

2 新規メッセージの「宛先」をクリックします。

③ 「連絡先」にチェックを入れて「挿入」

③ 送信したい連絡先にチェックを入れて、「挿入」をクリックします。連絡先は複数チェックすることが可能です。また連絡先は検索することも可能です。

ヒント 連絡先にまだ登録していない人に送りたい時には？

右上の連絡先をクリックし、「すべての連絡先」をクリックすると、今まで受信したメールの送信者が、一覧で表示されるようになります。人によっては膨大な量になるので、検索と合わせて使いましょう。

④ 宛先に選択した連絡先が入力されたことを確認

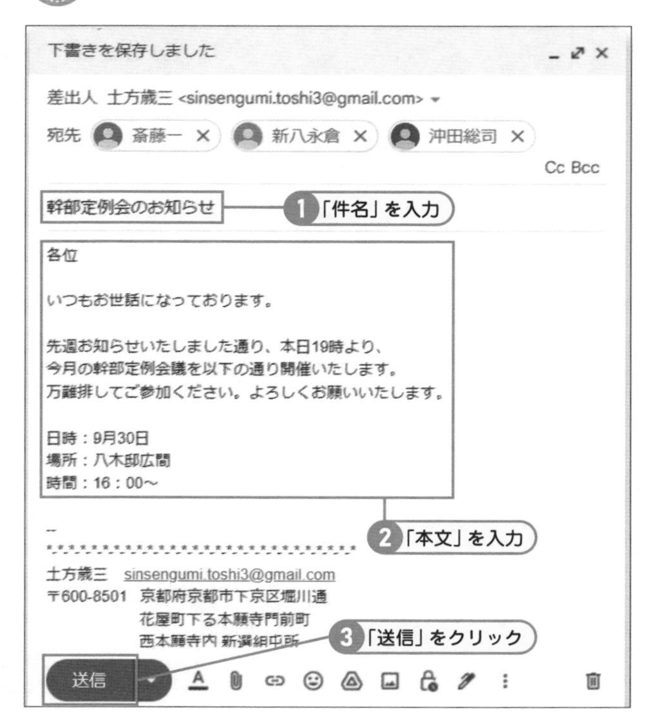

④ 宛先に選択した連絡先が入力されたことを確認し、「件名」「本文」を入力して、最後に「送信」をクリックします。

メモ 連絡先はメイン画面の右端にもある！

連絡先は実は「Googleアプリ」の中だけでなく、Gmailのメイン画面の右側に小さなアイコンで表示されています。ここから連絡先を編集することも、メールを送ることも可能です。

SECTION

Key Word 送信ラベル、Cc、Bcc

49 一度に複数の相手にメールを送る方法

事前に複数の連絡先をまとめて置いて、送る時には一気に送ることが可能です。たびたび同じ複数の相手に送る際には、とても便利な方法なので覚えて置いて時短しましょう！またCcとBccについても解説していきます。

送信ラベルを作ってみよう！

1 「作成」をクリック

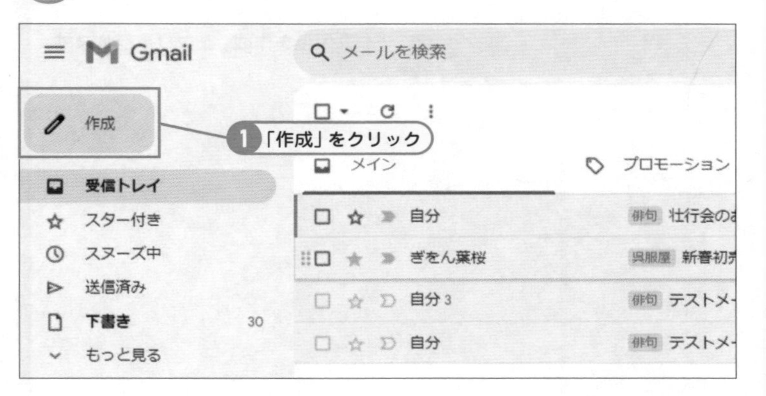

1 画面左上にある「作成」をクリックします。

2 「宛先」をクリック

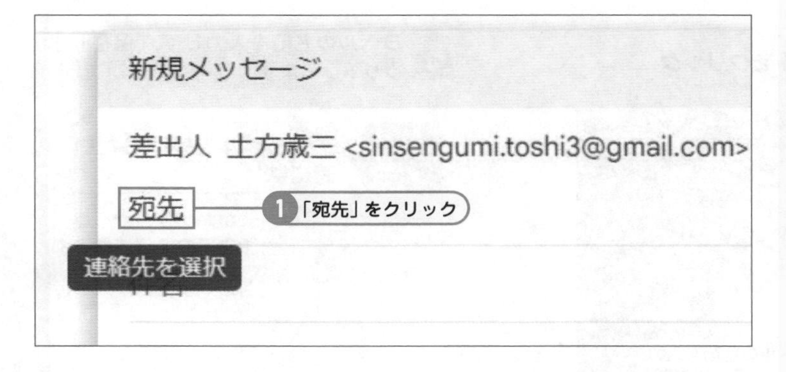

2 「宛先」をクリックします。

ヒント 事前にリストを用意する

連絡先一覧から送り先を選んでいくことになります。事前に誰を、どのラベルで送るように設定するか、リストを作って置いてから、作業を始めると間違いが少なくなります。

③ メンバーをチェックして「ラベルを管理」をクリック

③ ラベルを付けたいメンバーをチェックして、「ラベルを管理」をクリックします。

④「＋ラベルを作成」をクリック

④「＋ラベルを作成」をクリックします。

⑤ ラベルの名前を入力して「保存」をクリック

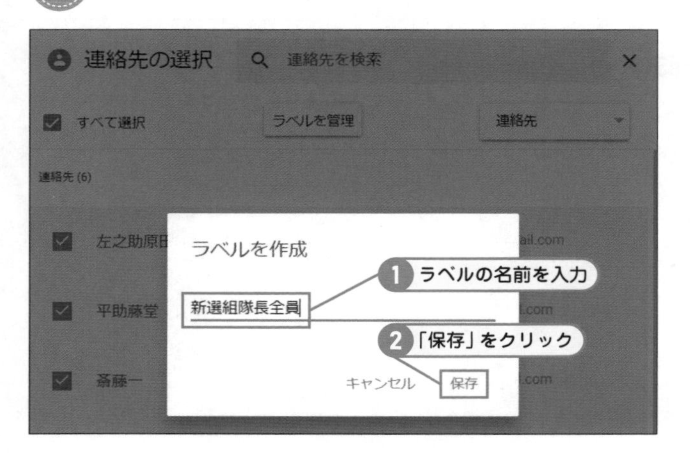

⑤ ラベルの名前を入力して、「保存」をクリックします。

メモ 送信ラベルを削除したい時には？

送信ラベル名は、Googleアプリから連絡先を選んで、画面左下のほうにあるラベルを選択し、編集削除を行えます。

保存した送信ラベルを使ってメールを送信する方法

1 「作成」をクリック

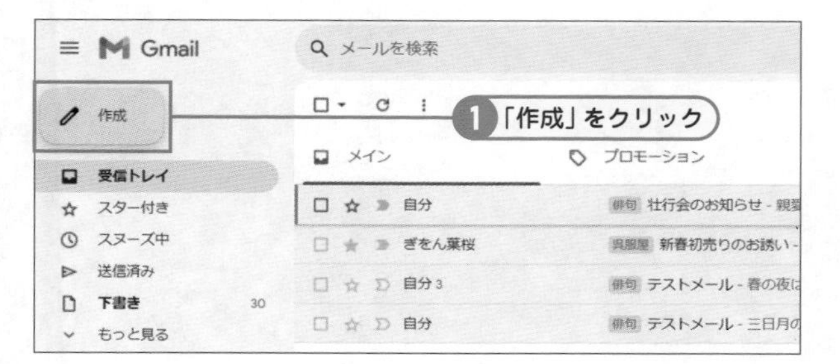

1 画面左上にある「作成」をクリックします。

2 「宛先」をクリック

2 新規メッセージが開くので、差出人の下にある「宛先」をクリックします。

3 「連絡先」をクリックし「新選組隊長全員」を選択

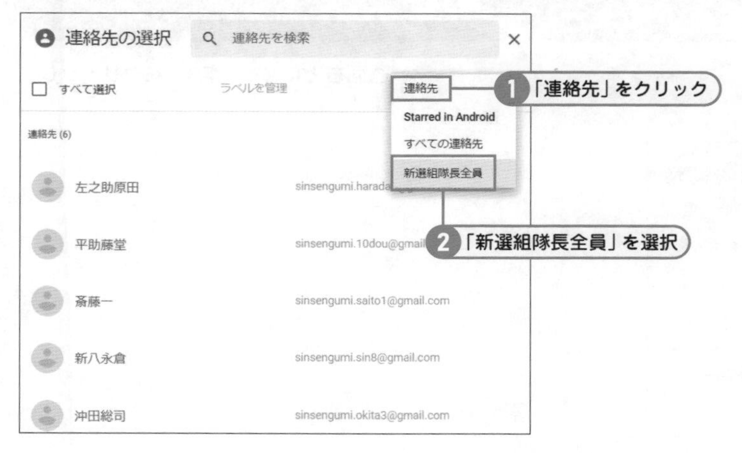

3 新たに開いた連絡先の選択画面の右上にある「連絡先」をクリックして、先ほど作った送信ラベル「新選組隊長全員」を選択します。

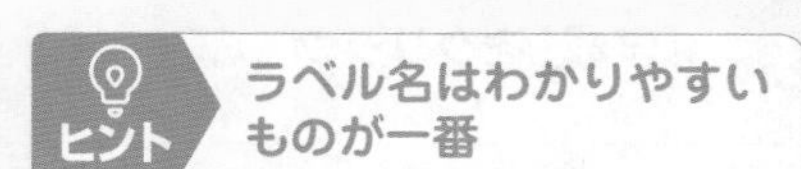

ラベルを選択するときに悩んでしまうような名前をつけてしまうと、それだけで作業効率が逆に悪くなってしまいます。ラベルはよく使うものを厳選し、ぱっと見でもわかりやすい名前を付けておきましょう。

4 「すべて選択」にチェックをいれて「挿入」

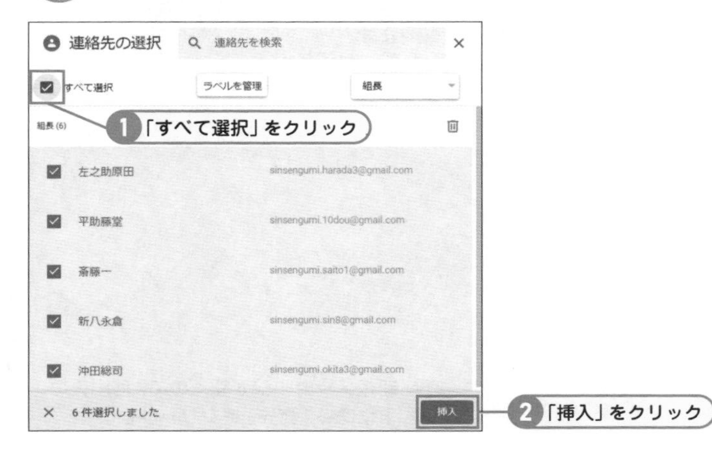

4 画面左上の「すべて選択」にチェックをいれて、画面右下にある「挿入」をクリックします。

5 「宛先」にメンバー全員が挿入されたことを確認

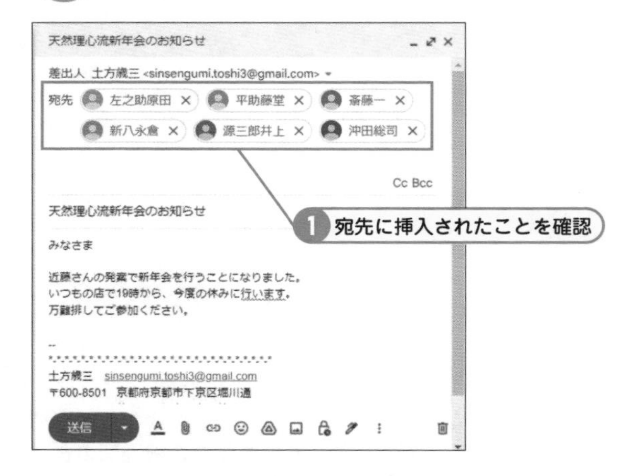

5 「宛先」にメンバー全員が挿入されたことを確認します。

送り先は間違いがないか、再度送信前にチェック！

送り先に過分がないか、ここで送信前にもう一度チェックしましょう！氏名の右にある×をクリックすることで、送信先から削除することが出来ます。

一斉送信時の注意点！Bccと送信ラベルのあわせ技

1 「作成」をクリック

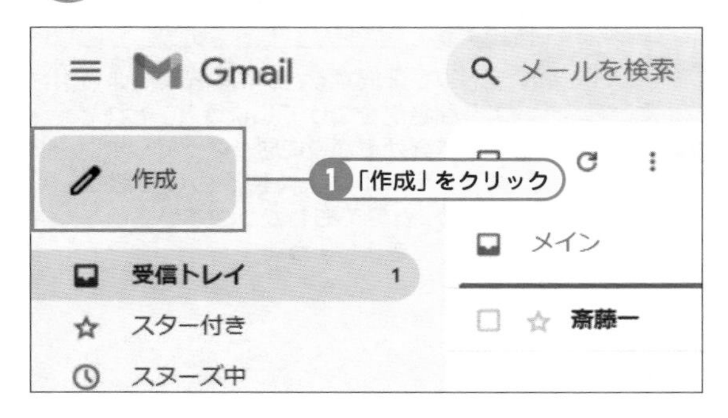

1 画面右上にある「作成」をクリックします。

② 「Bcc」をクリック

② 新規メッセージが開きます。画面の右側から「Bcc」をクリックします。

ヒント Bccって何？

Bccはブラインドカーボンコピーの略で、1つのメールを複数に送る際に「受信した相手が誰にこのメールが送られているか見ることが出来ない」設定です。3章に詳しく書かれています。

③ もう一度「Bcc」をクリック

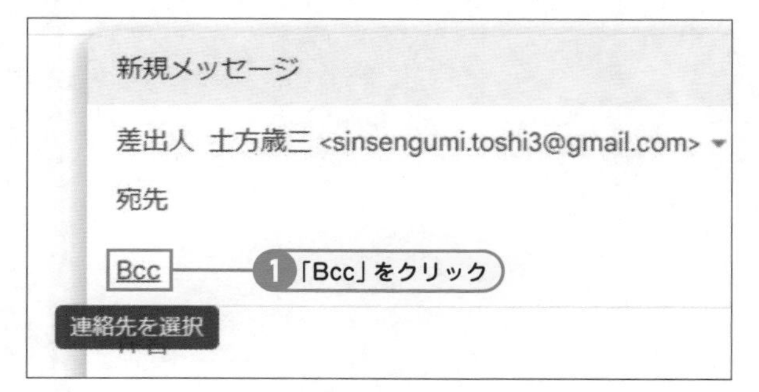

③ 今度はBccの列が挿入されて、左側にBccが表示されます。もう一度「Bcc」をクリックします。

ヒント Ccって何？

CcはBccと違い、ブラインドがつかないカーボンコピーの略です。Ccで送ると受信した相手が、誰にこのメールが送られているか、名前やメールアドレスがわかります。こちらは、ごく身内のチーム内や直属の上司などに使うといいと思います。3章に詳しく書かれています。

④ 「新選組隊長全員」を選択し、「すべてを選択」をチェック、「挿入」をクリック

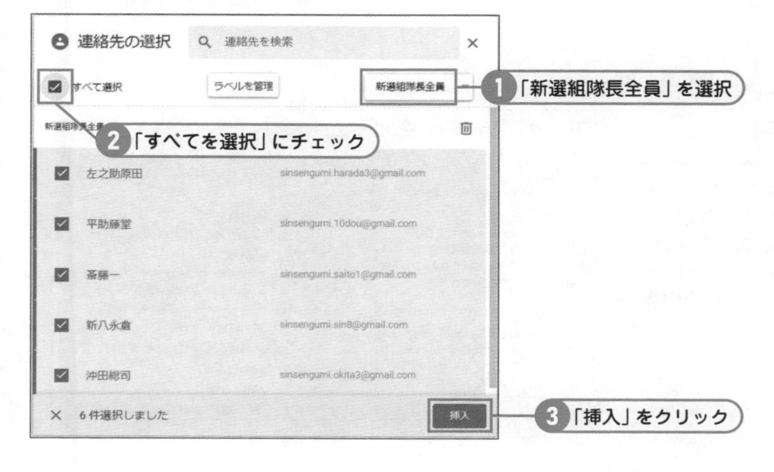

④ 右上にある連絡先から「新選組隊長全員」を選択し、左上にある「すべてを選択」をクリックします。画面右下にある「挿入」をクリックします。

ヒント 一覧の中に送りたくない相手がいる場合は？

ここですべてにチェックを入れてから、送りたくない相手だけチェックを外すと、その相手はBccに追加されなくなります。字も大きく見やすいので、ここでメンバーを確認して、チェックを外しておきましょう。

5 「件名」と「本文」を入力

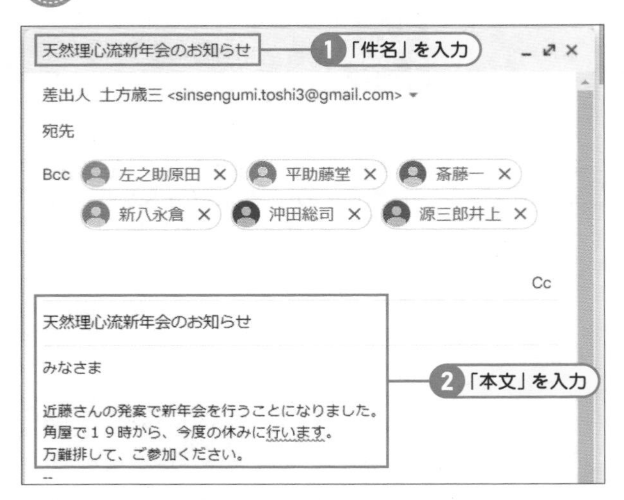

5 「件名」と「本文」を入力します。ここではBccで多人数に送っているので、送る場合には個人名ではなく「皆様」や「各位」等の複数を表す文言を入れましょう。

チェック 本文内容も全員に宛てたものに変更する

ここではBccで多人数に送っているので、送る場合には個人名ではなく「皆様」や「各位」等の複数を表す文言を入れましょう。

6 「送信」をクリック

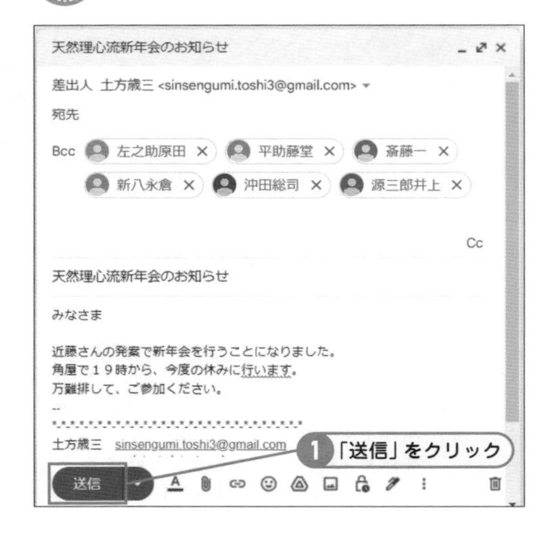

6 宛先に問題がないことをもう一度確認して、画面下にある「送信」をクリックします。

メモ 絶対ダメ！一斉送信時の注意点！

一斉送信時は、特に理由がない場合にはBccを使うことをお勧めします。メンバー全員が顔見知りでない場合など、メールアドレスを全員に見られるように送ってしまうことは、避けたほうが無難だからです。特に、社外の人に送る時、多人数に送る時は必ずBccと思えておきましょう。画像のように送信先がすべて見えてしまいます。

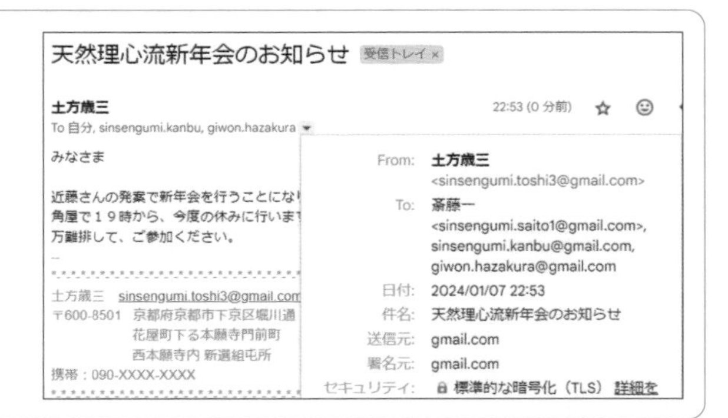

7章

Google Workspaceとの連携・便利な『裏技』

この章では、すごく便利な『裏技』とGoogle Workspace連携技を紹介していきたいと思います。Google WorkspaceとはGmailと一緒に使える便利なアプリのことです。カレンダーやToDoリスト、Meetなど様々なサービスを使ってみましょう。

Google カレンダー

50 便利な連携アプリ① Googleカレンダーでビジネスもプライベートも充実

まずは、Google Workspaceの中からGoogleカレンダーを紹介したいと思います。カレンダーはただ予定を入れるだけでなく、人と予定を共有出来たり、予定の前にメールを飛ばしたり、便利な機能がたくさんあります。ぜひ使いこなしてください。

毎年恒例の予定を追加してみよう

① 「Googleアプリ」から「カレンダー」をクリック

① 画面右上にある「Googleアプリ」をクリックし、「カレンダー」をクリックします。

② カレンダーを月ごと表示に変更

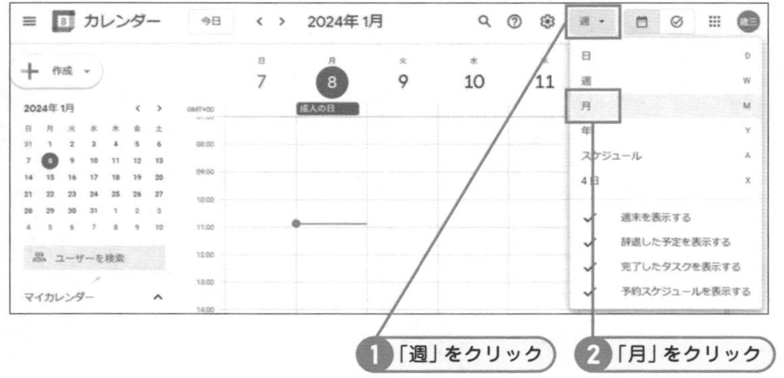

② カレンダーを月ごと表示に変更します。画面右上の「週」をクリックして「月」をクリックします。

ヒント カレンダーの表示は6種類

日、週、月、年はわかりやすいと思いますが、スケジュールはここしばらく先のスケジュールだけが表示され、4日は直近4日間の予定が表示されます。ここでは例として「月」にしますが、好みに合わせて選んでみてください。

3 予定を追加したい日をクリックし「時間を追加」をクリック

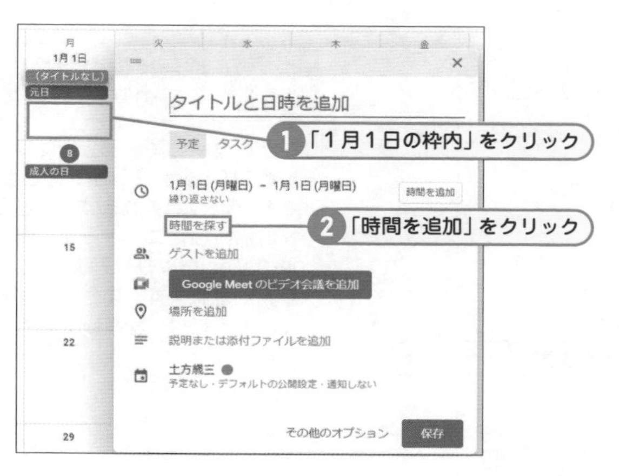

3 予定を追加したい日をクリックし「時間を追加」をクリックします。例としてここでは1月1日を選択します。

4 「終日」にチェックを入れ、「毎年1月1日」を指定

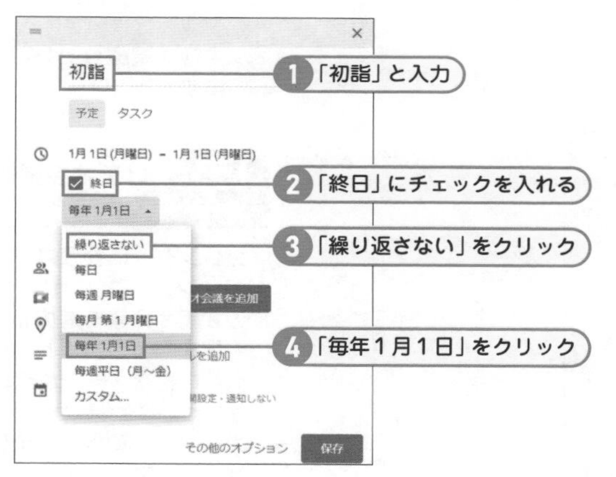

4 件名に「初詣」と入力し、「終日」にチェックを入れ、その側にある「繰り返さない」をクリックし、開いたメニューの中から「毎年1月1日」をクリックします。

ヒント **繰り返しの予定は繰り返し設定をする**

例えば、毎年来る誕生日や、毎月来るお給料日、毎週来る週報提出日など、繰り返しの予定は思ったより多いと思います。繰り返し設定をしてしまうと自動で繰り返してくれるので、うっかり忘れても大丈夫です。

5 「ゲストを追加」にユーザーを登録

5 「ゲストを追加」をクリックし、ユーザー名の一部を入力します。関連するユーザーが表示されるので、ユーザーをクリックして選択します。

ヒント **ゲストユーザーを設定するとゲストに招待メールを送ってくれる**

とても便利な機能なのですが、メールの内容はGmailが用意したものになるので編集が出来ません。大事なゲストには、別途メールをしたためてお知らせするのをお勧めします。

6 「場所」をクリックして「地名」を入力し、該当する場所をクリック

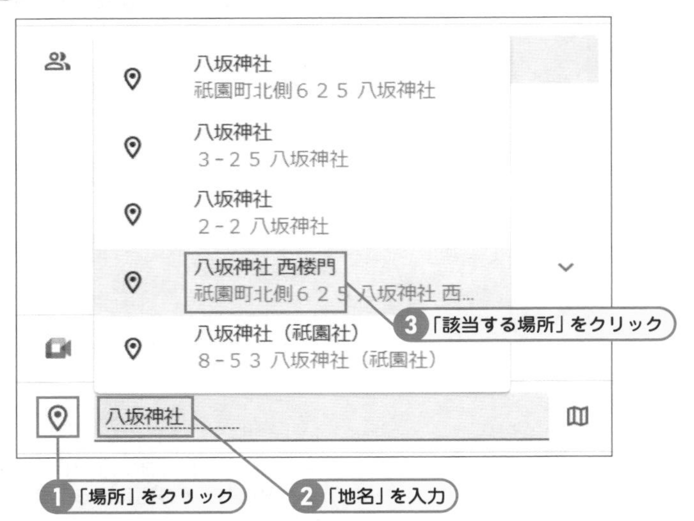

6 「場所」をクリックして「地名」を入力し、該当する場所をクリックします。

ヒント 場所は何のために登録するの？

場所を登録していると、クリックするだけでGoogle Mapで待ち合わせ場所を表示してくれます。もちろんゲストに招待したユーザーも、届いたメールのMapをクリックするだけで地図が表示されます。集合場所がわかりにくい場合には、登録しておくと便利です。

7 「保存」をクリック

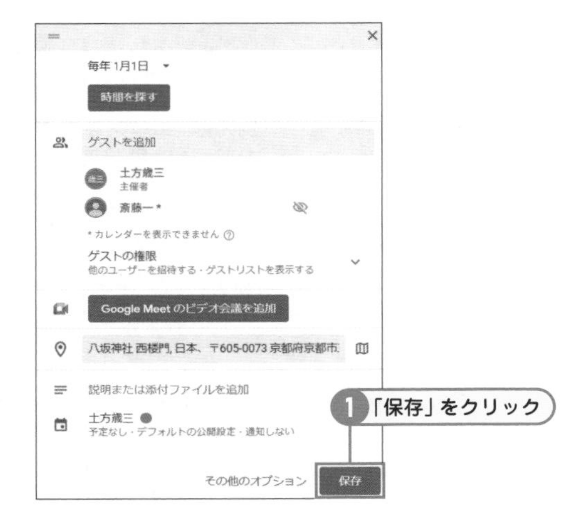

7 内容を確認して「保存」をクリックします。

メモ ビデオ会議も追加できる！

カレンダーに会議の予定を入れて、参加メンバーを入力し、「Google Meetのビデオ会議を追加」をクリックして会議を作っておくと、参加メンバーに会議の招待メールが自動で届けられます。ビデオ会議が決まったら、すぐにカレンダーで予約しましょう。併せて当日にリマインドメールも設定しておくといいでしょう。

8 「送信」をクリック

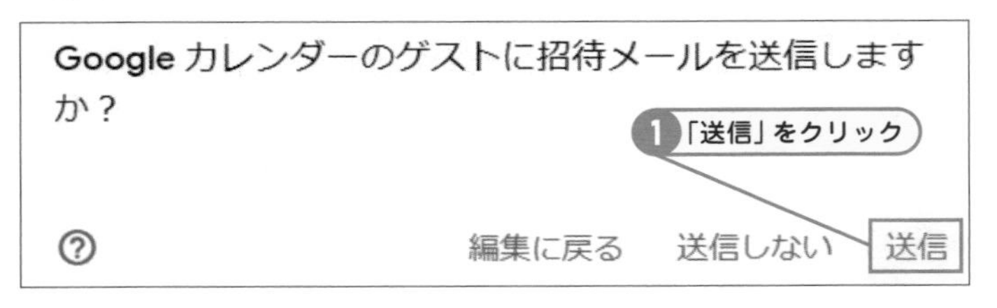

8 「送信」をクリックします。

メモ 招待メールは送らなくてもいい？

招待メールを送りたくない場合には、「送信しない」選びましょう。もう一度戻って内容を変更したい場合には、編集に「戻る」をクリックします。

9 カレンダーを確認する

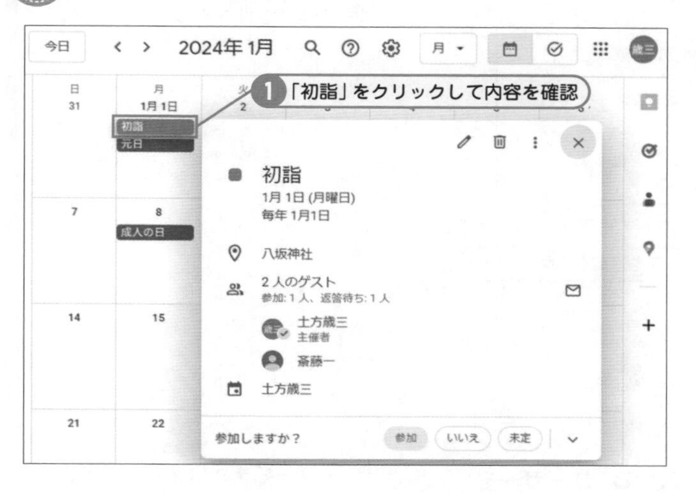

9 カレンダーに予定が正しく入力されたことを確認します。

ヒント ゲストにはどのようなメールが届く？

ゲストには画像のようなメールが届きます。「はい」「未定」「いいえ」のワンクリックで、出欠確認も出来るようになっています。

予定を共有してみよう

1 「…」オーバーフローメニューをクリック

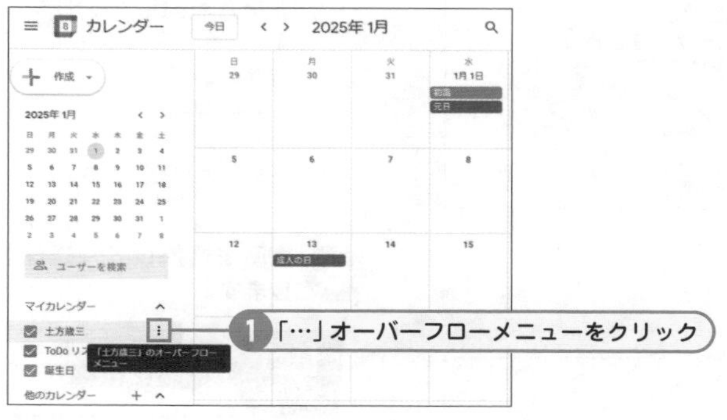

1 今度は、1つの予定だけじゃなく、カレンダーそのものを他の人と共有してみましょう。マイカレンダーにある「…」オーバーフローメニューをクリックします。

ヒント 他のカレンダー+で、カレンダーを分けられる！

マイカレンダーの下にある「他のカレンダー+」で追加することで、例えば「仕事」「プライベート」などカレンダーに表示される色を分けることが出来ます。

2 「設定と共有」をクリック

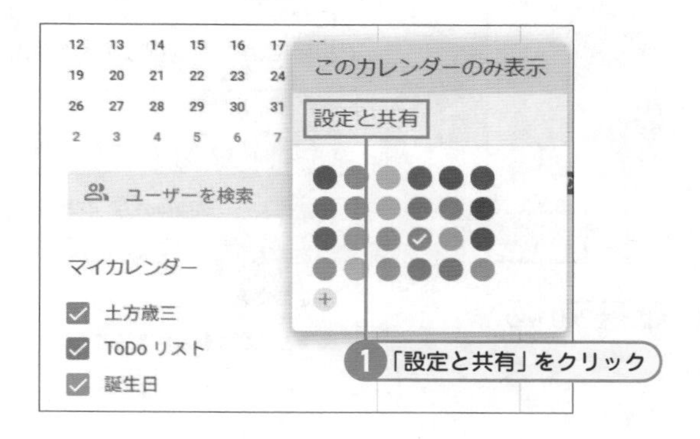

2 「設定と共有」をクリックします。

ヒント 色見本をクリックするとマイカレンダーの色が変更出来る

色見本をクリックすると、カレンダー内に表示される色が変更出来ます。仕事とプライベートでわけたり、共有相手の色と分けたりすることが出来ます。

③ 「特定ユーザーまたはグループと共有する」をクリックし「+ユーザーやグループを追加」をクリック

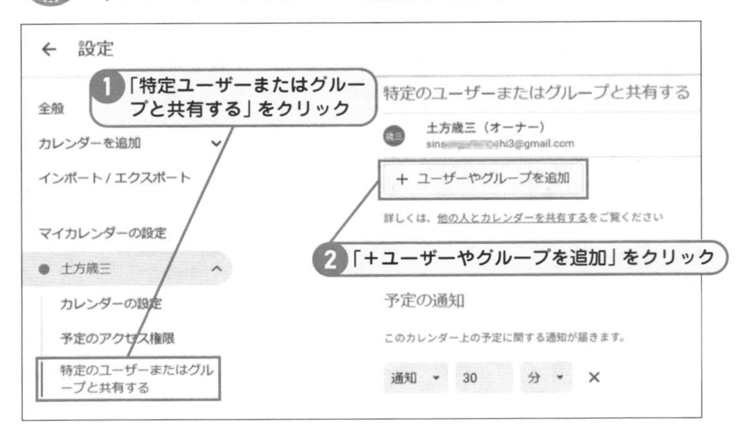

「特定ユーザーまたはグループと共有する」をクリックし「+ユーザーやグループを追加」をクリックします。

④ 「ユーザー名またはメールアドレス」を入力し、ユーザーを選択

「ユーザー名またはメールアドレス」を入力し、表示されたユーザーを選択します。

メモ 共有した相手にはどんなメールが送信されるの？

共有した相手には以下のようなメールが送信され、「このカレンダーを追加します」をクリックしてもらうことで共有が可能です。

⑤ 権限を選択して「送信」をクリック

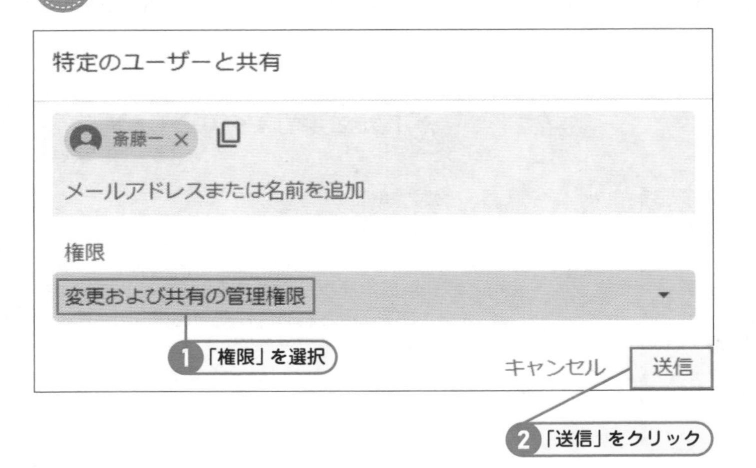

権限を選択して、「送信」をクリックします。

メモ 権限には種類が4つ

権限は初期設定では「予定の表示（すべての予定の詳細）」が選択されていて、相手側は予定の変更はできないようになっています。他3つは、お好みで相手によって選択してください。

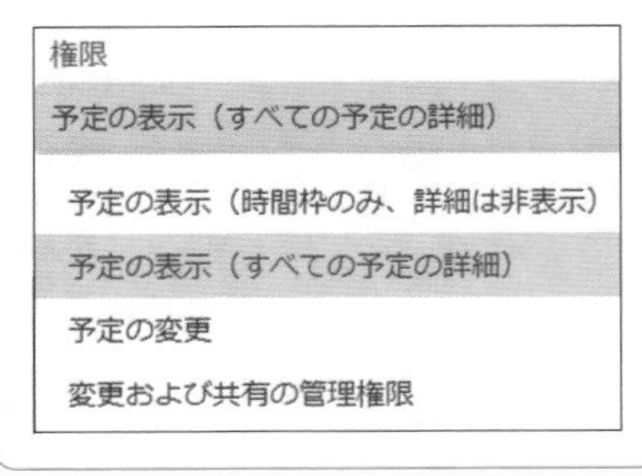

SECTION 51

Key Word Google ToDo

便利な連携アプリ② Google ToDoリストで生産性を向上させる

日々のお仕事ややらねばいけないことも、GoogleのToDo機能で管理してみましょう。通常のタスクの並んだToDoリストと違い、締め切り時間も一緒に表示させることが出来、サブタスクも簡単に登録できるので、生産性の向上にもつながります。

ToDoリストを使ってみよう！

1 「ToDoリスト」をクリック

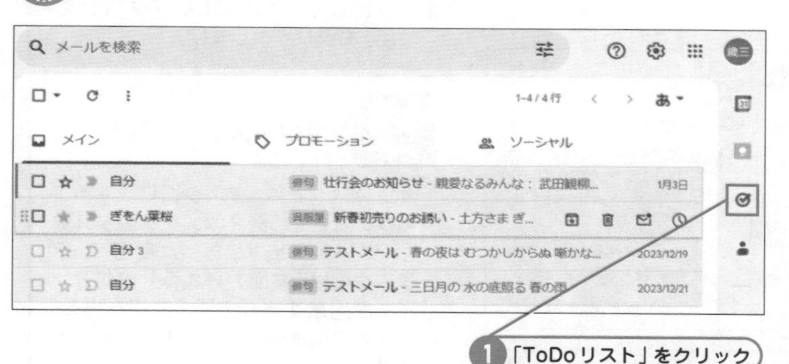

1 画面右側にある「ToDoリスト」アイコンをクリックします。

2 「タスクを追加」をクリック

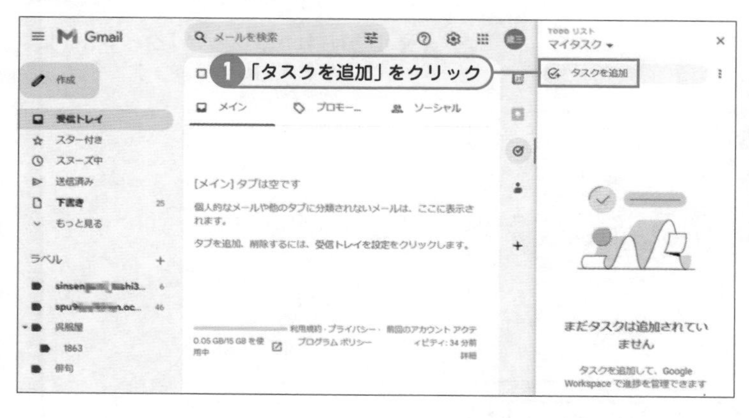

2 Gmailの画面右側にマイタスクが表示されます。その中にある「タスクを追加」をクリックします。

メモ 「タスクはまだ追加されていません」の画像は異なる

「タスクはまだ追加されていません」の画像は、その時々によって変わるので例の画像とは異なる場合があります。心配しないで続けてください。

3 「タイトル」を入力し「タスクオプション」をクリック

3 「タイトル」にメールを出すと入力し、「タスクオプション」をクリックします。

4 「サブタスクを追加」をクリック

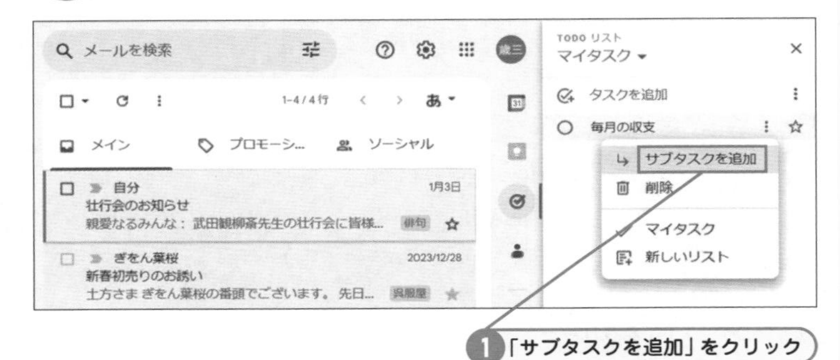

1 「サブタスクを追加」をクリック

4 メールを出す前に用意するものがありました。そこで「サブタスクを追加」をクリックします。

メモ サブタスクって何？

サブタスクとは、タスクに付随するタスクのことで、例えばメインのタスクが「メールを出す」だった場合、サブタスクには「文面を考える」「添付ファイルを用意する」「上司の許可を得る」などが事前準備として必要になってきます。その際にはサブタスクとして、追加しておくといいでしょう。

5 「タイトル」に「集計」と入力

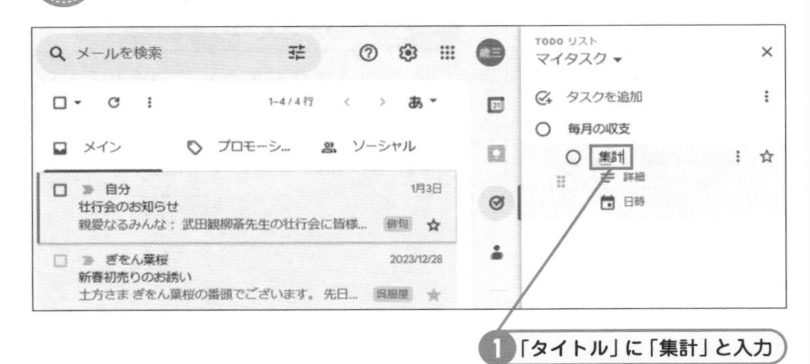

1 「タイトル」に「集計」と入力

5 追加されたタスクの「タイトル」に「集計」と入力します。

6 タスクをクリックし、「日時」をクリック

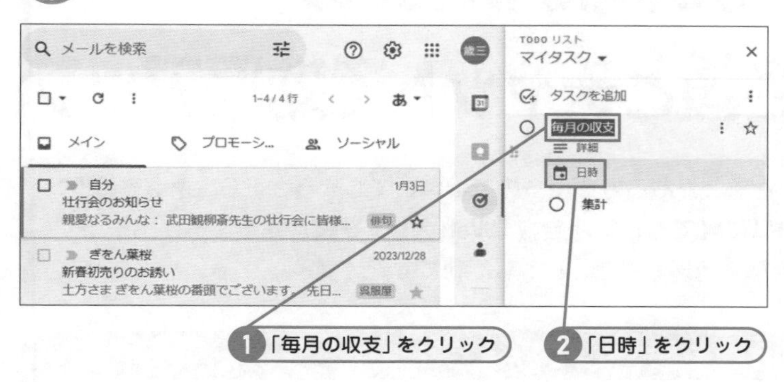

6 「毎月の収支」タスクをクリックし、「日時」をクリックします。

7 「繰り返し」をクリック

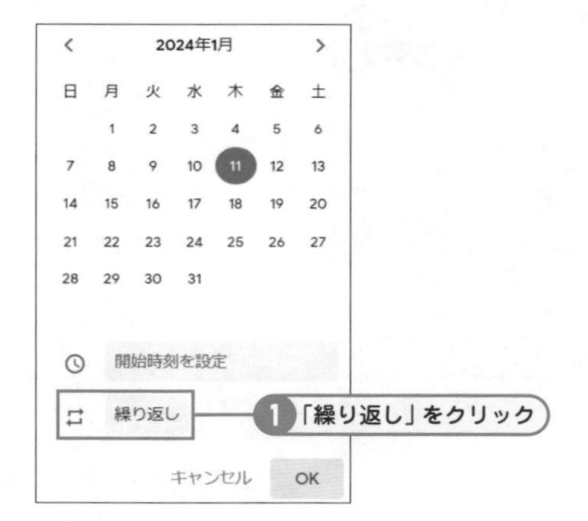

7 カレンダーが表示されます。その下にある「繰り返し」をクリックします。

ヒント 終わったタスクは○をクリックで消える

終わったタスクは○をクリックすることでさっくりと消えます。試しに「集計」の○をクリックしてみましょう。どんどんタスクをこなして、すっきりさせていきましょう。

8 「1か月ごと」「末日」を選択して「OK」をクリック

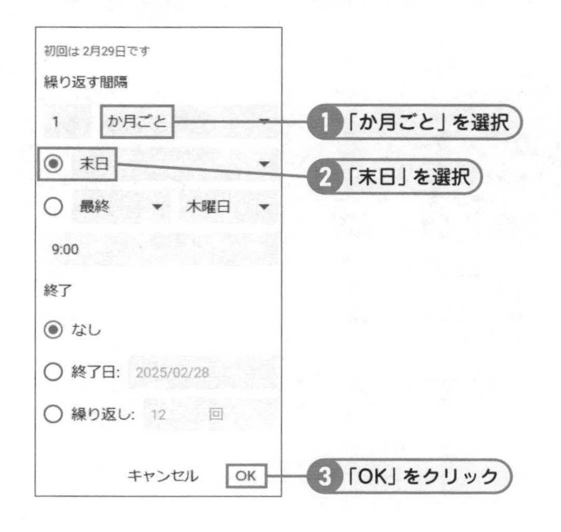

8 繰り返す間隔を「1か月ごと」、「末日」を選択して「OK」をクリックします。これで毎月末日にToDoリストに表示されるようになります。

ヒント 繰り返しが表示されない場合は？

予定にサブタスクがあると、繰り返しが表示されません。サブタスクにも繰り返しが表示されなくなるので、注意しましょう。

SECTION 52

便利な連携アプリ③ Google Meetの ビデオ会議とチャットで効率アップ

Google Meetを使ったことがある方もいるのではないでしょうか。Googleアカウントを使って、とても簡単に誰でもビデオ会議（Web会議）を設営することが出来ます。またチャットだけの会議も可能なので、とても便利です。

ビデオ会議を設営してみよう！

① 「Googleアプリ」をクリック

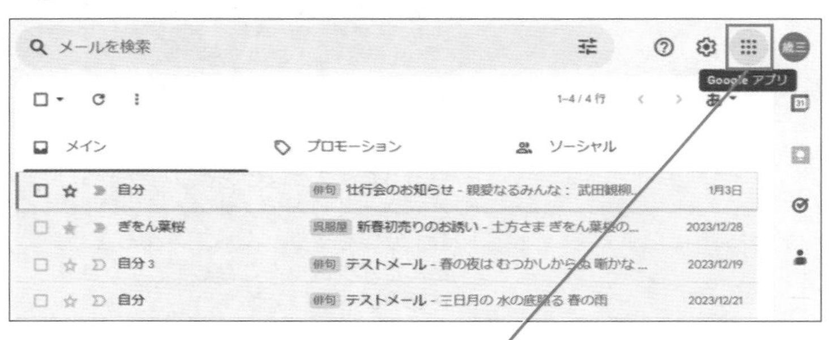

① 画面右上にある「Googleアプリ」をクリックします。

② 「Meet」をクリック

② 表示されたアプリの中から「Mee」をクリックします。

ヒント　事前にカメラとマイクを用意しておく

ノートパソコンの場合、ほとんどがカメラとマイクを内蔵していますが、普通のデスクトップパソコンの場合は、マイクとカメラは別売りな場合がほとんどです。会議の前にWebカメラとヘッドセットを購入しておくといいでしょう。

③ 「新しい会議を作成」をクリック

③ 「新しい会議を作成」をクリックします。

会議のURLが送られてきたら？

Meetの会議のURLが届いたら、「新しい会議を作成」の下にある「会議コードまたはリンクを入力」に入力して参加することが出来ます。

④ 「会議を今すぐ開始」をクリック

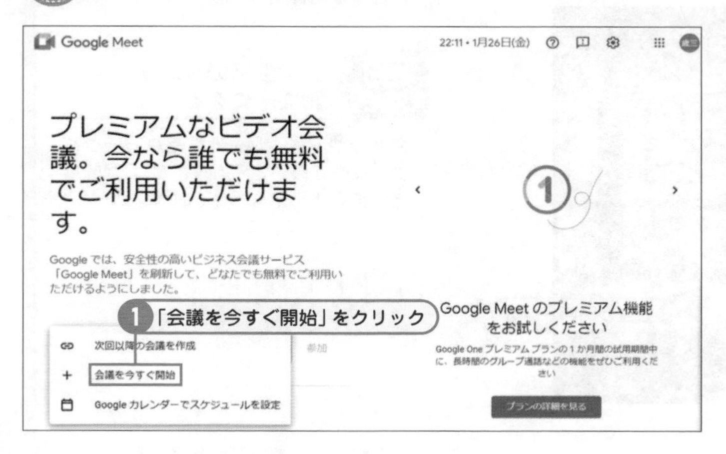

④ 会議の作成について3つの選択肢が表示されます。ここでは「会議を今すぐ開始」をクリックします。

ヒント **今すぐ会議を開きたくない場合には？**

既にスケジュールが決まっている場合には、Google カレンダーを選択して、予定を入れてしまうといいでしょう。ただ単に会議を作成してURLやコードを希望する場合には、「次回以降の会議を作成」をクリックします。

⑤ 「マイクとカメラを許可」をクリック

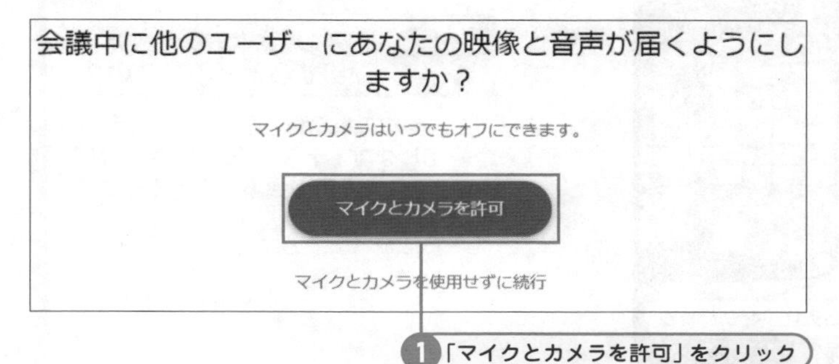

⑤ 「マイクとカメラを許可」をクリックします。

ヒント **マイクとカメラの許可が表示されるのは初回のみ？**

許可をすると、次回からはマイクとカメラの許可を聞いてこなくなります。注意してください。

6 「今回は許可」をクリック

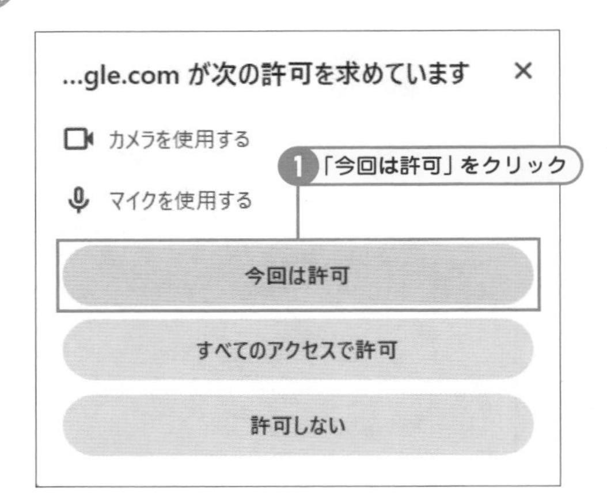

6 マイクとカメラの使用許可が表示されます。ここでは「今回は許可」をクリックします。

メモ カメラとマイクの許可

ここで許可を与えると、次回以降聞いてこなくなります。いつも許可したくない場合には、「今回は許可」「許可しない」を選んでおきましょう。

7 会議が開始される

7 会議が開始されます。この画面からGoogleユーザーの追加や、URLのコピーが可能です。

メモ 主な会議のメニューは画面下にある

カメラやマイクは、それぞれマークをクリックすることでONとOFFが簡単に出来るようになっています。

8 「通話から退出」をクリック

8 「通話から退出」をクリックすることで、会議から退出することが出来ます。

ヒント 1人の参加者の場合は退出するとどうなるの？

1人参加の場合は、退出すると会議が終了します。テストをしたい場合には、別に1人用の会議を作ってそこで試してみましょう。

ユーザーを招待してみよう

① 「ユーザーを追加」をクリック

① ビデオ会議を開始したら、小窓から「ユーザーの追加」をクリックします。

ヒント 四角の重なったアイコンで、会議URLをコピーできる！

アイコンをクリックすると画面上は何も変わりませんが、会議URLをコピーすることが出来ています。通常のメールにもこのURLを貼り付けることで、会議に招待することが出来ます。

② 招待したいユーザーをクリックし、「メールを送信」をクリック

② 招待したいユーザーをクリックしてチェックをいれ、「メールを送信」をクリックします。

③ 招待されたユーザーにメールが送信される

③ 招待されたユーザーにメールが送信され、ボタン１つで会議に参加することが出来ます。

チェック メールの内容は変更出来ない

招待メールの内容は、Meetが編集しているので、変更することが出来ません。会議資料などを事前に送りたい場合や、何の会議か話しておきたい場合には、URLをコピーして手動でメールを送るほうが無難です。

チャットを使ってみよう

① 「全員とチャット」をクリックし、メッセージを入力して「送信」をクリック

① 画面右下にある吹き出しマークの「全員とチャット」をクリックして、「メッセージ」を入力し「メッセージを送信」をクリックします。

② メッセージが表示されたことを確認

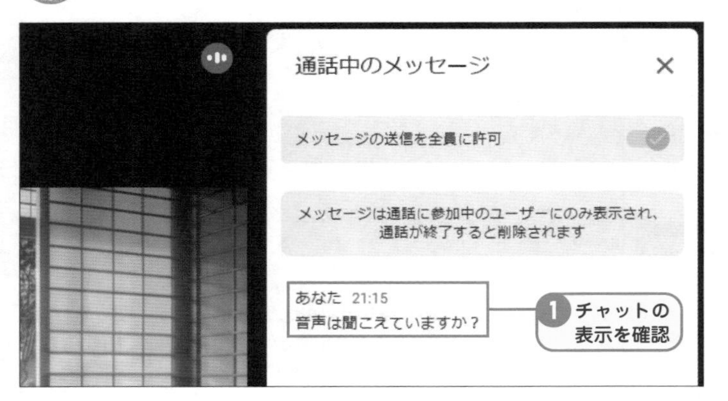

② チャットが正しく表示されていることを確認します。現在会議に参加しているのが1人なのでチェックは動かせませんが、複数で参加している場合は、「メッセージの送信を全員に許可」をクリックすることが出来ます。

チェック ビデオ会議ではチャットは必須！

ビデオ会議では、招待したユーザーの問題で、音声や映像が上手くつながらないということが、良く発生します。そんな時に便利なのはチャットでの会話。文字で話すことで解決策を提示することも出来ます。会議が開始するまでは、全員に許可を与えておくといいと思います。

SECTION Key Word Edge Safari

53 Edge、Safariで Gmailを使うには

Gmailは、ChromeだけでなくEdgeやSafariなど他のブラウザでも見ることが可能です。手元に自分のパソコンやスマートフォンがないとき、別のブラウザでも使えることを覚えて置きましょう。ここでは、Edgeでの使い方を解説します。

EdgeでGmailを使ってみよう

1 「https://mail.google.com/」を入力し「メールアドレス」を入力

Edgeを起動して、URL「https://mail.google.com/」を入力し、ログイン画面が表示されたのを確認して「メールアドレス」を入力します。最後に「次へ」をクリックします。

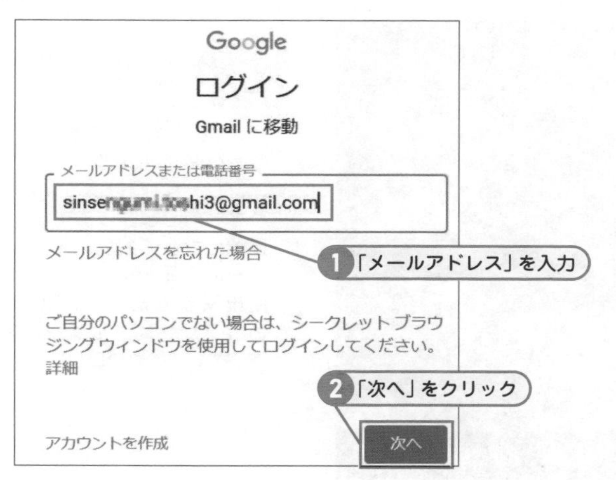

2 「パスワード」を入力して「次へ」をクリック

「パスワード」を入力して「次へ」をクリックします。これでChrome同様にGmailを使うことが出来ます。

ヒント Safariでも同様の画面が表示される

ここではEdgeを使って解説していきますが、Safariでも同様の画面が出るので、同じように選択してみてください。

SECTION

Key Word Windows11 メールアプリ

54 Windows11のメールアプリでGmailを送受信するには

Gmailは、さまざまなブラウザだけでなく、さまざまなメールアプリに対応しています。ここではWindows11のメールアプリでGmailを受け取れるように設定してみましょう。ちなみにWindows10でも同じように設定することが可能です。

Windows11のメールアプリでGmailを受信してみよう

1 「スタート」をクリック

1 画面下にある「スタート」ボタンをクリックします。

ヒント メールとOutlookは違うの？

メール（OS標準装備アプリ）とOutlook（Office購入版についてくるアプリ）は、同じような画面で同じような名前で起動しますが、メールは簡易的になっており、Outlookのようにメールの振り分けなどのサービスが利用出来ません。またOutlook.comというフリーメールサービスもあります。ちょっとややこしいですね。

2 「メール」をクリック

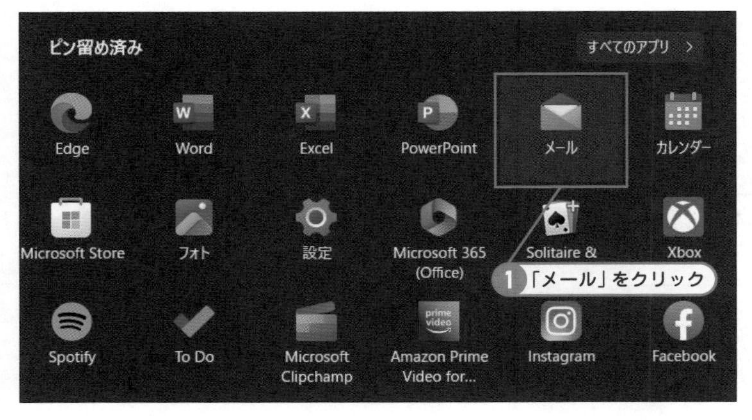

2 表示されたアプリの中から「メール」をクリックします。メールが見当たらないときには「すべてのアプリ」からメールを探してみましょう。

3 「メールアドレス」を入力して「続行」をクリック

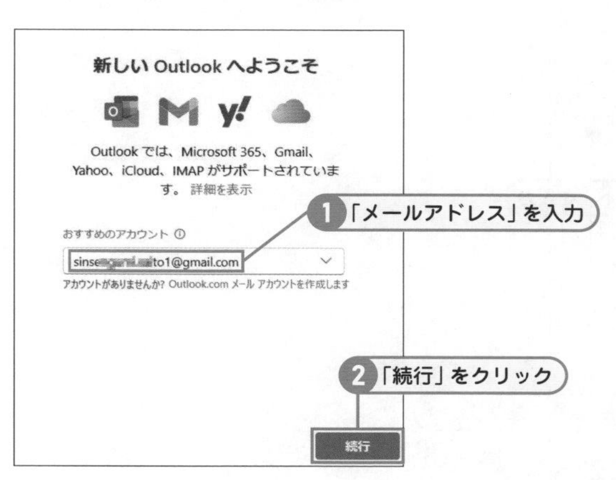

3 Gmailの「メールアドレス」を入力して「続行」をクリックします。

Outlook.comのメールアカウントを作成しますとありますが、ここはGmailのアカウントで続行して大丈夫です。

4 「続行」をクリック

4 「続行」をクリックします。

5 「次へ」をクリック

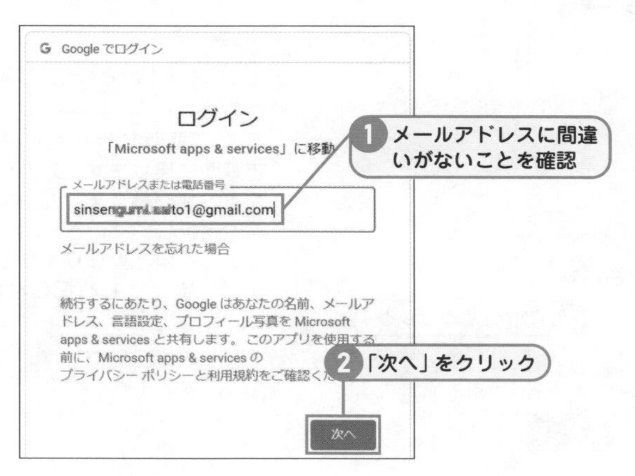

5 メールアドレスに間違いがないことを確認して、「次へ」をクリックします。

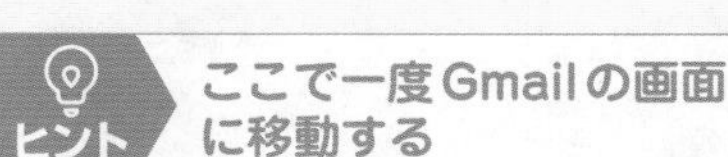

ここから手順7まではGmailの画面で作業が進みます。間違っていないので心配しないで次へをクリックしていきましょう。

⑥ 「パスワード」を入力して「次へ」をクリック

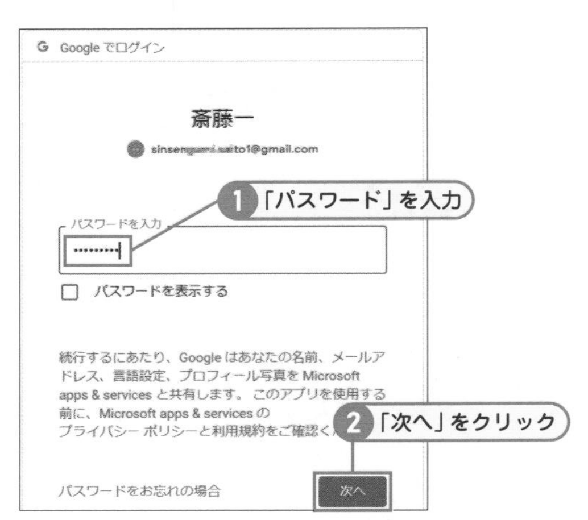

⑥ 「パスワード」を入力して「次へ」をクリックします。

⑦ 「許可」をクリック

⑦ スクロールして一番下にある「許可」をクリックします。

⑧ 「次へ」をクリック

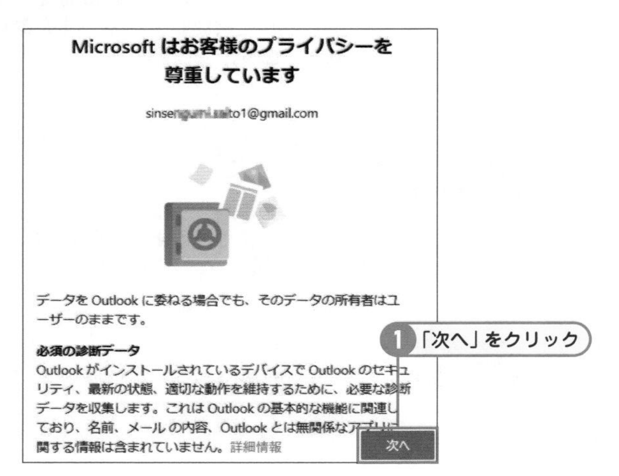

⑧ 「次へ」をクリックします。プライバシー保護に関する内容なので、よく内容を確認しましょう。

ヒント Microsoftの画面に戻る

ここで画面がMicrosoftのメールの設定画面に戻ります。プライバシーに関する内容が続きますが、内容をよく読んで選択してください。内容は場合によって画像と異なりますので、画像や文章が違っても心配しないでください。

9 「承諾」をクリック

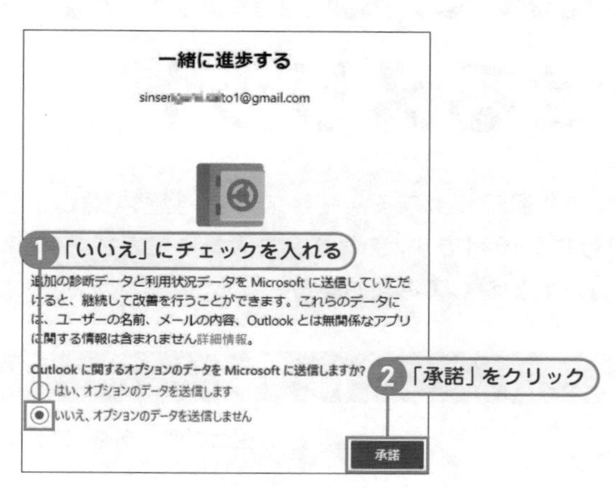

9 「はい」か「いいえ」を選択し、「承諾」をクリックします。ここでは「いいえ」を選択しています。

メモ 「はい」にチェックを入れても問題はない？

どこまで情報が抜かれているか細かい内容がわからないので、例では「いいえ」にしました。問題がなければ「はい」にしても操作に問題はありません。

10 「続行」をクリック

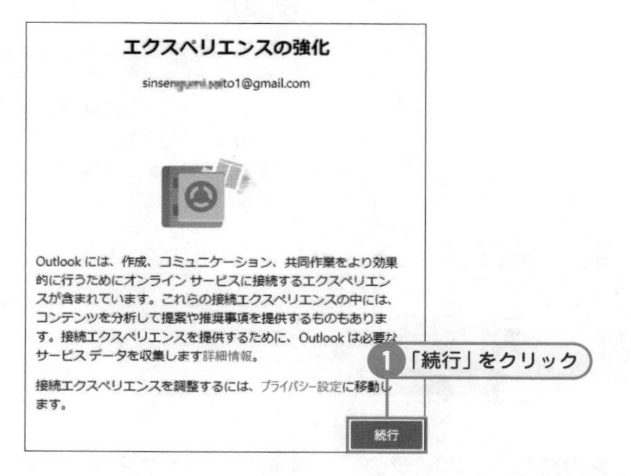

10 「続行」をクリックします。

11 「設定の適用」をクリック

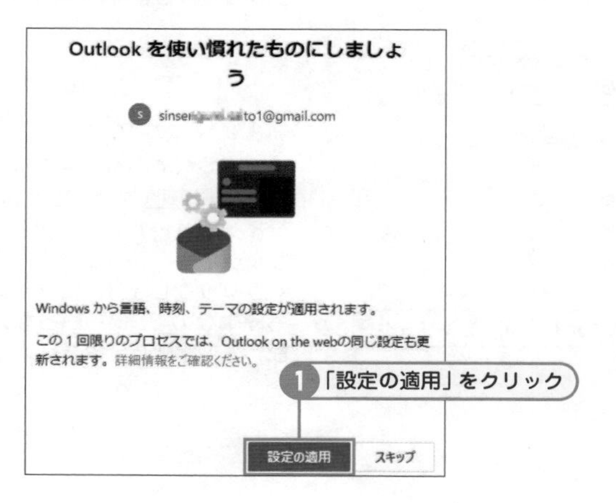

11 「設定の適用」をクリックします。これで設定は完了になり、メールに新しいアカウントが追加されます。

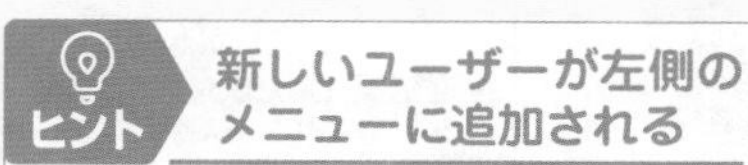

ヒント 新しいユーザーが左側のメニューに追加される

新しいユーザーとして追加されます。この新しいユーザーの下にある「アカウントを追加」でもメールアカウントを追加することが出来ます。

SECTION

Key Word Dropboxと連携

55 DropboxとGmailを連携させるメリット

Dropboxは、データを共有や保管が出来るサービスです。無料で2GBまで使えるので、ドライブとの使い分けにも便利です。アドオンを入れることでGmail上でも使えるので、是非アドオンにチャレンジしてみましょう。

Dropboxと連携してログインする

1 画面右側にある「アドオンを追加」をクリック

1 画面右側にある「アドオンを追加」をクリックします。

メモ アドオンって何？

ブラウザ等のソフトウエアに新たな機能を追加するためのプログラムです。ここではGmailに新な機能を追加するために、アドオンを取得します。アドオンにはさまざまな便利機能が揃っています。

2 検索バーで「Dropbox for Gmail」を検索し、検索結果の「Dropbox for Gmail」をクリック

2 虫眼鏡マークの検索をクリックして「Dropbox for Gmail」を検索し、検索結果の「Dropbox for Gmail」をクリックします。

ヒント アドオンの削除はどうしたらいいの？

設定→すべての設定を表示→アドオンにある「管理」をクリックします。「アンインストールしたいアドオン」をクリックし、「アンインストール」ボタンをクリックします。アンインストールも簡単なので、いろいろなアドオンを試して効率化してみましょう。

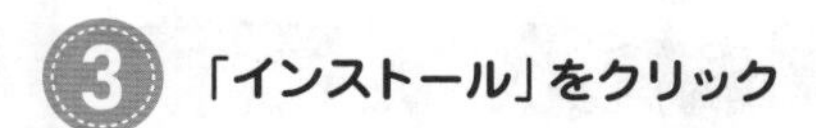

③「インストール」をクリック

③「インストール」をクリックします。

④使用したいアカウントをクリック

④使用したいアカウントをクリックします。ここでは「斎藤一」をクリックします。

ヒント アカウントごとに設定が必要

Dropboxはアカウントと関連付けされるので、Gmailで使いたいアカウントを指定する必要があります。別のGmailアカウントに切り替えた時が見ることが出来ないので、また同期する必要があります。

⑤「次へ」をクリック

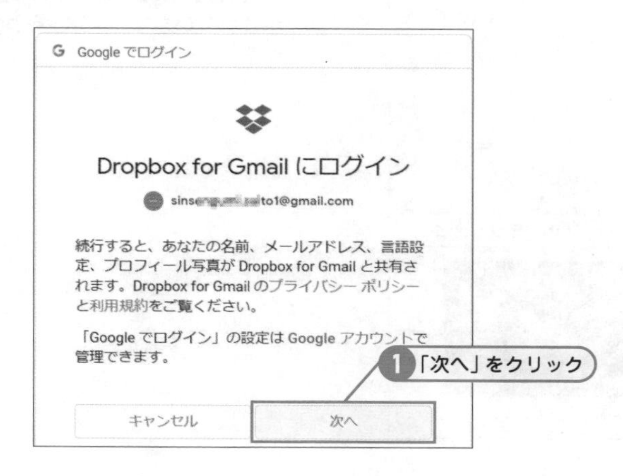

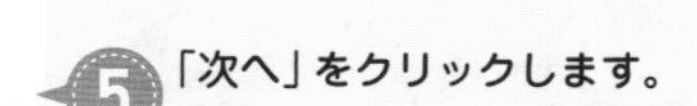

⑤「次へ」をクリックします。

6 「許可」をクリック

Dropbox for Gmail を信頼できることを確認

お客様の機密情報をこのサイトやアプリと共有することがあります。 アクセス権の確認、削除は、Google アカウントでいつでも行えます。

Google がデータを安全に共有する仕組みについて知る。

Dropbox for Gmail のプライバシー ポリシーと利用規約をご覧ください。

1 許可をクリック

キャンセル　許可

6 内容をよく確認して、最下部にある「許可」をクリックします。

7 「完了」をクリック

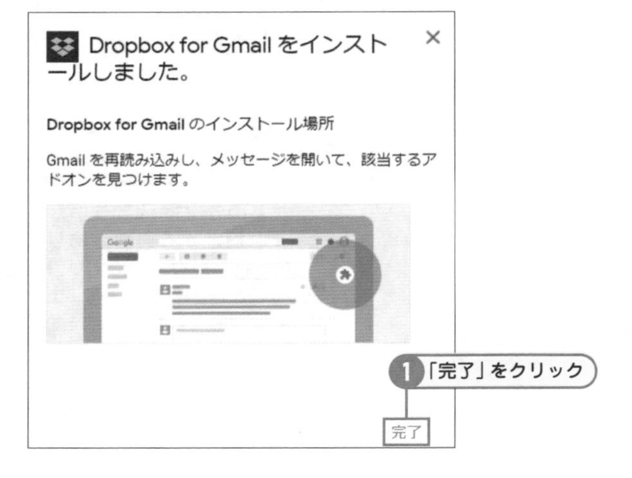

7 インストールが完了しました。「完了」をクリックします。

メモ　実際のアイコンは以下の通り

この画面の画像とは少し異なり、箱を開けたようなアイコンになります。

8 「OK」をクリック

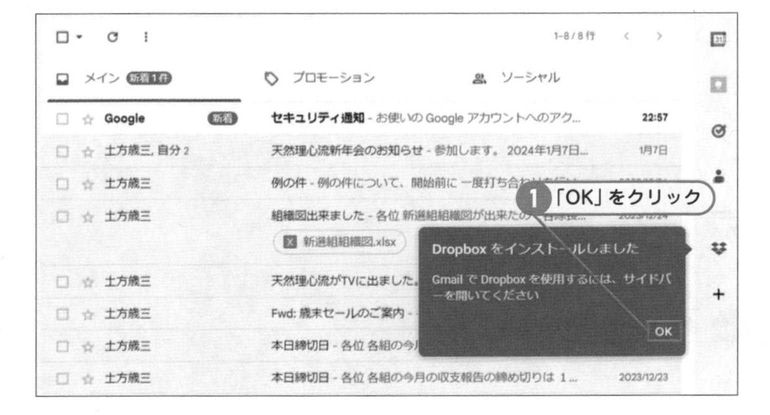

8 Gmailの画面に戻るとアドオンが追加されて、Dropboxのアイコンが表示されています。「OK」をクリックします。

⑨ 「Dropbox」→「アカウントの作成」をクリック

⑨ 「Dropbox」のアイコンをクリックし「アカウントの作成」をクリックします。

ヒント 既にDropboxのアカウントを持っている場合は?

既にDropboxのアカウントを持っている場合はログインをして関連付けを行いましょう。

⑩ 「ユーザーとして続行」をクリック

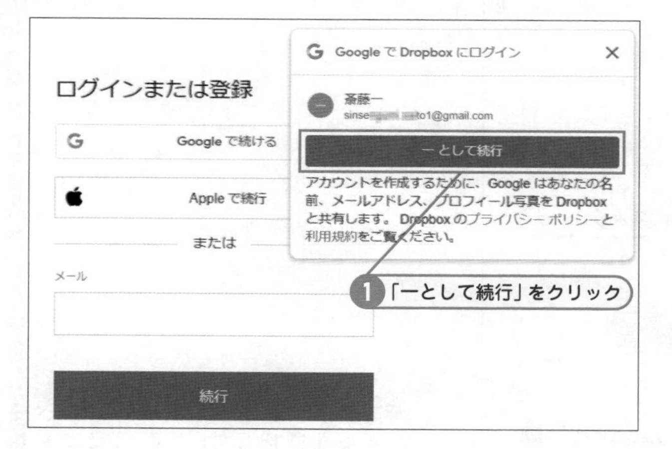

⑩ GmailのユーザーがログインされているChromeを使うと、Googleアカウントを使ってログインしようとします。ここでは例として「一として続行」をクリックします。

⑪ 「同意して登録する」をクリック

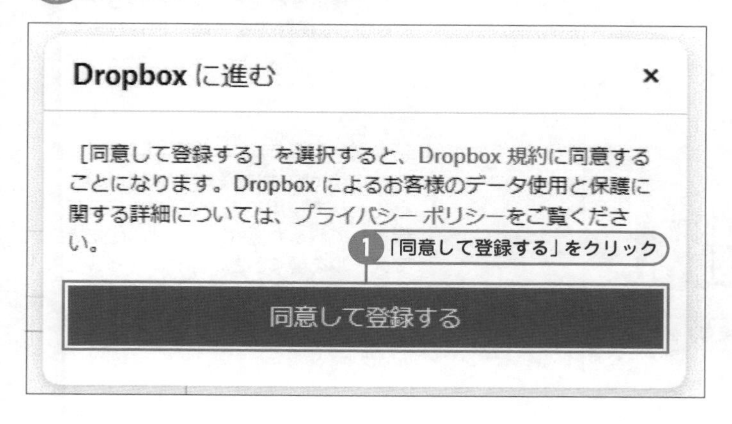

⑪ 「同意して登録する」をクリックします。

⑫ 「またはDropbox Basicを継続」をクリック

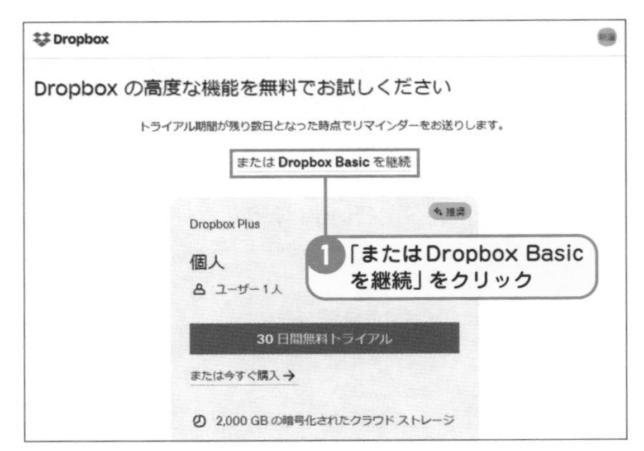

⑫ 有料の無料トライアル期間の案内があります。今現在は不要なので、「またはDropbox Basicを継続」をクリックします。

30日間無料トライアルをやってみてはダメ？

大容量のクラウドストレージが今すぐ必要な場合は試してみるといいと思います。実際には無料で使っていて、容量が溢れてしまいそうになってからでも、有料化は間に合います。

⑬ 「許可」をクリックして閉じる

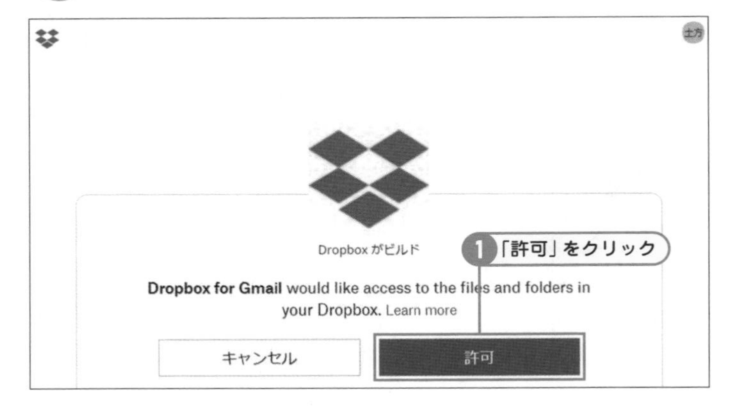

⑬ 「許可」をクリックして、画面が変わったら「閉じる」をクリックして閉じます。

⑭ メールを選択して、画面右側にあるDropboxを起動

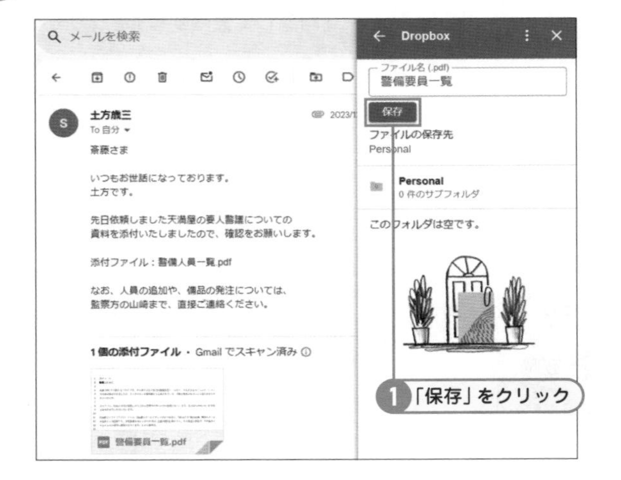

⑭ 保存したい添付ファイルのあるメールを選択して、画面右側にあるDropboxのアイコンをクリックし起動します。Dropboxの画面にファイルが表示されたら、ファイル名をクリックし、保存先を決めて保存します。

主に添付ファイルの保存先、引き出し口として

DropBoxは、主に添付ファイルの保存先として使用できます。またここで保存して置いた添付ファイルは、あとでメールを書くときに添付ファイルとして引き出して使うことも可能です。

SECTION Key Word オフラインメール

56 インターネットに繋がないでGmailを利用する方法

基本的にパソコンで見る場合のGmailはブラウザ上で見るので、インターネット回線が必須になっていますが、オフライン時にもメールが見られるように、メールをダウンロードしておく手段があります。

インターネットに繋げないでGmailを利用出来る設定をする

① 「設定」をクリックし、「すべての設定を表示」をクリック

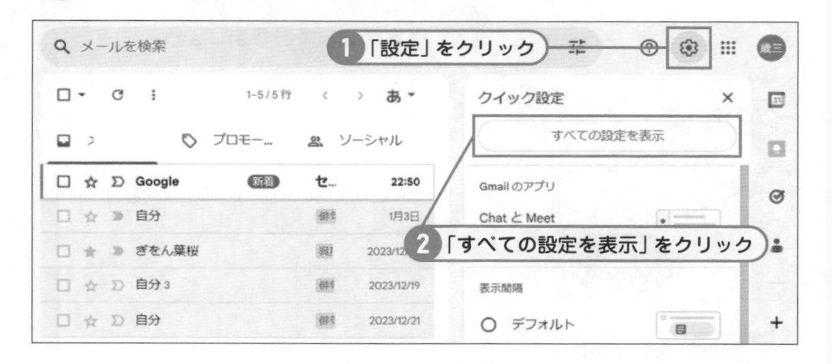

① 「設定」をクリックし、「すべての設定を表示」をクリックします。

② 「オフラインメール」→「オフラインデータをパソコンに保存」→最後に「変更を保存」をクリック

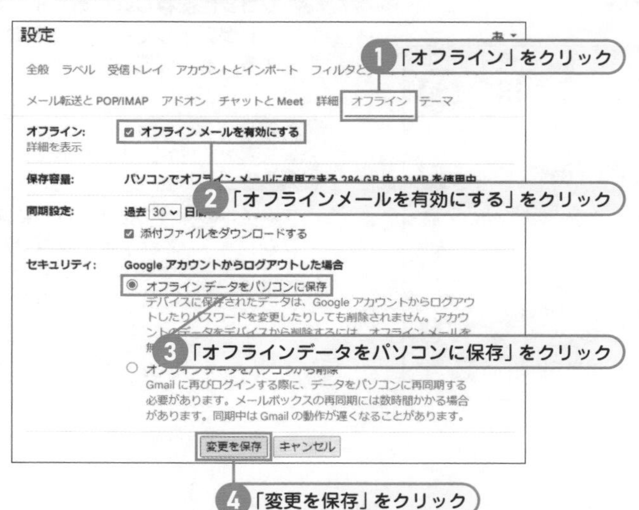

② 画面上のほうにある「オフライン」をクリックします。「オフラインメール」をクリックして、表示が切り替わったら、「オフラインデータをパソコンに保存」をクリック。最後に「変更を保存」をクリックします。

ヒント 過去30日間は変更出来る

7日、30日、90日と変更することが可能です。ただし日付が増えるごとにデータ量も増えてパソコンを圧迫するので注意が必要です。また保存している間はインターネットにずっと繋いでおく必要があります。

3 「OK」をクリック

共有デバイスでのオフライン メールの使用はおすすめしません

オフライン メールを無効にするまでこのデバイスにメールが保存されます。

キャンセル

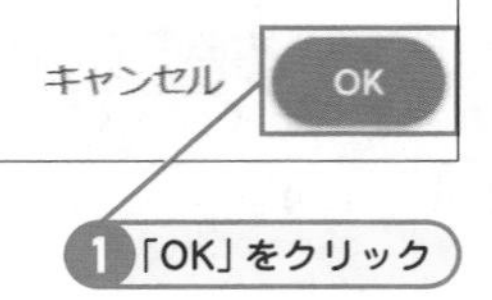

1 「OK」をクリック

「OK」をクリックします。共用パソコンで使用するとデータをパソコンに保存してしまうので、同じパソコンを使っている他のユーザーにも内容が見えてしまいます。気を付けて使用してください。

ヒント 共用パソコンでのオフラインは止めておく

共用パソコンで使用するとデータをパソコンに保存してしまうので、同じパソコンを使っている他のユーザーにも内容が見えてしまいます。気を付けて使用してください。

4 「OK」をクリック

オフライン アクセス用のブックマークの作成

ブックマークを使用すると、オフラインの状態でも Gmail を利用できます。ブックマークを作成するには、受信トレイで Ctrl+D キーを押します。

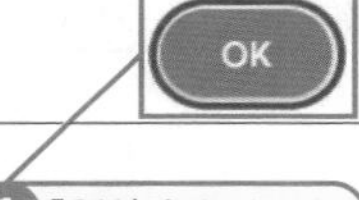

1 「OK」をクリック

「OK」をクリックします。ブックマークを作成しておきましょう。

5 ファイルのダウンロードがはじまる

オフラインで使うため、ファイルをパソコンに保存しはじめます。ダウンロードが完了したら、オフラインで使用することが可能です。

ヒント 添付ファイルが重い!?

ファイルの保存にはそれなりに時間がかかります。メールのやり取りが多い人ほどデータが重くなり、時間がかかります。気長に待ってください。

SECTION

Key Word 有効期限　パスコード

57 送信メールに有効期限やパスコードを設定するには

Gmailでは、送信メールに有効期限が設定出来ます。難点は、有効期限が切れると見えなくなってしまうことと、二段階認証でパスコードを相手に見てもらう必要があります。その点、気を付けて送るようにしましょう。

送信メールに有効期限とパスコードを設定してみよう

1 「作成」をクリック

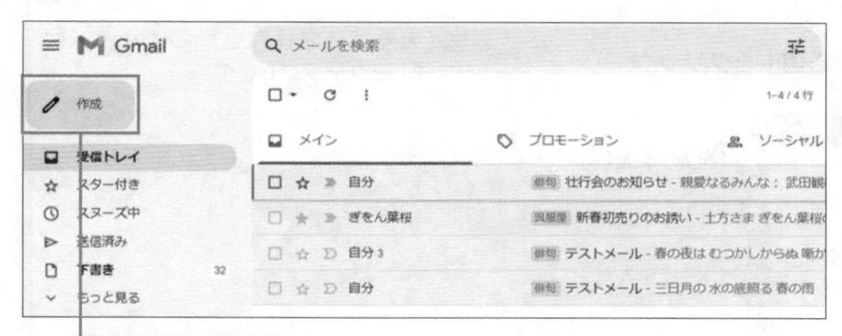

1 画面左上にある「作成」をクリックし、新規メッセージを開きます。

ヒント 有効期限があることはメール本文に書いておく

有効期限があることは、メール本文に必ず書いておきましょう。相手に届いた時は2段階認証は案内がありますが、有効期限があることは表示されないので、注意が必要です。

2 「情報保護モードを切り替え」をクリック

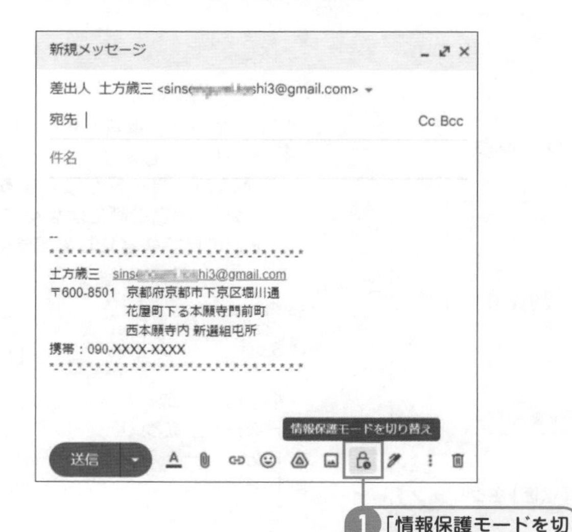

2 新規メッセージの下側に並んだアイコンの中から、「情報保護モードを切り替え」を選んでクリックします。

③ 「有効期限」選択「SMSパスコード」にチェック

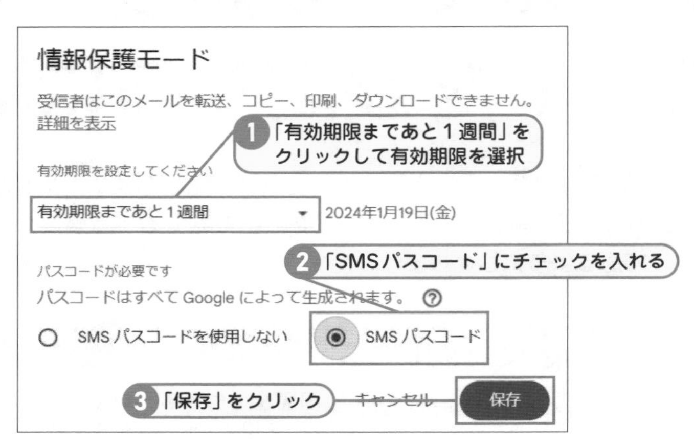

今回は、有効期限とパスコードを両方設定してみましょう。「有効期限まで１週間」の右側の▼をクリックして、「有効期限」を選択し、「SMSパスコード」にチェックを入れて、「保存」をクリックします。

④ 「宛先」「件名」「本文」を入力して「送信」をクリック

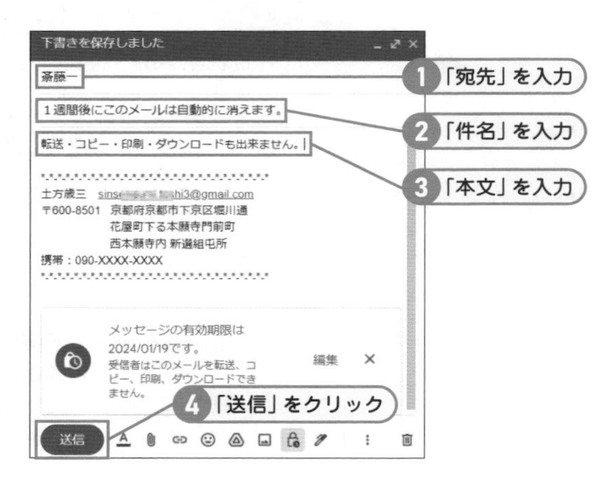

「宛先」「件名」「本文」を入力して「送信」をクリックします。

⑤ 「宛先の電話番号」を入力して「送信」をクリック

「宛先の電話番号」を入力して「送信」をクリックします。宛先に電話番号はSMSパスコードを取得する必要があるので、固定電話ではなく、スマートフォンの電話番号にしておきましょう。

ヒント　相手先にはパスコードのメールが送信される

相手は受け取ったメールの「パスコードを送信」をクリックして、パスコードをスマートフォンに送り、パスコードを取得して、ようやくメールを読むことが出来ます。

SECTION 58 Key Word スヌーズ

指定した時間に受信メールを表示させるようにするには

特定のメールを例えば「週明けに見たい」「明日の就業開始時間に見たい」そんな時にはスヌーズ機能が便利です。特に忘れてはいけない要件には、スヌーズ機能をつけて当日朝メールを確認した時に目に入る、そんな状態にしておく設定です。

指定した時間に受信メールを表示させてみよう

1 メール右側の「スヌーズ」をクリック期間選択

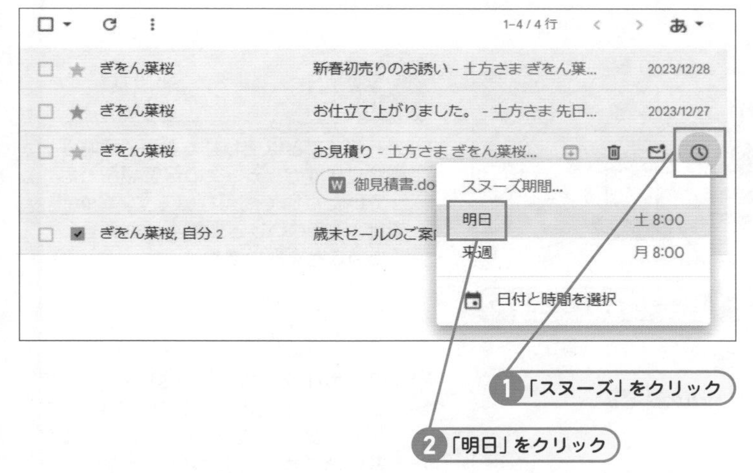

1 メールにカーソルを合わせると、右側に4つのアイコンが表示されます。その中の時計のマークのアイコンをクリックし、期間を選択します。ここでは例として明日の8：00を選択します。

ヒント 日付と時間はもっと詳細に設定できる！

「日付と時間を選択」をクリックすると、より細かく日時を指定することが出来ます。カレンダーから好きな日時を選んで、1分単位で時間指定することが可能です。

2 日付が変更され赤く表示される

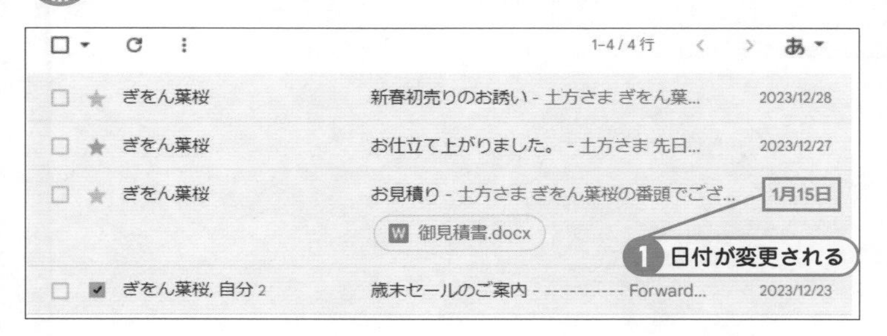

2 設定した日付が表示され、赤く太く協調されます。

SECTION

59 過去のメールを1つにまとめたい時

過去のメールで特にラベルとして表示しておくほどのこともないけれども、捨ててしまうわけにはいかない、そんなメールはアーカイブしてすっきりさせて置きましょう。メールは完全に消えるわけじゃないので安心してください。

過去のメールをゴミ箱に入れずに取っておきたい場合

メールにカーソルを合わせ「アーカイブ」をクリック

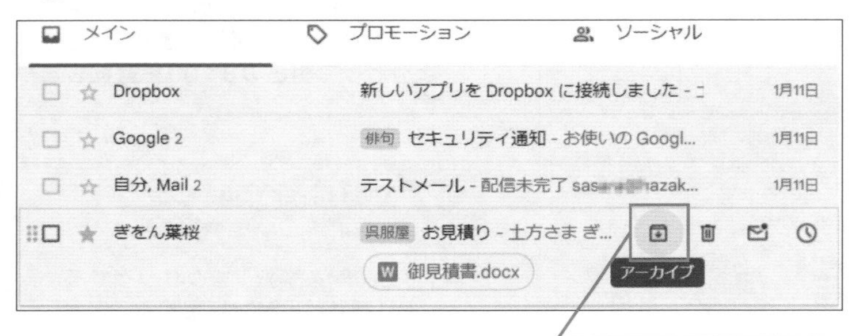

1「アーカイブ」をクリック

1 アーカイブしたいメールにカーソルを合わせ「アーカイブ」をクリックします。

ヒント　アーカイブって何？

アーカイブとは使われる場面で意味が異なりますが、データの保管場所と思っていただいて問題ないです。Gmailでは、見えないけど保管場所に保管してあることを言います。

2 「すべてのメール」をクリックしてメールを検索

1「すべてのメール」をクリック

2 アーカイブしたメール受信トレイやラベルからは消えてしまいますが、すべてのメールで表示されます。数が多いので検索で見つけるようにしましょう。

SECTION 60

Key Word ミュート機能

読まないメールだけど削除はしたくない場合

ミュート機能は、例えば広告メールなどで読みたくはないけれど、クーポンがついているからもしかすると使うかもしれないから消したくない、そんな時に使える機能です。操作はアーカイブ同様とても簡単になっています。

ミュート機能を使ってみよう

1 ミュートしたいメールを選択し、「その他」をクリック

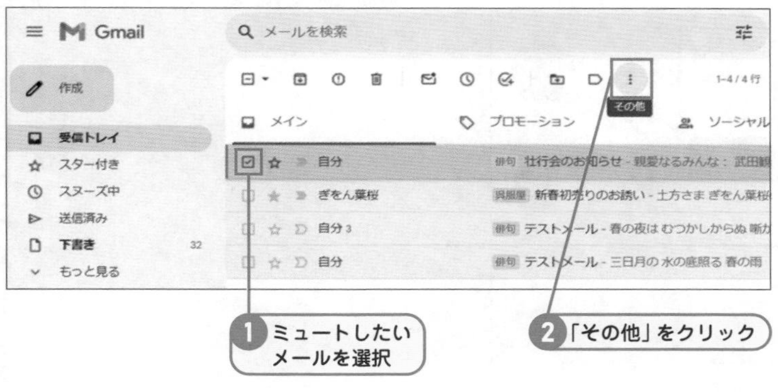

1 ミュートしたいメールにチェックをいれて選択し、「その他」のアイコンをクリックします。

2 「ミュート」を選択

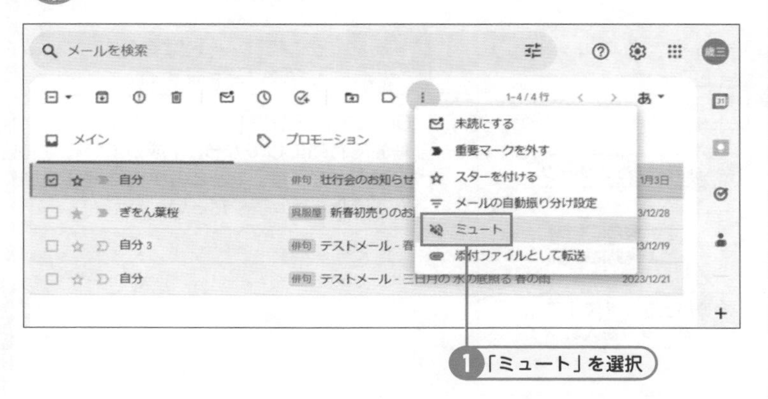

2 「ミュート」を選択するとメールが表示されなくなります。

ヒント ミュートされたメールはどこで見られる？

ミュートされたメールは、「すべてのメール」から見ることが出来ます。検索を使って絞り込むのがおススメです。

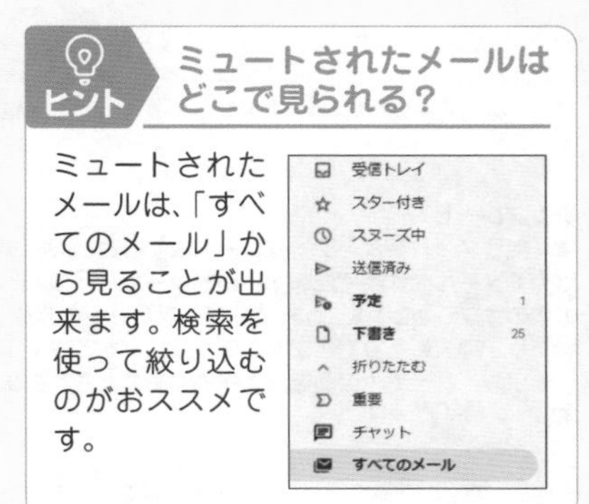

7 Google Workspaceとの連携・便利な『裏技』

SECTION

テンプレート複数作成

61 返信メールの定型文を自動で記載出来るようにするには

例えば、毎回同じ返信を手動で入力するのは面倒ですよね。そんな時はテンプレート機能で簡単に返信を返せるよう設定しておきましょう。テンプレートは複数作成出来ます。いくつかパターンを用意しとくのがおススメです。

テンプレートを作成しておこう

1 「設定」をクリックし「すべての設定を表示」をクリック

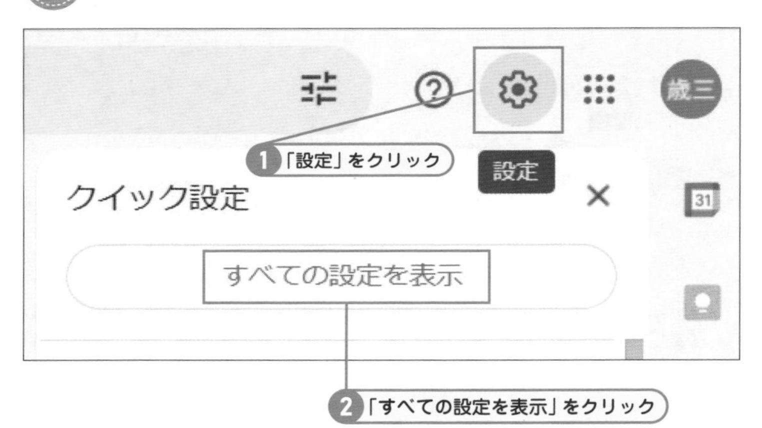

1 画面右上にある「設定」をクリックし、開いたメニューの中から「すべての設定を表示」をクリックします。

2 「詳細」をクリックして「テンプレート」を有効にし、「変更を保存」をクリック

設定

全般　ラベル　受信トレイ　アカウントとインポート　フィルタとブロック中のアドレス　メール転送と POP/IMAP　アドオン　チャットと Meet　詳細　オフライン　テーマ

テンプレート
よく使うメッセージをテンプレートにすることで、すばやくメールを作成できます。作成ツールバーの［その他のオプション］メニューで、テンプレートを作成したり、挿入したりできます。テンプレートとフィルタを組み合わせて、自動返信を作成することもできます。

◉ 有効にする
○ 無効にする

変更を保存　キャンセル

1「詳細」をクリック
2「有効にする」にチェックを入れる
3「変更に保存」をクリック

2 「詳細」をクリックして「テンプレート」を有効にするにチェックを入れ、「変更を保存」をクリック

メモ テンプレートは有効にしてから作成する

Gmailではテンプレートは、まず設定画面で有効にしてから、作成していく必要があります。1と2の手順は飛ばさずに必ず行ってください。

③ テンプレートにしたい「件名」「本文」を入力し、「署名」を削除、「その他のオプション」をクリック

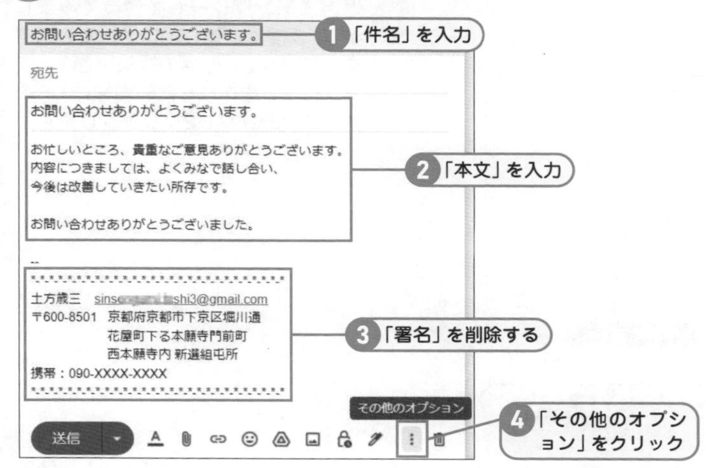

③ テンプレートにしたい「件名」「本文」を入力します。ここでは、いろんなお問い合わせに対して使える無難な内容のテンプレートを作成したいと思います。入力が済んだら、「署名」を削除し、最後にその他のオプション」をクリックします。

ヒント 使い勝手が良いテンプレートを1つ作って置くと便利！

例のように当たり障りなく、いろんな問い合わせの回答に使えるような文章で1つテンプレートを作っておくと大変便利です。「毎日使うテンプレート」と一緒に「利便性のいいテンプレート」も作って置きましょう。

④「テンプレート」「下書きをテンプレートとして保存」「新しいテンプレートとして保存」をクリック

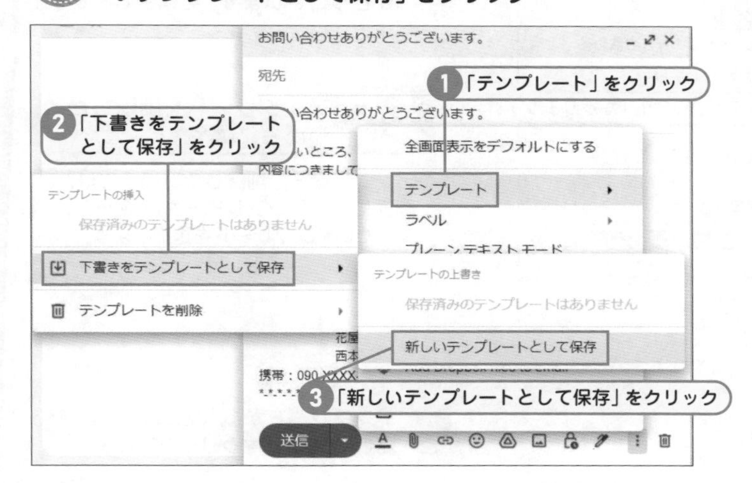

④「テンプレート」をクリックし、表示された中から「下書きをテンプレートとして保存」をクリック、続けて「新しいテンプレートとして保存」をクリックします。

ヒント ややこしい画面だが、順番に選択していけば大丈夫

テンプレートが3つも続くややこしい画面ですが、順番に落ち着いて選択していけば、心配いりません。ゆっくりやって行きましょう。

⑤ 新しいテンプレート名を入力して「保存」をクリック

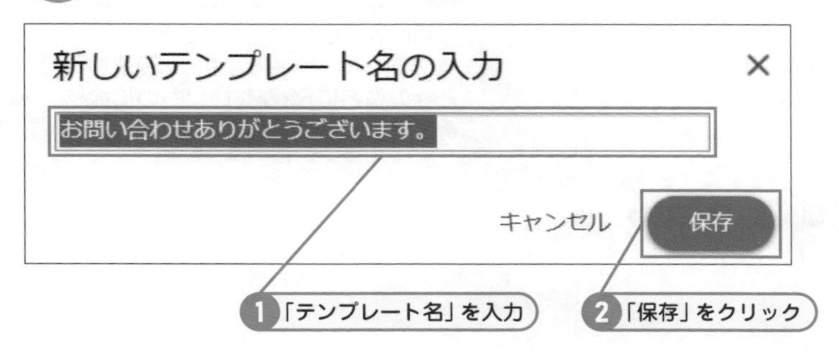

⑤ 新しいテンプレート名を入力して（最初から自動的に件名が入力されています）「保存」をクリックします。

チェック 宛先はテンプレートに入らない

宛先はその時々によって異なることが多いせいか、テンプレートに設定しても入りません。その点注意が必要です。

テンプレートを使ってみよう

① 「その他のオプション」をクリック

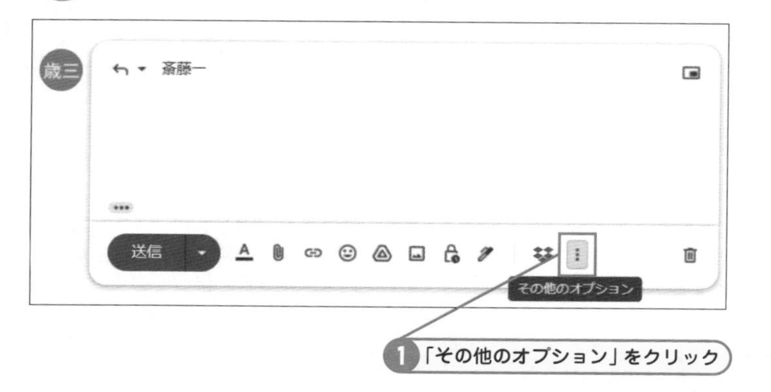

① 返信でテンプレートを使ってみましょう。まずは返信したいメールの返信をクリックし、返信の編集画面で、テンプレートを作成した時同様に「その他のオプション」をクリックします。

② 「テンプレート」をクリックし使用したいテンプレートをクリック

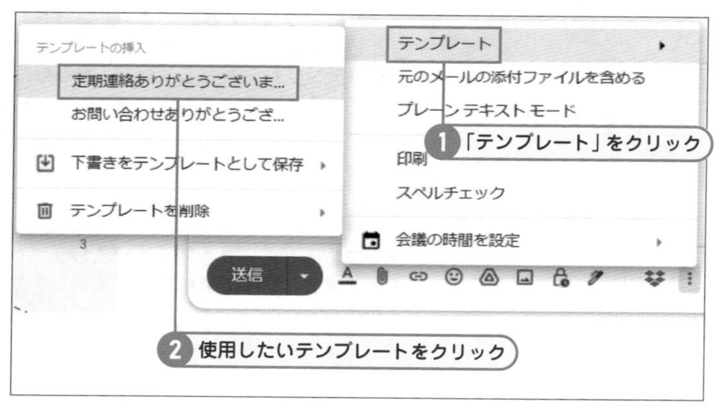

② 「テンプレート」をクリックし、使用したいテンプレートをクリックします。ここでは例として「定期連絡ありがとうございます」を選択しています。

ヒント テンプレートを削除したい場合には？

テンプレートを削除したい場合には、画面にあるテンプレートを削除から、消したいテンプレートを選択します。

③ 「送信」をクリック

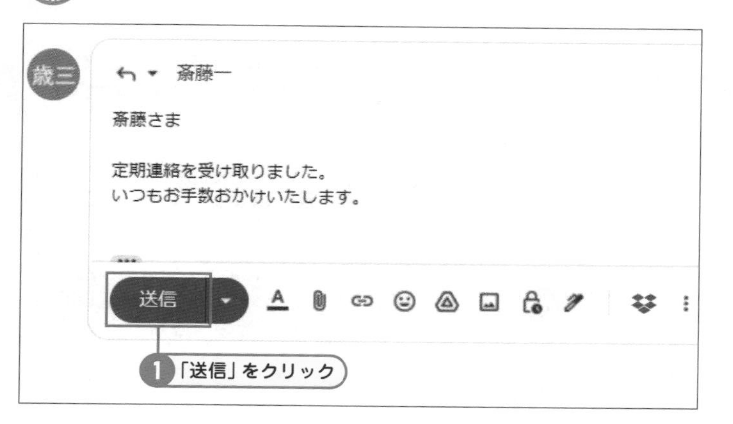

③ テンプレートが挿入されたことを確認して「送信」をクリックします。

ヒント 返信の時、件名はどうなるの？

返信の際にテンプレートを使うと、テンプレートの件名ではなく、受信したときの件名にReが付いたものになります。

SECTION

Key Word テーマ　背景の変更

62 Gmailの背景を変更して見やすくするには

例えば「ユーザーごとに別窓を開いていて見分けがつきにくい」そんな時にはテーマを変えてみましょう。Gmailにはさまざまな背景が用意されています。その他の画像を選ぶことで、自分の好きな写真に背景にすることも可能です。

背景を変えてみよう！

1 「設定」をクリックし、「すべて表示」をクリック

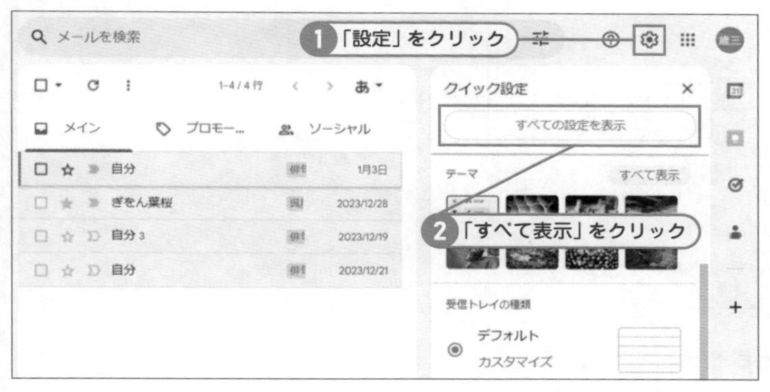

1 画面右上にある「設定」をクリックし、テーマの中にある「すべて表示」をクリックします。

2 好きなテーマをクリックで選択し「保存」をクリック

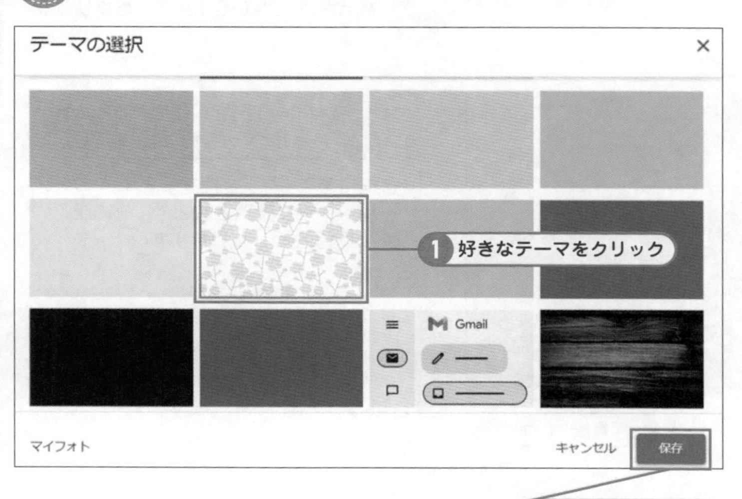

2 好きなテーマをクリックで選択し「保存」をクリックします。これでテーマの変更が完了しました。

ヒント　マイフォトをクリックして好きな画像を背景にしてみよう！

Googleフォトに保存してある画像を背景にしたい時は、「マイフォト」をクリックして画像を選択することで背景にすることが出来ます。

SECTION

表示順

63 受信メールの表示順を変更して見やすくする方法

Gmailのメールの表示順は、初期設定では新しいものが上に表示されるようになっていますが、並び順を変更することが可能です。ここではメールの並び順を古い順に変更してみましょう。古いメールを探す時に便利です。

メールを古い順に並べてみよう

1 「1-48/96行」をクリック

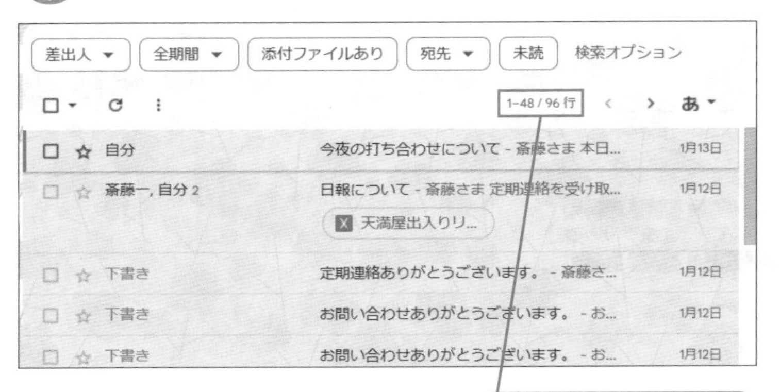

1 メールの上にある「1-48/96行」をクリックします。

2 「最後」をクリック

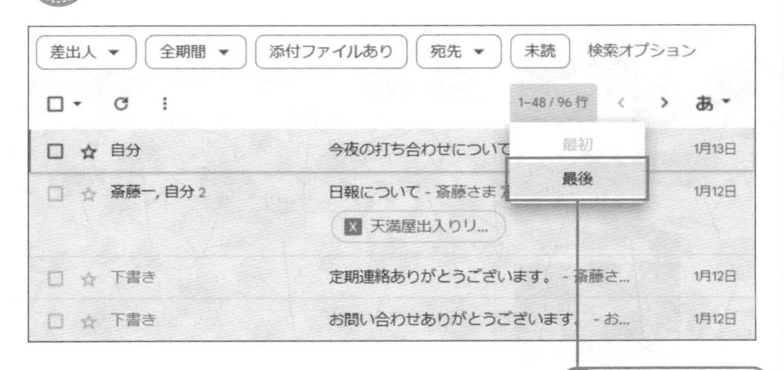

2 表示された中から「最後」をクリックします。

ヒント 「>」を押すことで次のメールページが表示される

右横にある「>」を押すことで次のメールページが表示されます。前に戻る時は「<」をクリックします。

SECTION 64

Key Word マルチ受信トレイ

受信トレイを追加して増やす方法

受信トレイも見たいけれど、ラベルも並べて表示出来たらいいのにと思うことはないでしょうか。そんな時は、マルチ受信トレイがおススメです。一度に表示されるメールの数は減ってしまいますが、受信トレイを複数同時に並べてみることが出来ます。

マルチ受信トレイの設定方法

1 「設定」→「すべての設定を表示」→「マルチ受信トレイのカスタマイズ」をクリック

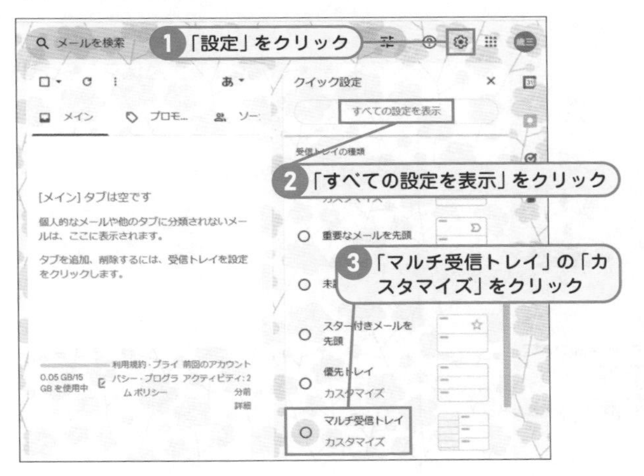

1 画面右上の「設定」をクリック「すべての設定を表示」をクリック、受信トレイの種類の中にある「マルチ受信トレイ」の下にある「カスタマイズ」をクリックします。

メモ 並べ方いろいろ！

マルチ受信トレイの上には、「未読を先頭」「重要なメールを先頭」など、さまざまな受信トレイの設定が並んでいます。またカスタマイズがついたものは、さらに変更をすることが可能です。お好みで使い分けてみてください。

2 セクション1とセクション2に検索文字列を入力

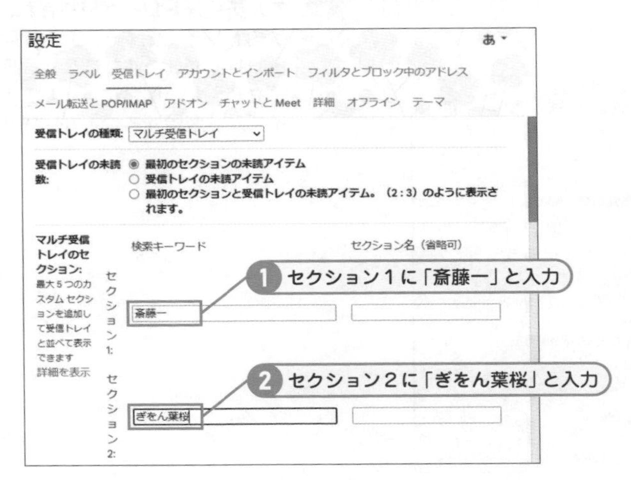

2 設定の受信トレイの画面が表示されます。マルチ受信トレイのセクションの入力欄1と2にそれぞれ表示したいメールの文字列やアドレスを入力します。ここでは例としてセクション1に「斎藤一」セクション2に「ぎをん葉桜」を入力します。

ヒント セクションにはよくやり取りする相手を入れておく

例では、「斎藤一」「ぎをん葉桜」としていますが、実際には、一番やり取りする相手が上にくるように設定してみましょう。数は3セクション程度に留めておくと、画面上で見やすいです。

3 表示件数に「5」と入力し「受信トレイの下」にチェックを入れる

設定

全般 ラベル 受信トレイ アカウントとインポート フィルタとブロック中のアドレス

メール転送と POP/IMAP アドオン チャットと Meet 詳細 オフライン テーマ

表示件数: マルチ受信トレイ セクションに 1 ページあたり 5 件のスレッドを表示する

マルチ受信トレイの位置: ○ 受信トレイの右 ○ 受信トレイの上 ◉ 受信トレイの下

閲覧ウィンドウ: □ 閲覧ウィンドウを有効にする - スレッドリストの右側にメッセージが表示されるので、メールをすばやく閲覧、作成したり、詳細を確認したりできます。

1 表示件数に「5」を入力

2「受信トレイの下」をチェック

3 下にスクロールして、表示件数の1ページあたりが9になっているのを5に変更します。ここがあまり多いと受信トレイをスクロールするのが大変になるので、少な目にしておきましょう。続けて、マルチトレイの位置を「受信トレイの下」にチェックを入れます。

ヒント 受信トレイは上がおススメ！

受信トレイの位置はお好みで構いませんが、下にしてしまうと一番メールを受け取るであろう受信トレイが見づらくなってしまいます。受信トレイをメインに使っている方は、上にしておくと便利です。

4 「変更を保存」をクリック

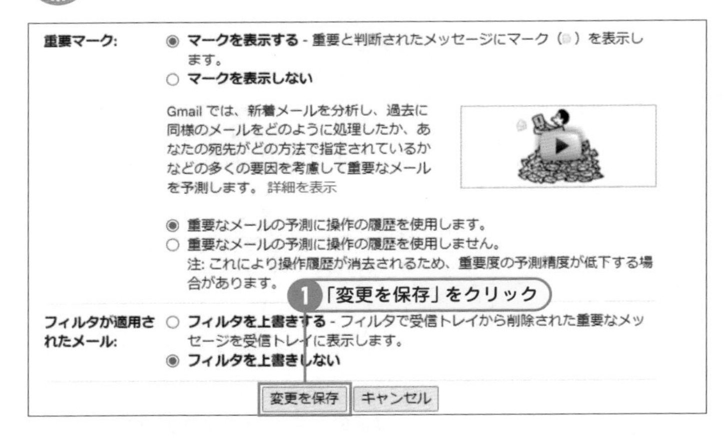

4 最後に「変更を保存」をクリックします。

5 マルチ受信トレイが反映される

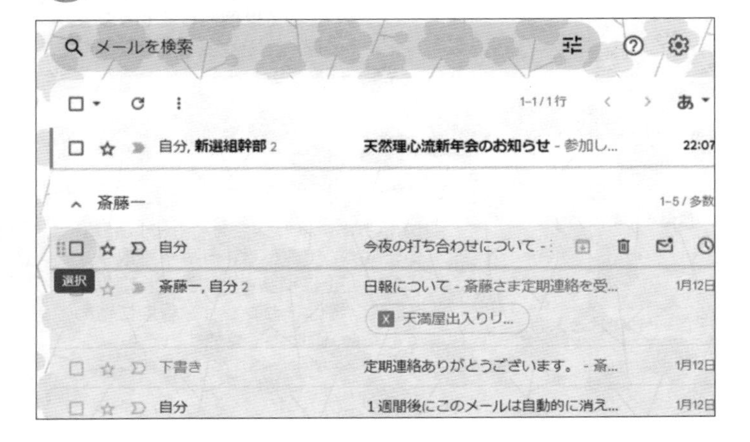

5 マルチ受信トレイが反映され、上から受信トレイ、斎藤一、ぎをん葉桜と受信トレイが3つ並びました。順番や案件を変えたい場合には、またカスタマイズから変更することが出来ます。

SECTION

Key Word ショートカットキー　カスタマイズ例

65 ショートカットキー一覧とカスタマイズ方法

Gmailは、初期設定ではショートカットキーがほとんど使用できないようになっています。まずはキーボードショートカットを有効にして、ショートカットキーを使えるようにします。後半では、お勧めのカスタマイズ方法を説明します。

キーボードショートカットを有効にする方法

1 「設定」をクリックして「すべての設定を表示」をクリック

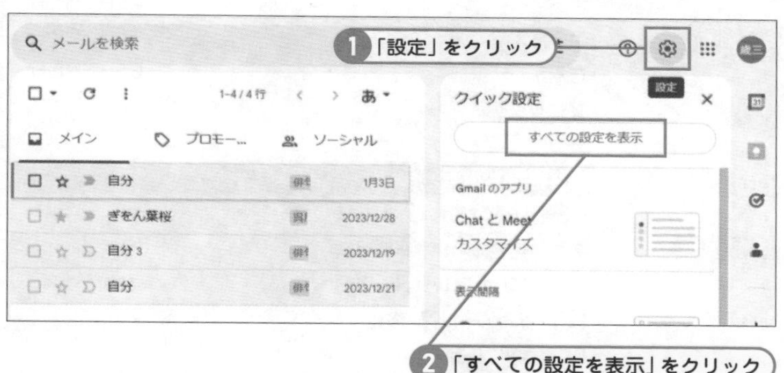

1 画面右上の「設定」をクリックして「すべての設定を表示」をクリックします。

ヒント　ショートカットキーのほとんどは初期設定では使えない

Gmailのショートカットキーのほとんどは初期設定では使えないようになっています。手順1と2をこなして、はじめてショートカットキーの使用が可能になって効果を発揮します。

2 「キーボードショートカットON」にチェック→「変更を保存」をクリック

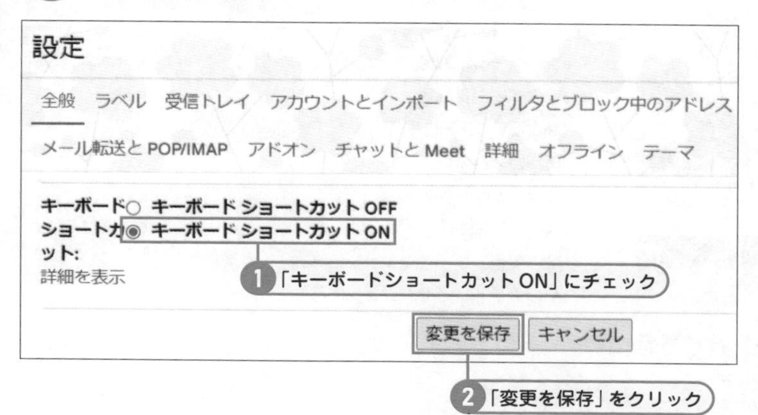

2 設定画面全般の中にある「キーボードショートカットON」にチェックをいれて「変更を保存」をクリックします。

ヒント　「設定を変更」したら次のページを参考にショートカットキーを使ってみる

設定を変更まで完了して、はじめて次のページにあるショートカットキーを使うことが出来ます。早速次のページを参考に、よく使う機能のショートカットキーを覚えてしまいましょう。

Gmailのショートカットキー一覧

■メール作成時	
開いているスレッド内の前のメールに移動	p
開いているスレッド内の次のメールに移動	n
送信	Ctrl+Enter
Ccの宛先を追加	Ctrl+Shift+c
Bccの宛先を追加	Ctrl+Shift+b
差出人アドレスを変更	Ctrl+Shift+f
リンクを挿入	Ctrl+k
スペルの候補を表示	Ctrl+m

■メール全般の操作	
スレッドを選択	x
スターを付ける、外す	s
アーカイブ	e
スレッドをミュート	m
迷惑メールとして報告	!
削除	#
返信	r
新しいウィンドウで返信	Shift+r
全員に返信	a
新しいウィンドウで全員に返信	Shift+a
転送	f
新しいウィンドウで転送	Shift+f
スレッドを更新	Shift+n
スレッドをアーカイブして、前または次に移動	] または [
直前の操作を取消	z
既読にする	Shift+i
未読にする	Shift+u
選択したメール以降を未読にする	_
重要マークを付ける	+または=
重要マークを外す	-
スレッド全体を展開する	;
スレッド全体を折りたたむ	:
ToDoリストにスレッドを追加	Shift+t

■アプリを操作	
作成	c
新しいタブで作成	d
メールを検索	/
チャットの連絡先を検索	q
[その他の操作] メニューを開く	.
[移動] メニューを開く	v
[ラベル] メニューを開く	l
キーボードショートカットのヘルプを開く	?

■メールの書式設定	
前のフォント	Ctrl+Shift+5
次のフォント	Ctrl+Shift+6
文字サイズを縮小	Ctrl+Shift+-
文字サイズを拡大	Ctrl+Shift++
太字	Ctrl+b
斜体	Ctrl+i
下線	Ctrl+u
番号付きリスト	Ctrl+Shift+7
箇条書き	Ctrl+Shift+8
引用符	Ctrl+Shift+9
インデント減	Ctrl+[
インデント増	Ctrl+]
左揃え	Ctrl+Shift+l
中央揃え	Ctrl+Shift+e
右揃え	Ctrl+Shift+r
書式をクリア	Ctrl+\

■移動関係の操作	
[受信トレイ] に移動	g+i
スター付きのスレッドに移動	g+s
スヌーズしたスレッドへ移動	g+b
[送信済みメール] に移動	g+t
[下書き] に移動	g+d
[すべてのメール] に移動	g+a
カレンダー、Keep、ToDoリストの サイドバーと受信トレイを切り替え	Ctrl+Alt+ または Ctrl+Alt+.
[ToDoリスト] に移動	g+k
[ラベル] に移動	g+l
次のページに移動	g+n
前のページに移動	g+p
スレッドリストに戻る	u
新しいスレッド	k
古いスレッド	j
スレッドを開く	oまたはEnter
次の受信トレイセクションに移動	`
前の受信トレイセクションに移動	~

新着メールが届いた時に通知をするようにしよう！

① 「設定」をクリック「すべての設定を表示」をクリック

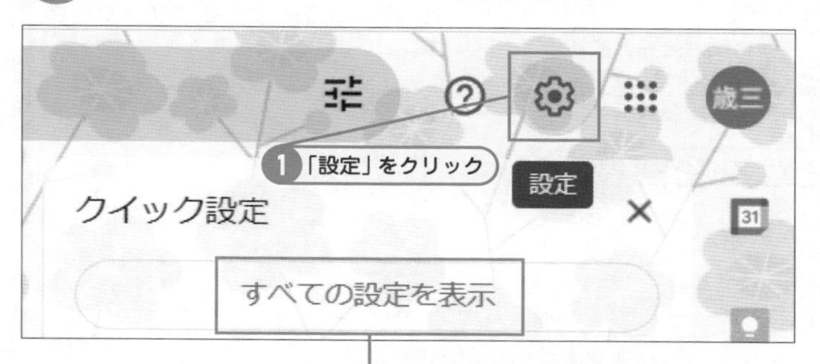

① 画面右上の「設定」をクリック「すべての設定を表示」をクリックします。

② 「メール通知ON（新規メール）ON」にチェックを入れ「変更を保存」をクリック

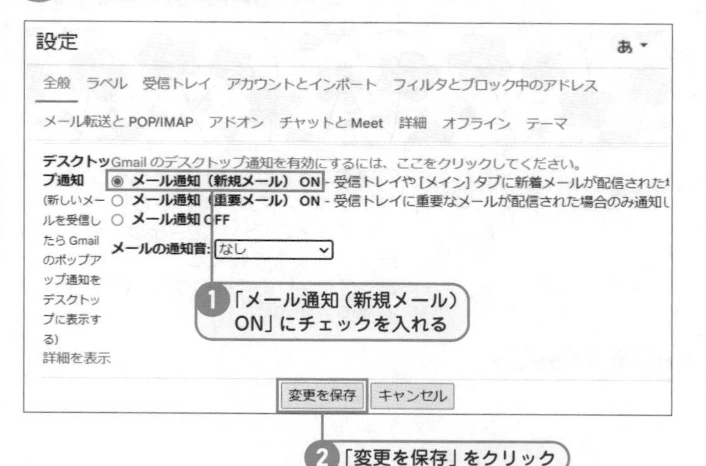

② 全般のデスクトップ通知にある「メール通知ON（新規メール）ON」にチェックを入れ、最下部にある「変更を保存」をクリックします。

ヒント メールの通知音を選ぶことも出来る

メールの通知音は初期設定で鳴る選択になっているので、音がなるのが苦手な人はメール通知音を「なし」に変更しておくと安心です。

ヒント 通知はどのように表示されるの？

通知はパソコンの画面右下に表示されます。スマートフォンでも通知が表示されます。（パソコンの設定画面でChromeの通知をONにする設定が必要な場合があります）

アイコン画像をオリジナルに変更してみよう

① ユーザーアイコンをクリックし「ペンマーク」をクリック

① 画面右上にあるユーザーアイコンをクリックし、丸型のアイコンの右下にある「ペンマーク」をクリックします。

② 「プロフィール写真を追加」をクリック

② 「プロフィール写真を追加」をクリックします。

ヒント アイコン画像を用意しておく

職場によっては決まりがある場合がありますが、アイコンは自分らしいわかりやすいものにしておきましょう。手順4で丸くくり抜くことになるので、あまり細長い画像は向かないので注意が必要です。

③ 「パソコン内」をクリックして、画像をドラック

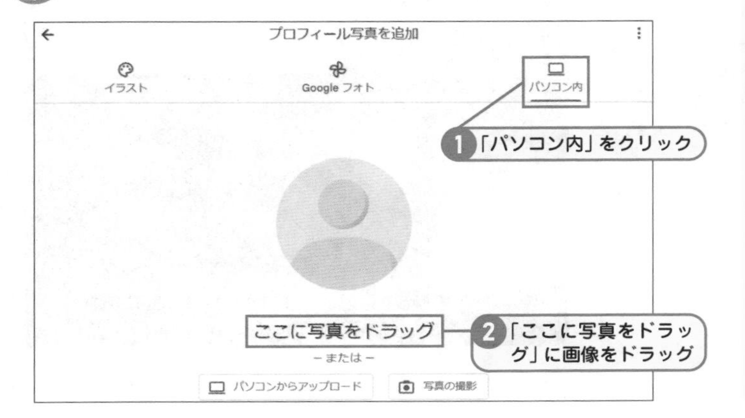

③ 「パソコン内」をクリックして、アイコンにしたい画像をドラックします。

ヒント ドラックが上手くいかない場合には？

「パソコンからアップロード」を選んでファイルを選択しましょう。

4 切り抜き範囲を決めて「次へ」

4 切り抜き範囲を決めて「次へ」をクリックします。

ヒント 画像を思い通りに切り抜くには

丸のくり抜きを大きくしたり、小さくしたりすることが可能です。また、回転を押すことで画像を反時計回りに回転させることが出来ます。画像の上下が違っていた時などに便利です。

5 「プロフィール写真として保存」をクリック

5 「プロフィール写真として保存」をクリックします。

チェック 元の画面にもどるとアイコンが変化している

元の画面に戻るとアイコンが変化しています。していない場合にも1～2日経つと変更されるので、気長に待ってみましょう。

いつでもどこでも見られるメモ帳「Google Keep」も使ってみよう！

① 「Googleアプリ」をクリックし「Keep」をクリック

①「Googleアプリ」をクリックし「Keep」をクリックします。

② 「メモのタイトル」と「メモの本文を入力」し「閉じる」をクリック

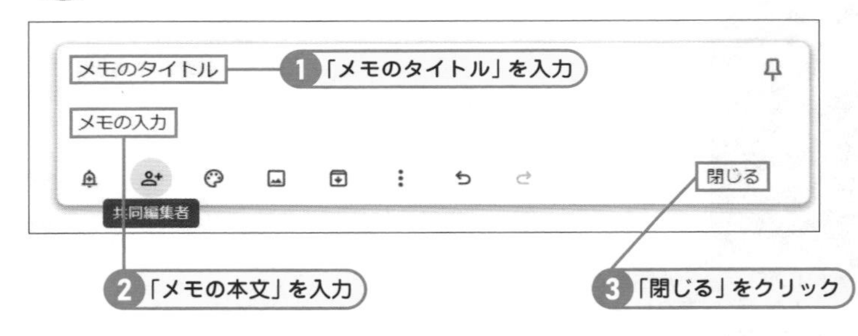

②「メモのタイトル」と「メモの本文を入力」し「閉じる」をクリックします。

チェック Keepも機能が盛りだくさん！

Keepはメモアプリとして、さまざまな機能を備えています。この本でもカレンダーで紹介したようなスヌーズ機能、共有機能、色や文字サイズの変更、画像の挿入など、いろいろ試してみましょう！

8章

スマホアプリでGmailを使いこなそう

パソコンだけでなく、スマートフォンでGmailを使ってみましょう。いつも手元にあるスマートフォンで、いつでもメールをチェックできるので大変便利です。Androidだけではなく、iPhoneでももちろん使用出来ます。iPhoneの操作も説明していきます。

SECTION 66

Key Word iPhone での Gmail アプリの使用方法

iPhoneでは Gmailアプリが便利！

まずはiPhoneでの使用方法を説明していきます。iPhoneでは先に設定のアカウントから、新規Gmailアカウントを作成して、アプリをインストールして使用していきます。まずはアカウントを作成してみましょう。

iPhoneでGmailアプリをインストールする方法

「App Store」をタップ

ホーム画面にある「App Store」をタップします。

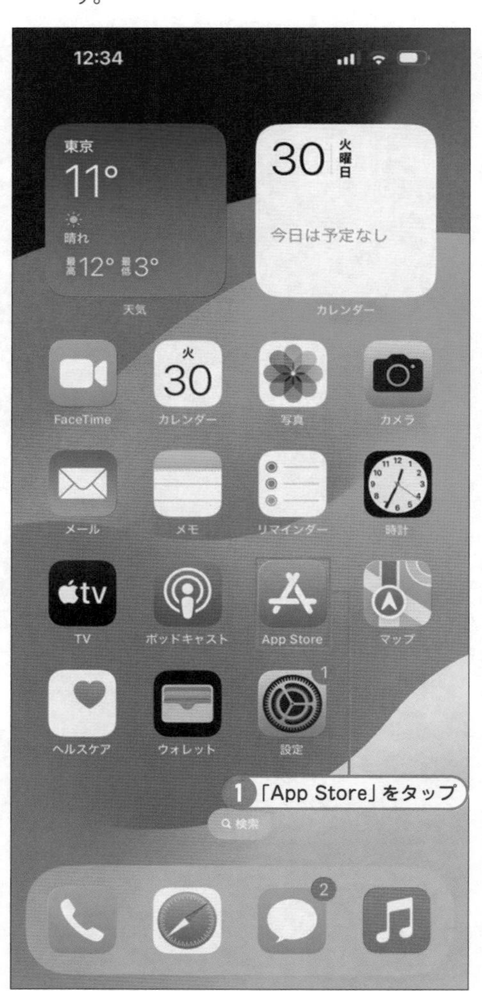

「検索」をタップ

画面右下にある「検索」タップします。

3 「Gmail」と入力して、「入手」をタップ

Gmailが表示されたら、Gmailの右側にある「入手」をタップします。

「開く」をタップ

「入手」だったボタンが、インストールが完了すると「開く」に変わります。早速開いてみましょう。

iPhoneでGmailにログインする方法

「ログイン」をタップ

インストールしたGmailを開くと、画面下部に「ログイン」があります。「ログイン」をタップします。

「Google」をタップ

追加するアカウントを選択します。ここでは「Google」をタップします。

「続ける」をタップ

「続ける」をタップします。

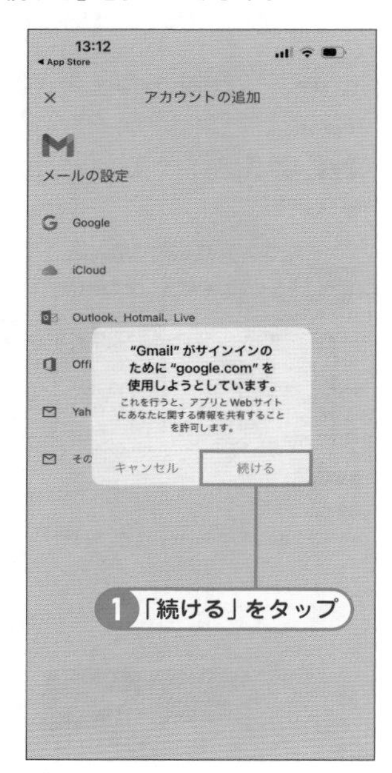

メールアドレスを入力し「次へ」をタップ

アカウントの入力欄に、Gmailのメールアドレスを入力し「次へ」をタップします。

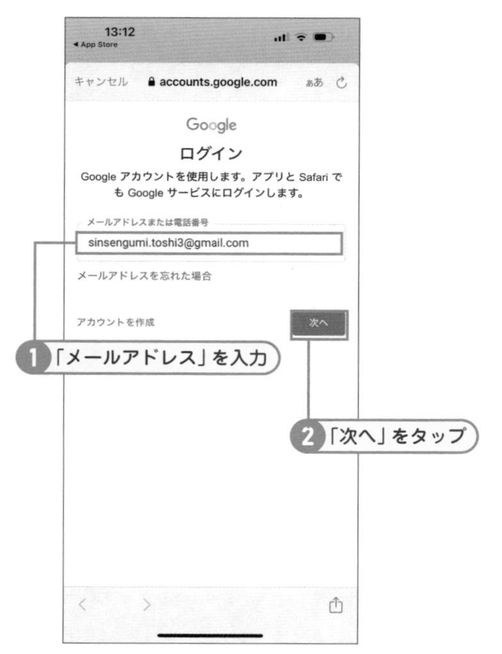

パスワードを入力して「次へ」をタップ

パスワード入力欄に、パスワードを入力して「次へ」をタップします。

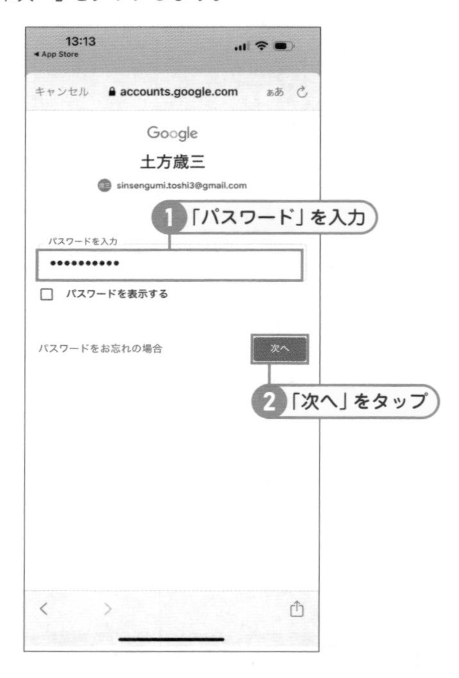

「許可」をタップ

Gmailへの「許可」をタップします。

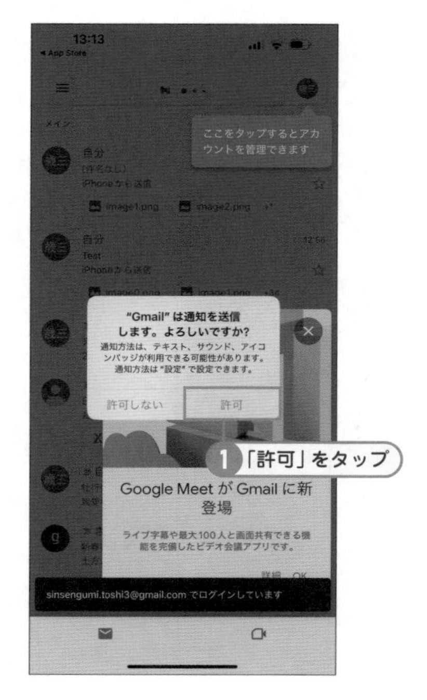

「×」をクリックして閉じる

Meetについての解説が表示されます「×」をクリックして閉じ、受信トレイを表示させます。

受信トレイが表示される

Gmailの受信トレイが表示されるのを確認する。

細部が微妙に違うAndroid版とiPhone版

Android版とiPhone版とでは、ほとんど差がなく、どちらでも同じような操作でメール機能を使う事が出来ますが、アイコンのデザインなどが少し異なってくる場合はあります。どちらかというとPC版、Android版、iPhone版の３つでは、PC版が一番多機能ですべての機能を扱うことができ、Android版とiPhone版はメールを見る専用といった位置づけで、すべての機能はありません。
見当たらない機能はPC版にはあるので設定を行うといいでしょう。
画像は、右側がAndroid版の受信トレイで、左側がiPhone版の受信トレイです。

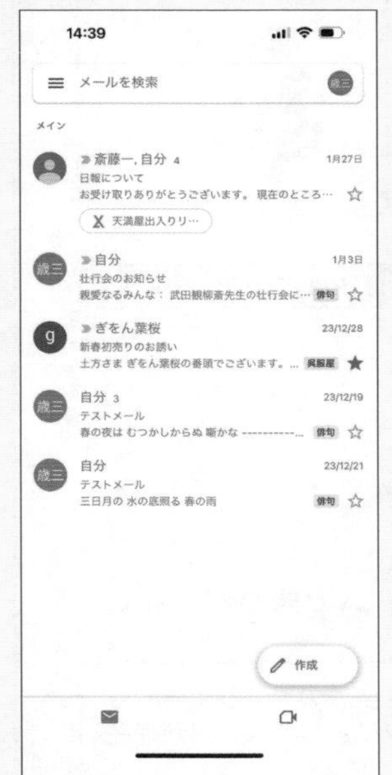

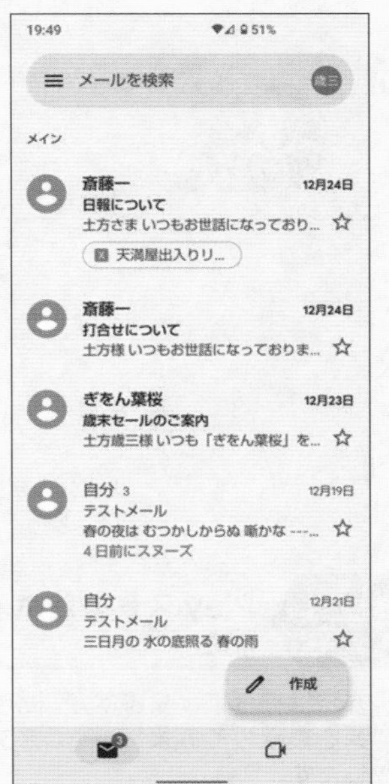

SECTION 67

Key Word Android での Gmail の使用方法

Android でも Gmail アプリが便利！

Androidでは最初からGmailアプリがインストールされていることがほとんどですが、見当たらない場合には、ストアからインストールすることが可能です。ここではその方法を説明します。

Android で Gmail アプリを開く方法

「Playストア」起動し「Gmail」を検索

スマートフォンを起動して「Playストア」をタップ

Playストアがホームで見つからない場合

方法は機種によりますが、聞き全てのアプリケーションを表示してみましょう。アプリとしてストアが存在します。

検索バーで「Gmail」を検索

画面上部にある検索バーで「Gmail」を検索して、インストールをタップ。既にGmailがインストールされている場合には、インストールではなく「開く」になっています。

SECTION

Key Word スマートフォンでメールを受信する

68 スマートフォンで受信メールを確認する

早速スマートフォンでメールを受信してみましょう。Android版もiPhone版も、送受信の方法は基本的にほぼ同じで、とても簡単に出来ます。パソコン版よりも簡単かもしれません。フリックで一発です。早速やってみましょう。

スマートフォンでメールを受信してみよう

上から下にフリック

Gmailアプリを起動して、受信トレイを表示したら「上から下方向にフリック」をします。

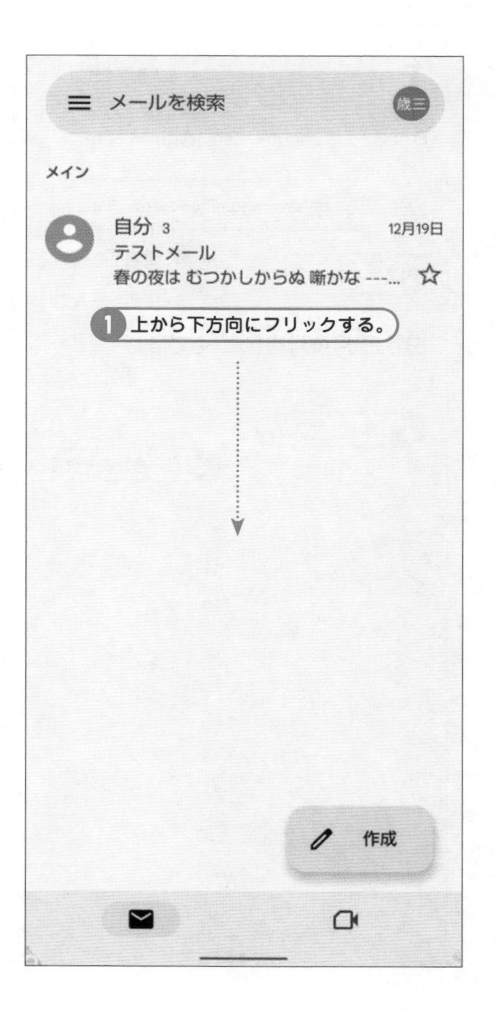

新規メールを読み込みして最新版になる

円形のマークがくるくる回って新規メールを読み込みます。マークが消えるとメールは最新版になっています。未読メールは太字で表示されています。

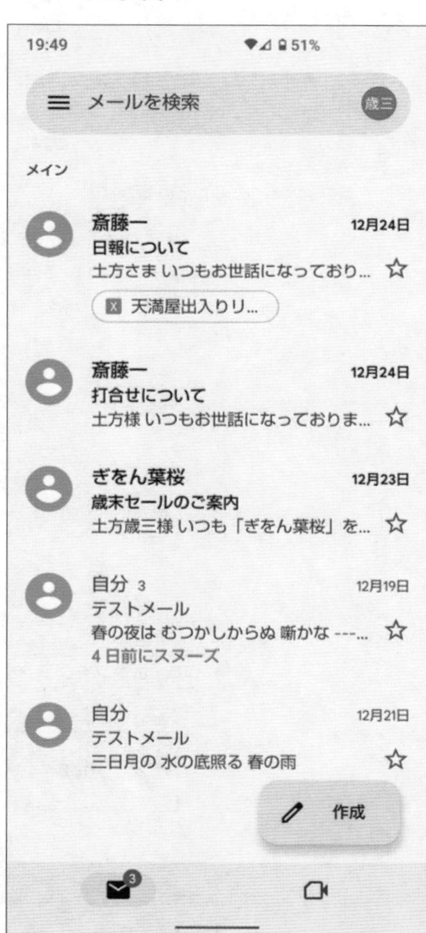

SECTION

Key Word スマートフォンでメールの送信

69 スマートフォンでメールを送信するには

新規メールの送信も、Android版とiPhone版でほぼ同じ動作を行うことになります。パソコン版同様の操作がスマートフォンで可能です。やや入力画面が小さいので少々本文が打ちにくいかもしれません。基本中の基本ですから、ここは必ずマスターしましょう。

スマートフォンでメールを送信する

1 「作成」ボタンをタップする

受信トレイの左下にある「作成」もしくは「+」ボタンをタップします。

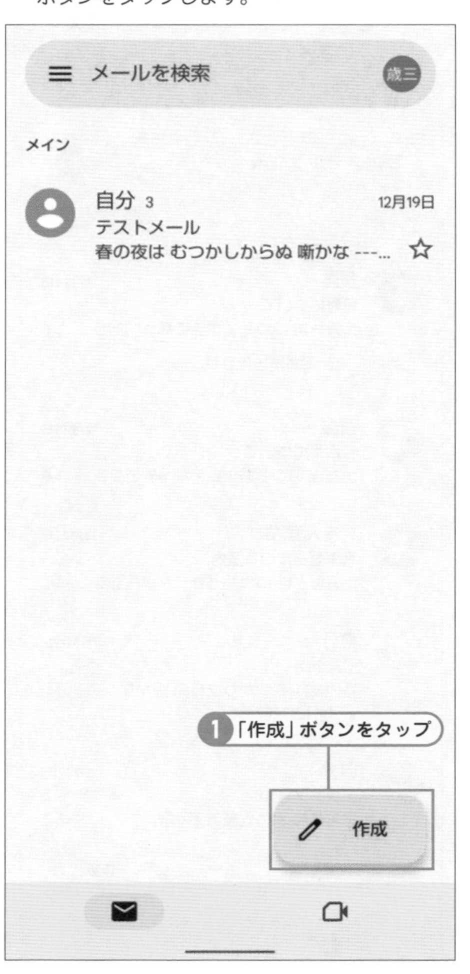

2 メールを作成して「送信」をタップ

「宛先」「件名」「本文」を入力して、内容を確認したら、画面上部の「送信」マークをタップします。

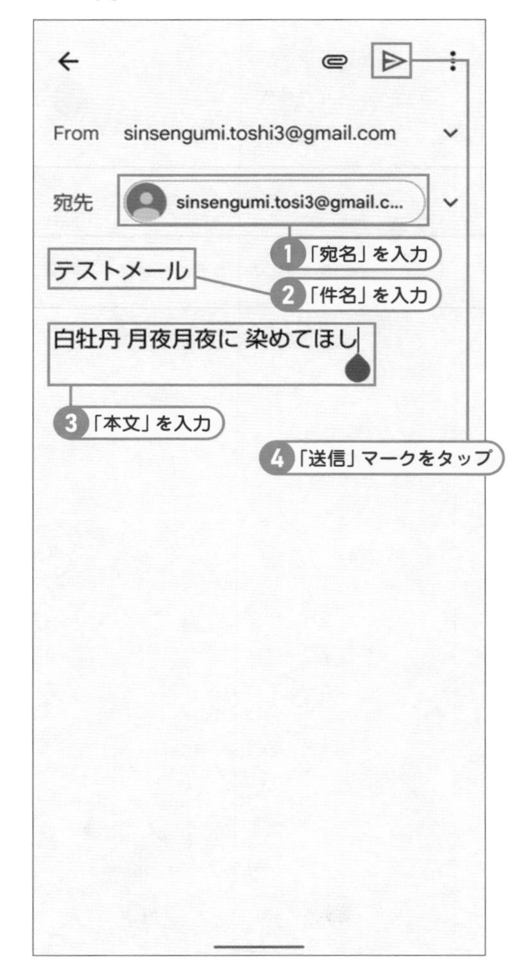

SECTION Key Word スマートフォンで添付ファイルの送付

70 スマートフォンで送信メールに写真やファイルを添付する方法

スマートフォンで送信メールに写真やファイルを添付する方法は、Android版とiPhone版と操作方法はほぼ同じです。パソコン版だと２種類の送り方がありますが、スマートフォン版では方法は１種類です。よく使う機能なので、是非覚えて置きましょう。

スマートフォンで送信メールに写真やファイルを添付する

1 「作成」ボタンをタップする

受信トレイの左下にある「作成」もしくは「+」ボタンをタップします。

2 「宛先」「件名」「本文」を入力

「宛先」「件名」「本文」を入力します。

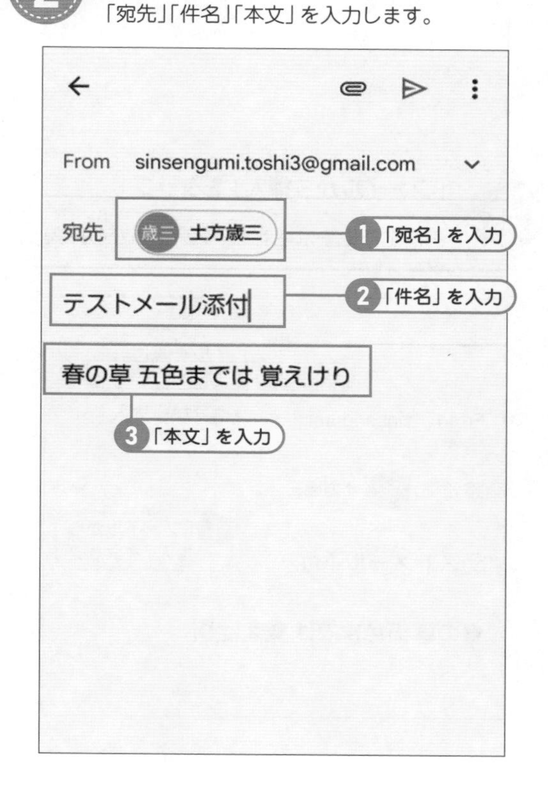

ヒント 添付ファイルの容量はどのくらい？

PC版とiPhone版と、最大25MBまで送信することが可能ですが、Android版は、同じGmailアカウントへの送信だと最大20MBまで送信することが可能です。また、Gmail以外のアカウント（Yahoo！やプロバイダなど）ではサービスにより異なります。

3 「添付ファイル」をタップ

画面上部のクリップによく似た「添付ファイル」マークをタップします。

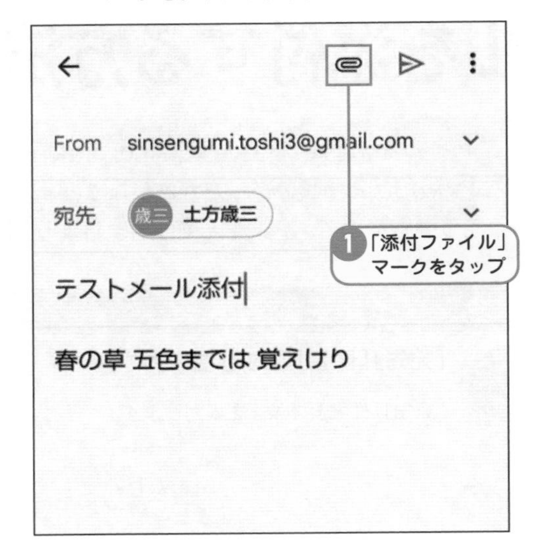

「ファイルから挿入」をタップ

画面上部に表示される「ファイルから挿入」をタップします。

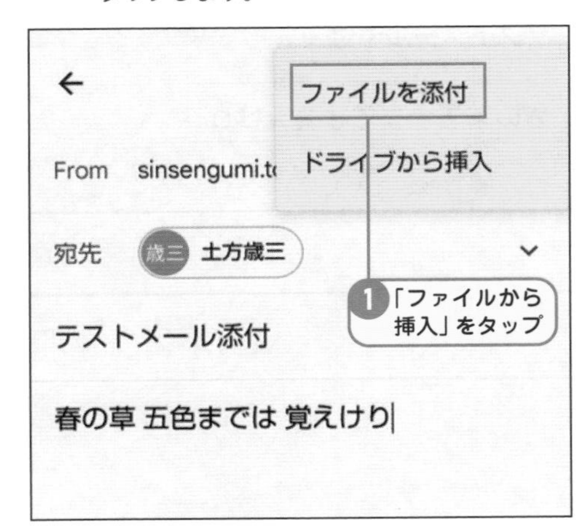

ドライブから添付

容量の大きいファイルなどは、パソコン版同様にGoogleドライブからリンクを貼ることも可能です。その場合ここで、ドライブから挿入をクリックします。

挿入したいファイルや画像を「選択」

最近使用したファイルや画像の一覧が表示されます。その中から挿入したいファイルや画像を選んでタップします。

複数ファイルを添付したい時には？

ファイルを選択する際に、小さな画像のサムネイルの部分をタップすることで、複数選択することが可能です。

「送信」をタップ

通常のメールと同じように画面右上の「送信」マークをタップして送信します。

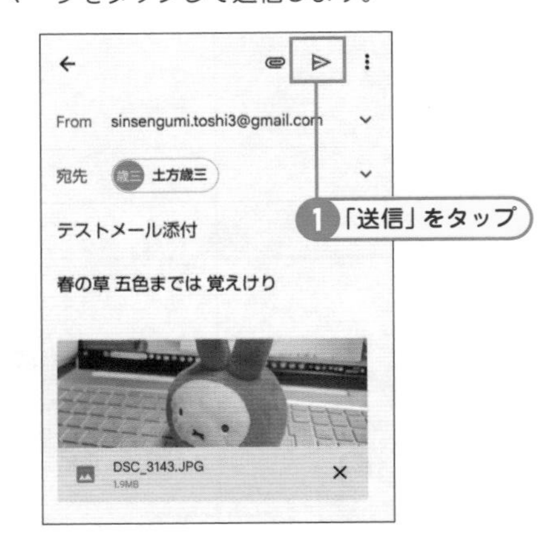

スマートフォンで★マーク

71 スマートフォンで受信したメールに★マークを付ける方法

スマートフォンでもマークを付けることが出来ます。★マークはワンタップで簡単につけられる上に、マークがついているメールだけを表示させせることも可能です。大事なメールには★マークをつけておくといいでしょう。

スマートフォンで受信したメールに★マークを付ける

受信トレイを表示

Gmailを起動して、受信トレイを表示します。

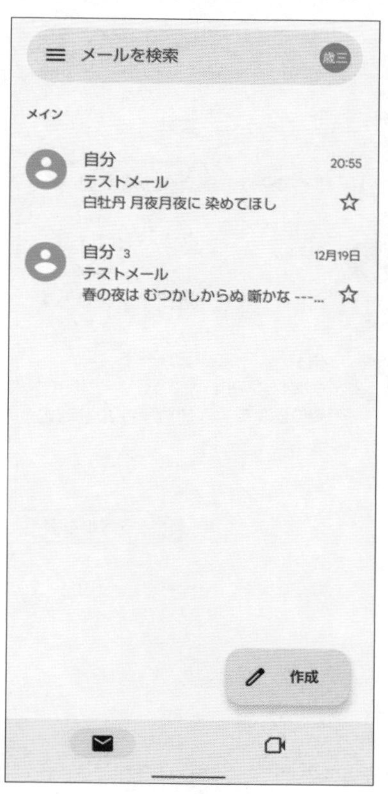

☆マークをタップ

マークを付けたいメールの☆マークをタップして、☆に色を付けます。

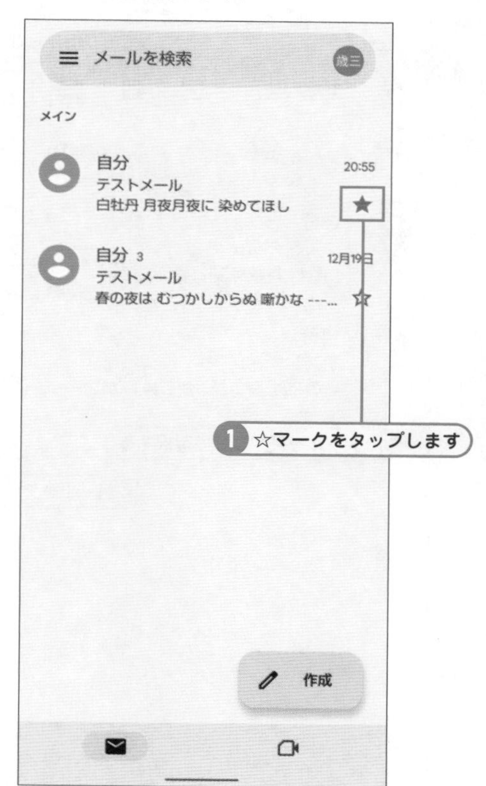

★マークを外したい時

☆マークを外すときには、もう一度☆マークをタップします。

SECTION Key Word ラベル機能を使う方法

72 スマートフォンアプリでラベル機能を使う方法

スマートフォンでラベル機能を使うには、パソコンとは少し操作が異なります。まずは受信トレイにあるメールから、受信トレイのラベルを外してみましょう。受信トレイも大事なラベルの1つです。戻すことも学んでおきましょう。

ラベルを外してみよう

メールを選択して「⋮」その他のオプションをクリック

ラベルを外したいメールを長押しして選択します。続けて画面上部に表示される「⋮」その他のオプションをタップします。

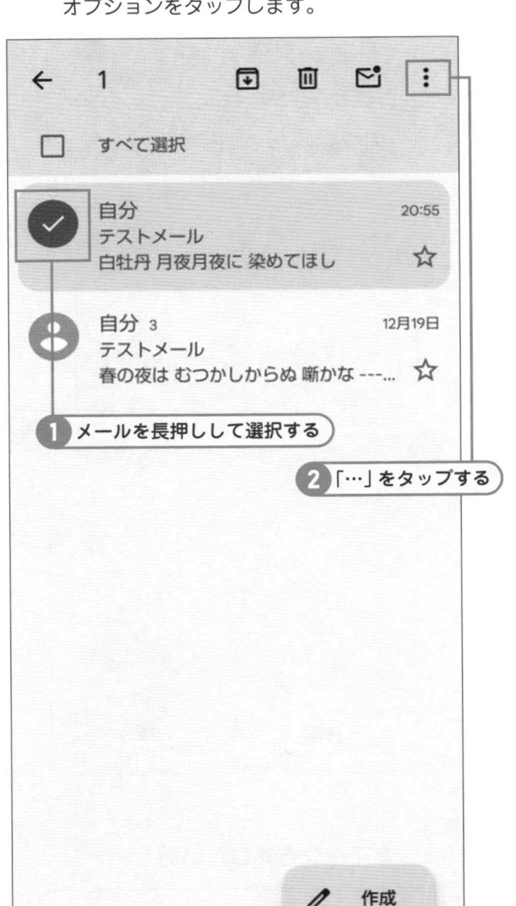

「ラベルを変更」をタップ

「ラベルを変更」してタップします。

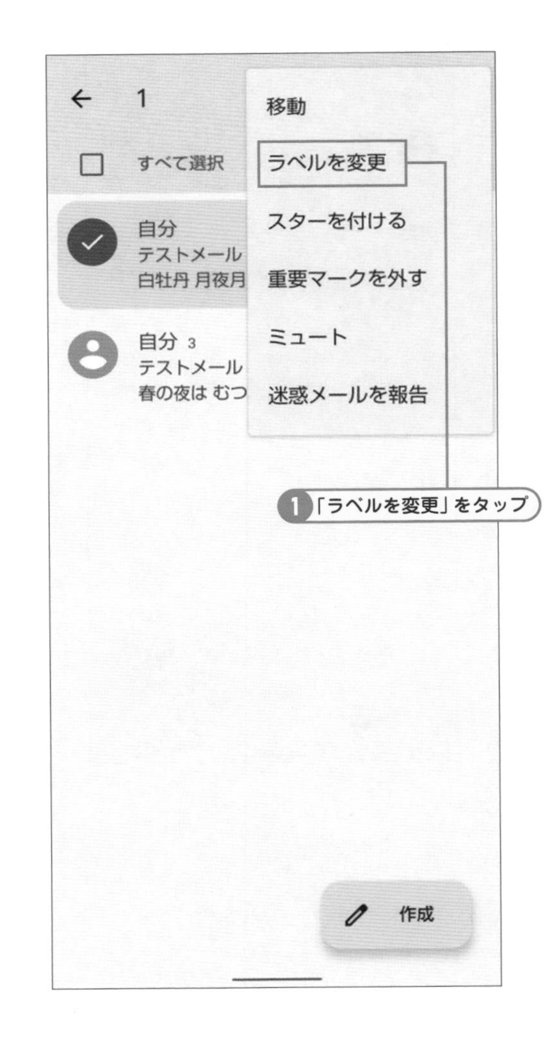

「受信トレイ」のチェックを外してOK

「受信トレイ」のチェックを外してOKをタップします。

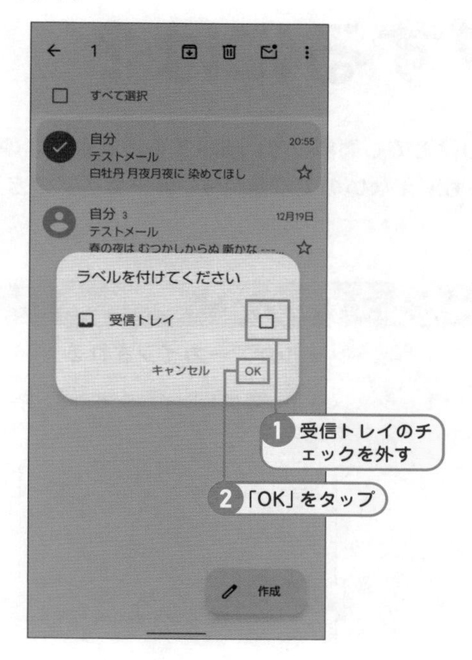

ラベルが消えていることを確認

メールからラベルが消えて、受信トレイからメールが消えていることを確認します。

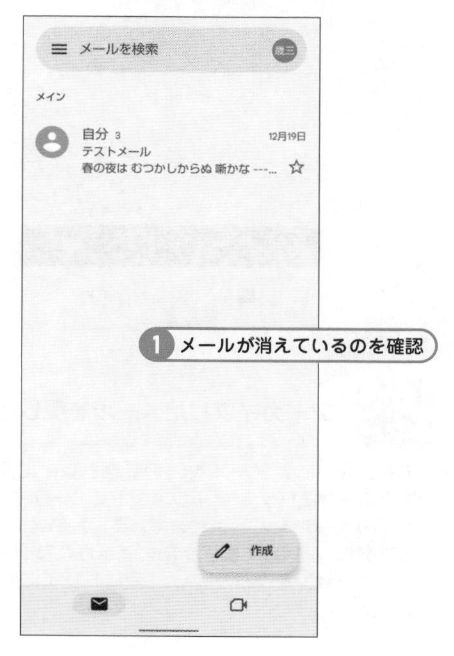

ラベルってどこに表示されているの？

ラベルはメールを開くと、メールの題名の右隣りに表示されています。画像の場合は「受信トレイ」というラベルがついています。

受信トレイから消えてしまったメールを探したい場合

左上の三本線、ナビゲーションドロワーを開くと、「すべてのメール」という項目があります。誤ってラベルを全部消してしまった場合には、ここにメールがあるので、再度ラベルのチェックを付けなおしましょう。

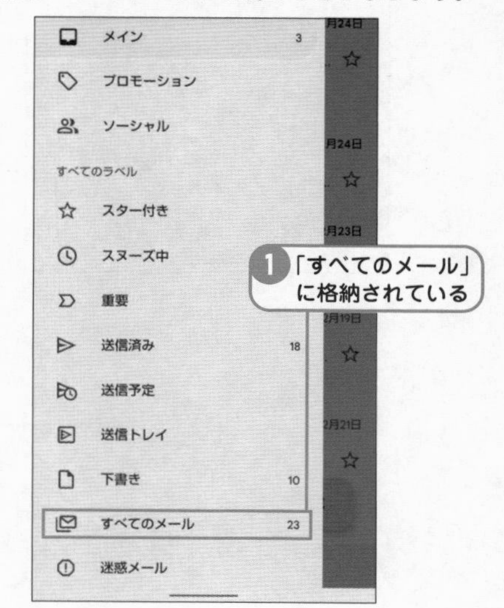

SECTION 73

Key Word スマートフォンでアーカイブする方法

スマートフォンでアーカイブするには？

スマートフォンでアーカイブするのはとても簡単です。削除するよりも楽なので、削除代わりに使う方もいます。メールも消えないので安全です。アーカイブの方法を覚えて置きましょう。

スマートフォンでアーカイブする方法

メールを左か右へフリックする

メールを右から左へフリックします。やりにくい場合には、左から右でも大丈夫です。

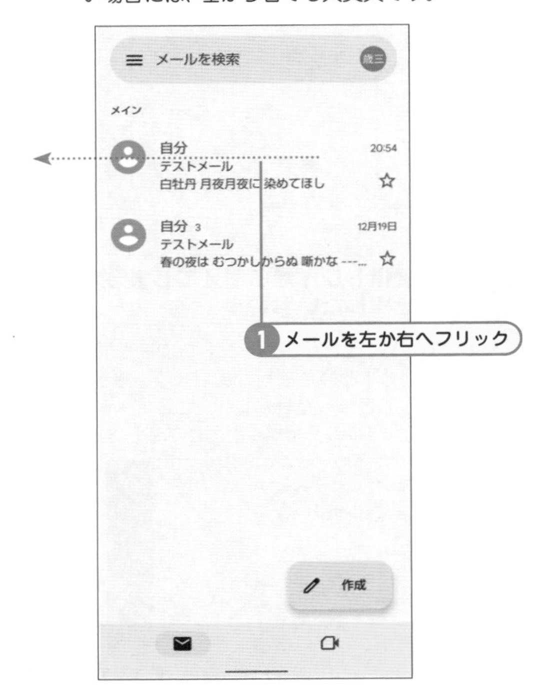

メールがアーカイブされる

メールが受信トレイから消えて、アーカイブされます。

ヒント

アーカイブしたメールを戻したい

アーカイブしたメールを元の受信トレイに戻すには、右上の三本線（ナビゲーションドロワー）を開いてすべてのメールを表示させます。戻したいメールを長押しで選択し、続けて画面上部に表示される「…」その他のオプションをクリックし、「受信トレイに戻す」を選択します。

SECTION 74

Key Word スマートフォンでメールを削除する

スマートフォンでメールを削除する方法

スマートフォンでメールを削除する方法は、まずメールを選択するところからはじまります。アーカイブと違ってごみ箱に入ることになります。こちらは30日間の保存期間が終了すると自動的に削除されます。上手に使い分けしましょう。

スマートフォンでメールを削除する

メールを選択する

削除したいメールを長押しして、メールを選択します。

ゴミ箱マークをタップ

メールを選択すると、画面の上部にマークがいくつか表示されます。その中にある「ゴミ箱」のマークをタップして、メールを削除します。

ヒント

ゴミ箱のメールは時間がたつと削除される！

ゴミ箱の中に入れたメールは30日間ゴミ箱で保存されます。それ以降は自動で消されてしまうので注意しましょう。

SECTION 75

Key Word スマートフォンでメールをスヌーズする

スマートフォンでメールをスヌーズするには？

スマートフォンでメールをスヌーズすることが出来ます。スヌーズとは「後でもう一度同じ内容のメールを決めた時間に未読状態で送付してもらう」ことです。ここでは本日の５分後にメールをスヌーズする方法を説明していきます。

スマートフォンでメールをスヌーズする方法

1 メールを選択

スヌーズしたいメールを長押しして、メールを選択します。

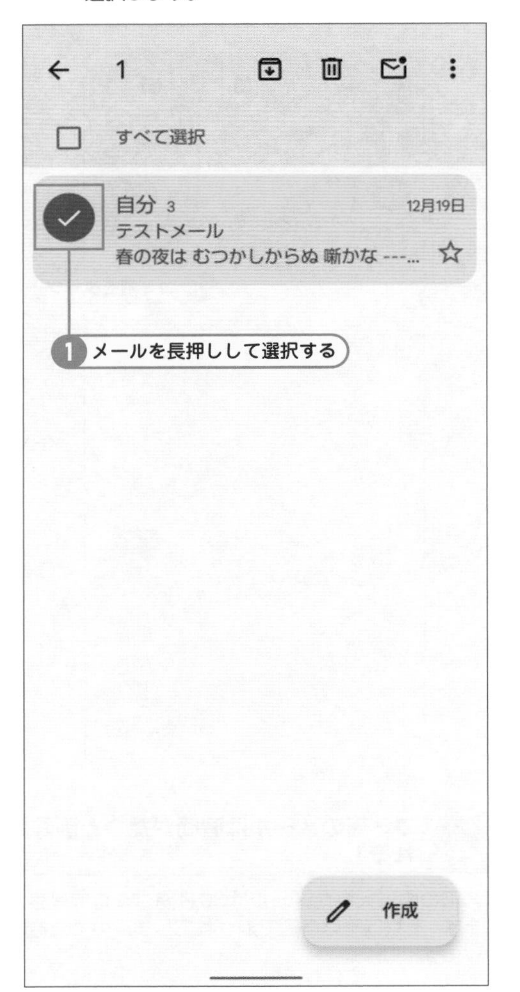

2 その他のオプションをタップ

画面上部に表示される「…」その他のオプションをタップします。

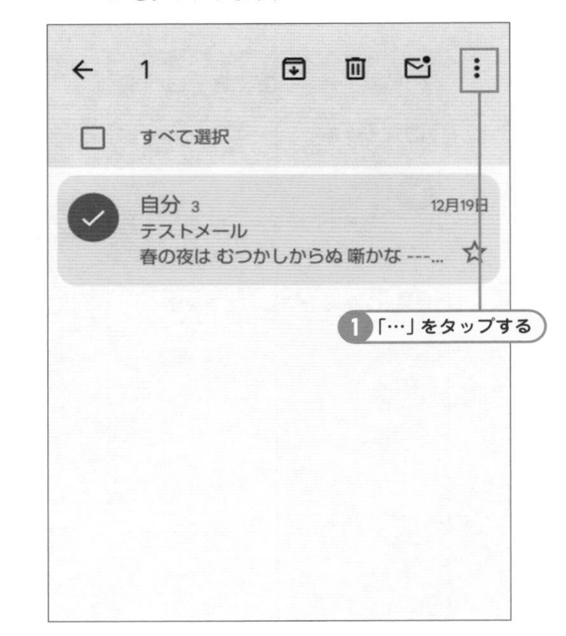

メモ スヌーズ機能の便利な使い方は？

よく使われるのは、会議資料や案内の書かれたメールを、会議前に届くようにスヌーズして置いて、会議を忘れないように、また資料などもすぐ見られるようにするといった用途です。プライベートなら、大事な人の誕生日にスヌーズしたりするのもいいと思います。プレゼントなど用意する場合には、前年のプレゼントしたものも書いておき、数日前にスヌーズするとなおいいでしょう。

スヌーズをタップ

画面上部に表示された選択肢の中から、「スヌーズ」をタップします。

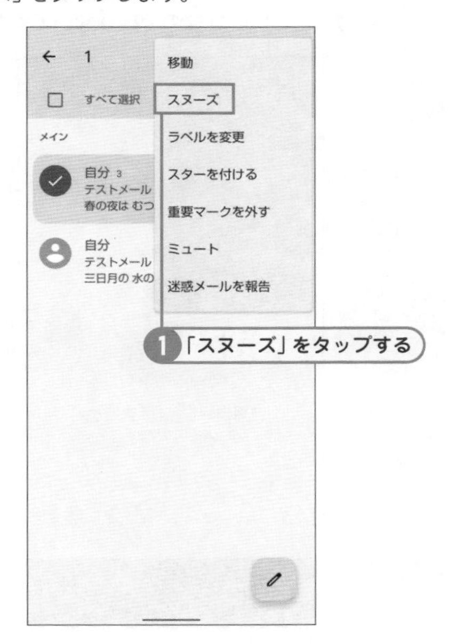

「日付と時間を選択」をタップ

「明日」「今週末」「来週」と選択肢が出てきます。ここでは「日付と時間を選択」をタップします。

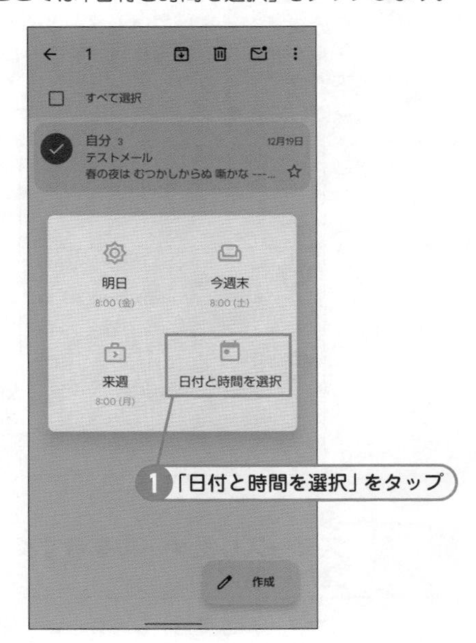

今日の日付をタップ

続いて、カレンダーが表示されて、本日が選択された状態になっています。ここでは、今日に設定したいので、そのまま「OK」をタップします。

「時間」を選択

丸い時計が表示されるのでその中から時間を選択します。未来の時間を選択するようにしましょう。ここでは、5分後に設定したいので、ぎりぎり出ない場合には、そのまま選択されている現在の時間をタップします。

「分」を選択

「時間」を選択すると、今度は「何分にスヌーズするか」の丸い時計が表示されます。ここでは、時計をフリックし動かして、5分後の時間を選択します。

「保存」をタップ

時間を設定したら、日付と時間が表示されます。内容をよく確認して、「保存」をタップします。

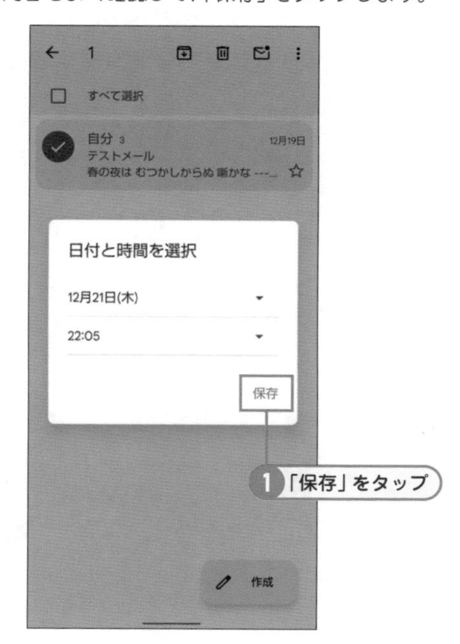

スヌーズしたメールが消える

設定した時間に再度メールを送るために、スヌーズを設定したメールは受信メールから消えます。正しい動きなので驚かないでくださいね。

5分後メールが届く

5分後スヌーズしていたメールが届きます。メールが届かない場合には、受信トレイを上から下方向にフリックして、受信トレイを最新の状態にしてみましょう。

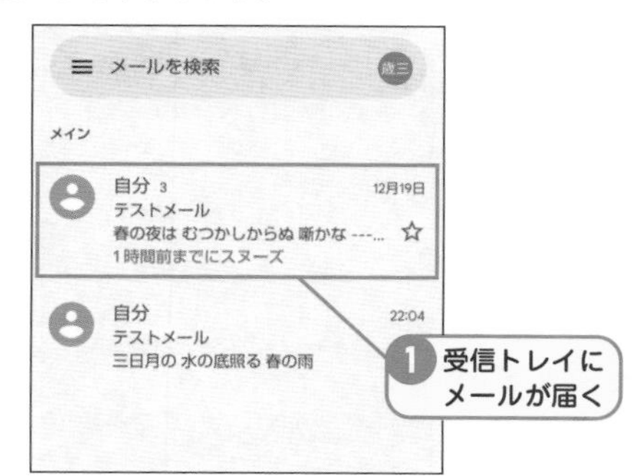

ヒント スヌーズしたメールを今すぐ見たい場合

スヌーズしたメールは受信トレイからは一度消えてしまいますが、時間になる前に確認したい場合には、画面左上の三本線（ナビゲーションドロワー）を開いて「スヌーズ中」を選択すると中身を見ることが出来ます。

SECTION 76 Key Word 不在通知機能

スマートフォンで不在通知メールを使うには？

スマートフォンでも不在中に自動的に返信を送る不在通知機能が使用できます。ここではその設定方法について説明していきます。まずは設定を見て、不在通知が使えるようにONにするところからです。

スマートフォンで不在通知メールを使う方法

1 左上の三本線をタップ

画面左上の三本線（ナビゲーションドロワー）をタップします。

メールを検索 歳三
メイン
自分 22:04
テストメール
三日月の 水の底照る 春の雨
1 左上の三本線をタップ

2 歯車マークの「設定」をタップ

歯車マークの「設定」をタップします。

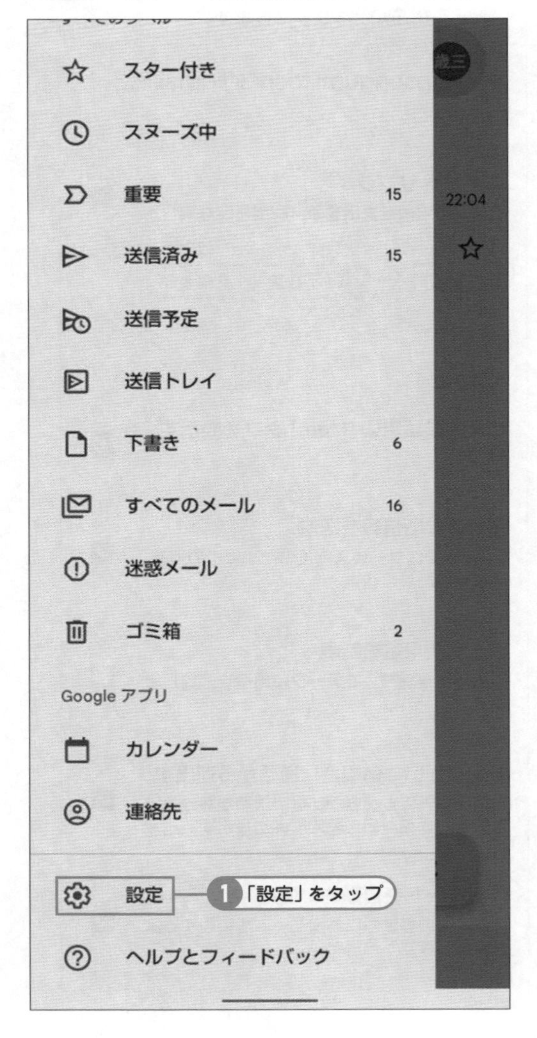

メモ ナビゲーションドロワーって何？

よくスマートフォンのアプリやWebサイトなどで、メニューを開いたり畳んだりするための三本線の正式名称です。最近はよく使われているので、サイトに行って探すものをするときは、ナビゲーションドロワーを開くといいでしょう。

3 メールアドレスを選択

不在通知を設定したいメールアドレスをタップします。

4 「不在通知」をタップ

縦に長い設定画面が表示されます。真ん中やや下にある「不在通知」がOFFになっているので、「不在通知」をタップします。

← sinsengumi.toshi3@gmail....

スマート リプライ
返信文の候補を表示する（利用可能な場合）

不在通知
OFF
1 「不在通知」をタップ

ビデオ会議

ビデオ通話用に［Meet］タブを表示する

詳細な診断情報を送信
Google ではサービス向上のためにこの情報を使用いたします

データ使用量を制限
通話品質を調整してデータ使用量を節約します

参加者がいない場合は通話から退出す..
あなた以外に参加者がいない状態が数分続いた場合、通話から自動的に退出します

外出モードを自動的に使用
デバイスの移動中に外出モードを使用するよう提案します

5 不在通知をONにして設定

一番上にあるチェックをタップして、不在設定をONにします。開始日と終了日を選択し、件名メッセージを入力します。ここでは、連絡先に登録のある知人限定で返信するように、連絡先にのみ送信にチェックをいれます。チェックを入れない場合には、広告メールなどにも返信してしまうので、気を付けましょう。

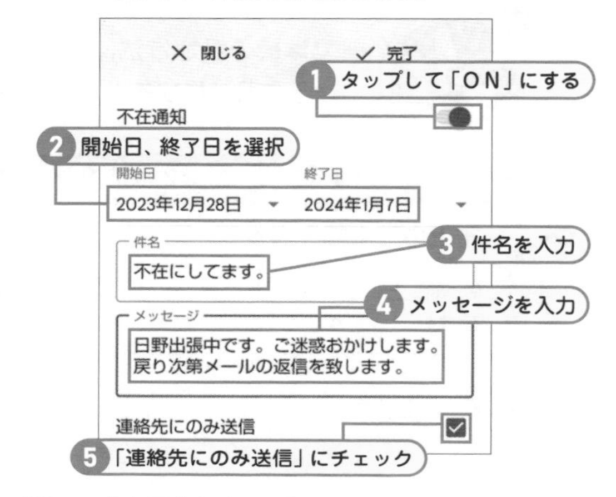

6 「完了」をタップ

内容をよく確認して問題がなければ、画面上部にある「完了」をタップします。これで期間中は不在通知が自動で送られる設定になりました。

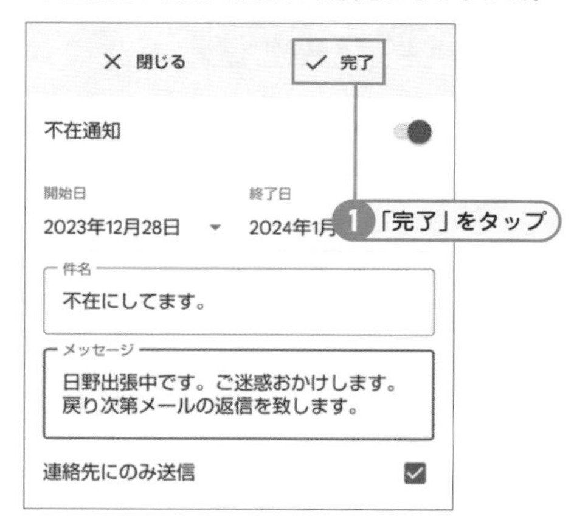

ヒント 不在通知をOFFにしたい時には？

画面左上の三本線（ナビゲーションドロワー）をタップし、設定をタップします。設定画面の中にある「不在通知」をタップすると手順5の設定欄が表示されるので、ここで設定を変更し「完了」するか、一番上にある不在通知の右側のチェックを外してOFFにし「完了」をタップします。

SECTION

スマートフォンで複数アカウント

77 スマートフォンで複数アカウントを使う

スマートフォンでもパソコンと同じように、複数のアカウント（Yahoo！など他のサービスも）を使用することが可能です。ここではスマートフォンの場合の操作を説明していきます。

スマートフォンで複数アカウントを登録する方法

1 アカウントアイコンをタップ

右上のアカウントアイコンをタップします。

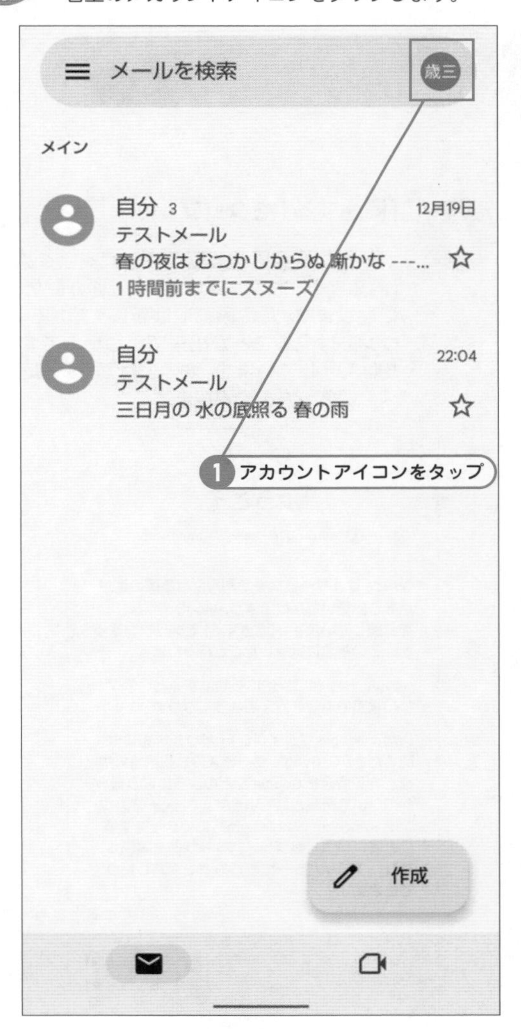

2 「別のアカウントを追加」をタップ

「別のアカウントを追加」をタップします。

メールを検索
Google
土方歳三
sinsengumi.toshi3@gmail.com
Google アカウントを管理
ストレージの 0%/15 GB を使用しています
別のアカウントを追加
このデバイスのアカウントを管理
プライバシー ポリシー ・ 利用規約
1 「別のアカウントを追加」をタップ
作成

「Google」をタップ

ここではGmailの追加を行っていきましょう。「Google」をタップして選択します。

メールアドレスを入力して「次へ」

追加したいメールアドレスを入力して「次へ」をタップします。

「パスワード」を入力して「次へ」

追加したいメールアドレスのパスワードを入力して、「次へ」をタップします。

「同意する」をタップ

サービスを利用する際の注意点をよく読んで、「同意する」をタップします。画面が受信トレイに戻ります。この段階では新しく追加したアカウントは見ることが出来ていないのですが、追加は完了しています。次の項目で、メールアドレスの切替え方を説明します

Google
ようこそ
sinsengumi.kanbu@gmail.com

Google は、サービスをご利用になる際の注意点をご認識いただけるよう Google 利用規約を公開しています。[同意する] をクリックすると、この規約に同意したことになります。

Google Play 利用規約にも同意すると、アプリの検索や管理を行えるようになります。

また、Google プライバシー ポリシーもご確認ください。Google サービスのご利用時に生成される情報を Google がどのように取り扱うかについて記載されています。Google アカウント（account.google.com）にアクセスすることで、いつでもプライバシー診断を実施したり、プライバシーの管理方法を調整したりできます。

スマートフォンで複数アカウントの切替え方法

1 アカウントマークを上か下にフリック

画面左上にあるアカウントマークを選択して、上か下にフリックします。

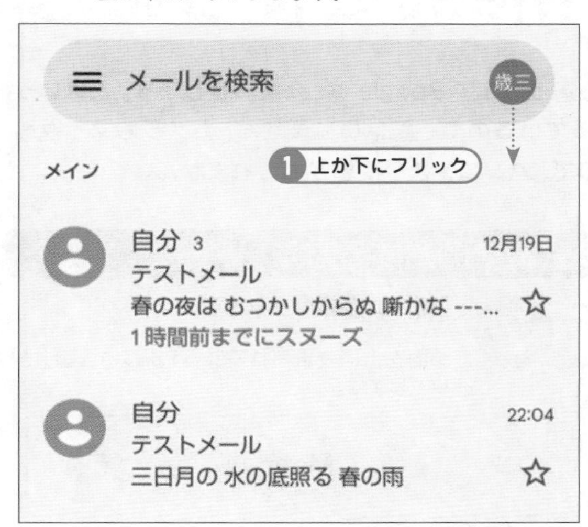

2 ユーザーアイコンが入れ替わる

受信トレイの画面が変わり、ユーザーアイコンが切り替わります。アカウントが入れ替わったことがわかります。

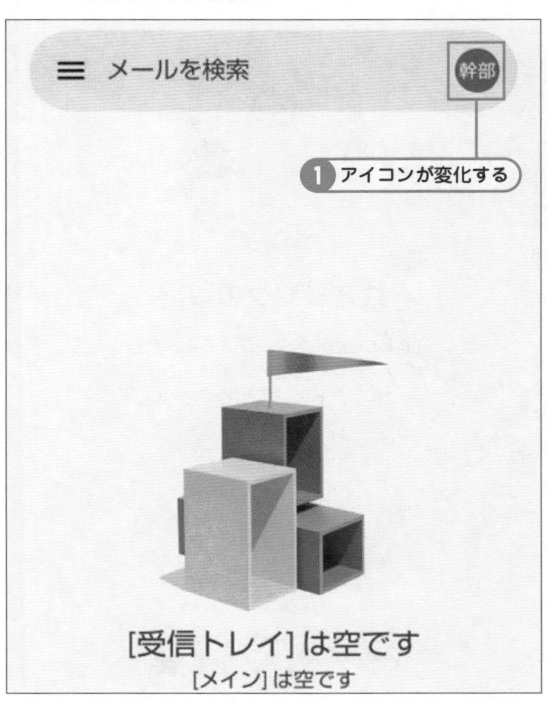

メモ 元のユーザーに戻すには？

ユーザーを元に戻すには、もう一度ユーザーアイコンをどちらかに向けてフリックする必要があります。ユーザーアイコンをタップし、ユーザー名をタップすることでも切り替えが可能です。

メモ ユーザーを削除したい場合には？

ユーザーアイコンをタップし、「このデバイスのアカウントの管理」をタップします。パスワードとアカウント画面に移動するので（機器によりやや表記が異なることがあります）アカウントを選択して、「アカウントを削除」をタップします。

SECTION

Key Word スマートフォンで Google Meet を使う

78 スマートフォンのGmail経由でGoogle Meetを使うには

スマートフォンではパソコンと少し違う操作でGoogle Meetを設定します。とはいってもとても簡単に出来るようになっているので心配はいりません。カメラもマイクもスマートフォンには設営済みですので、パソコンより簡単かもしれません。

スマートフォンで新しい会議を開始する方法

1 カメラマークをタップ

画面右下に、ビデオをとるカメラのマークがあります。そこをタップしてMeetの画面を表示します。

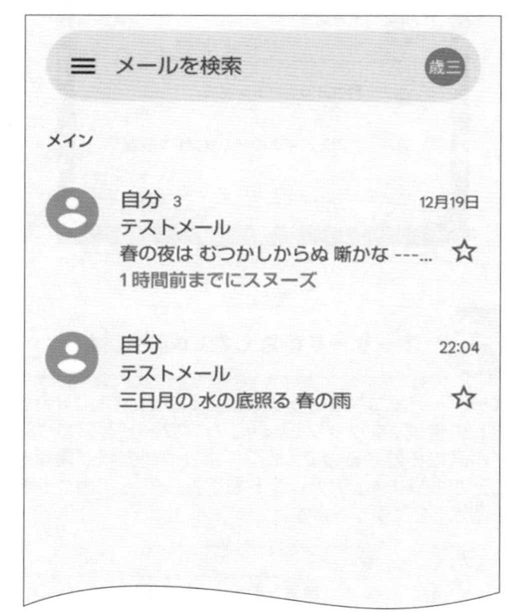

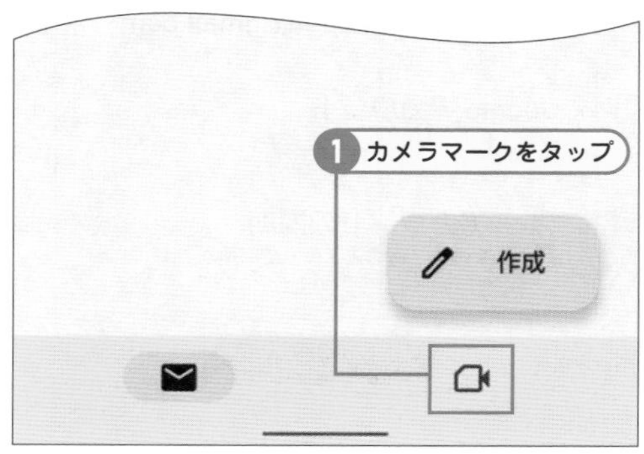

2 「新しい会議」をタップ

画面左上に表示されている「新しい会議」をタップします。

「会議を今すぐ開始」をタップ

画面下から新しい選択肢が表示されます。「会議を今すぐ開始」をタップします。

「写真」と「動画」の許可

スマートフォンが「写真」と「動画」をGmailに許可するかどうかを聞いてきます。これはカメラを使って会議に参加する場合には許可が必要になります。会議に入ってからもONとOFFが出来るように「アプリの使用時のみ」許可をしましょう。

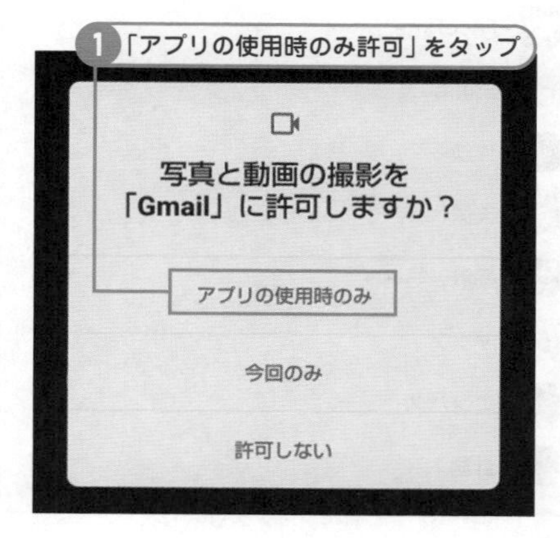

「音声の録音」を許可

続いて「音声の録音」の許可をGmailに与えるかどうかと聞いてきます。これはマイクのONとOFFを許可するかどうかのものなので、「アプリの使用時のみ」を選択します。まったく発言しない講義のような会議であれば、許可しないことも可能です。

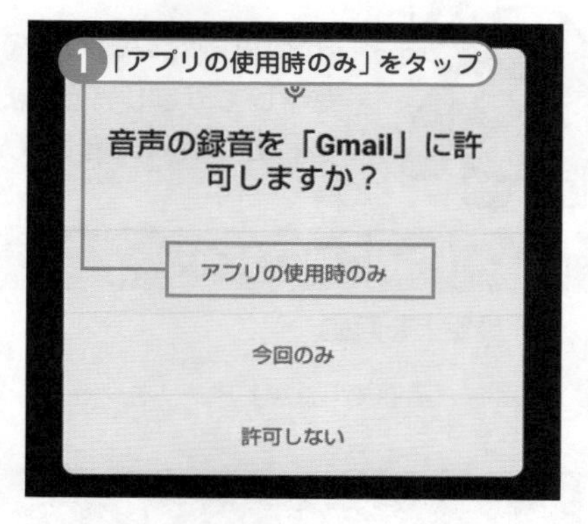

6 会議が開始する

会議に既に入った状態になります。現在は誰も参加者がいない状態ですが、表示されているURLの右の四角2つが重なったボタンで会議URLをコピーしメールに書いて送信する。または招待状の共有を行うことで、他の人も会議に参加してもらうことが可能です。受話器を置く赤いボタンをタップすると会議から退出出来ます。

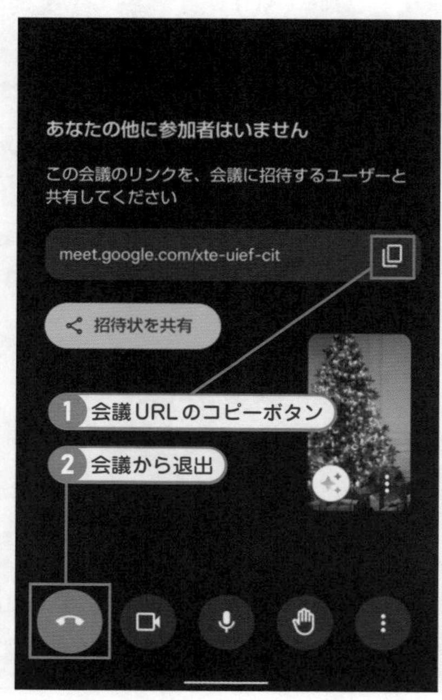

SECTION 79

Key Word iPhoneのメールアプリで送受信

iPhoneのメールアプリにGmailを登録して送受信する

iPhoneに元々備わっているメールアプリに、Gmailのメールアドレスを追加して、送受信してみましょう。まずはGmailのメールアドレスを追加する設定から行うことになります。少し手順は多いですがやってみるとすぐできるのでチャレンジしてみましょう

iPhoneのメールアプリにGmailのメールアドレスを追加する

「設定」を起動

ホーム画面で「設定」アプリをタップして起動します。

「メール」をタップ

設定の画面にある「メール」をタップします。

「アカウント」をタップ

「アカウント」をタップします。

「アカウントを追加」をタップ

「アカウントを追加」をタップします。

「Google」をタップ

「Google」をタップします。

「メールアドレス」を入力し「次へ」をタップ

Gmailの「メールアドレス」を入力し「次へ」をタップします。

「パスワード」を入力して「次へ」をタップ

「パスワード」を入力して「次へ」をタップします。

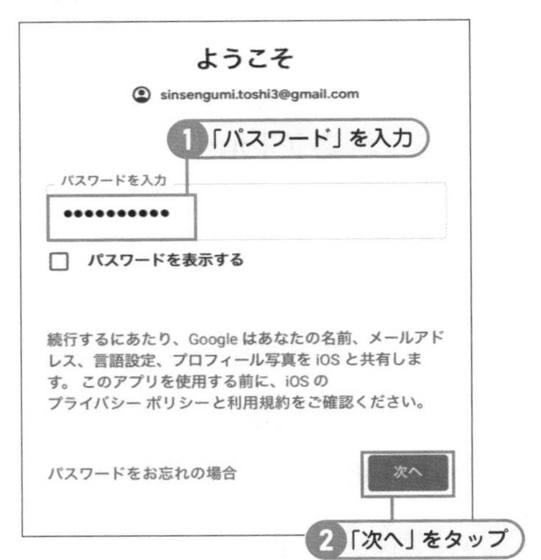

「許可」をタップ

「許可」をタップします。

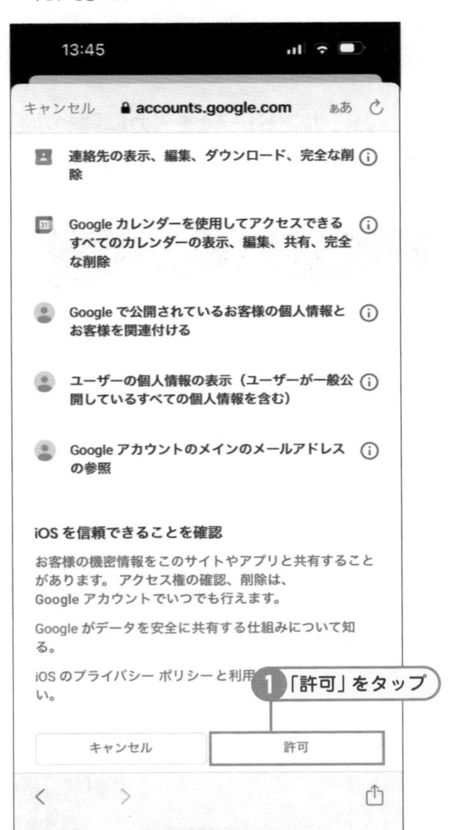

「保存」をタップ

「保存」をタップします。

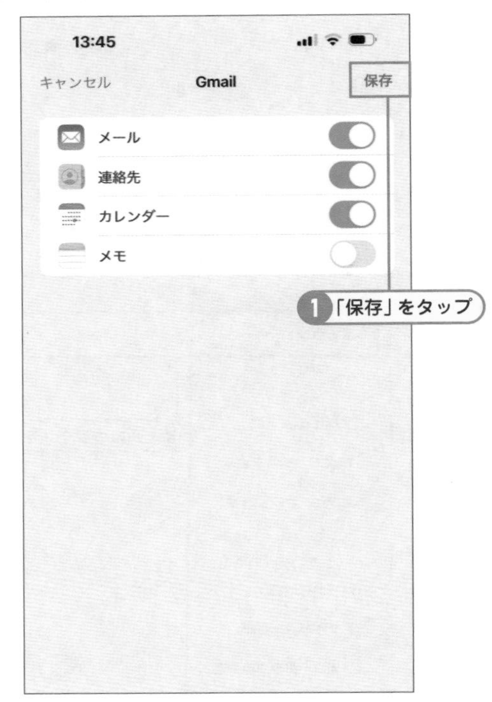

アカウントに「Gmail」が追加されたことを確認

アカウントに「Gmail」が追加されたことを確認します。

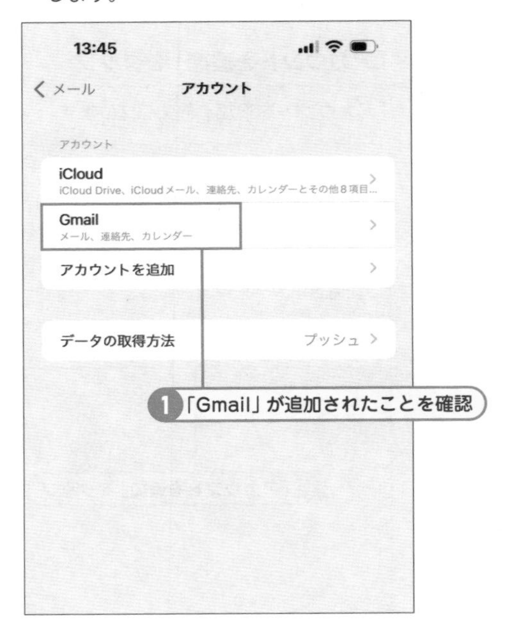

「メール」アプリをタップ

設定画面を閉じ、ホーム画面にある「メール」をタップします。

「Gmail」が追加されていることを確認

メールアプリのメールボックスに「Gmail」が追加されていることを確認します。

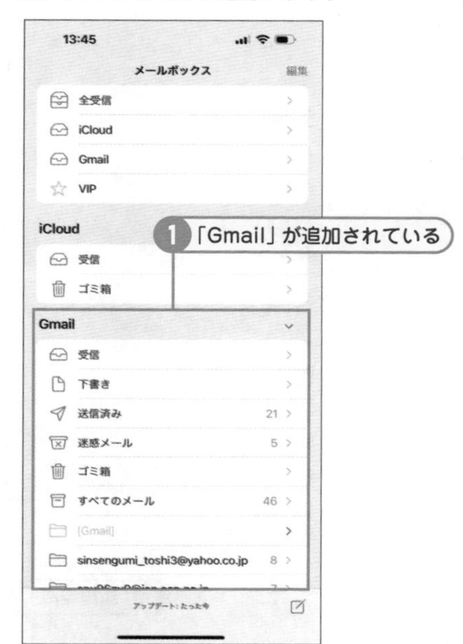

iPhoneのメールアプリでGmailを送受信する

iPhoneのメールアプリを起動

ホーム画面でiPhoneのメールアプリをタップして、メールアプリを起動します。

Gmailの「受信トレイ」を選択する

メールボックスリストの中から、新しく追加したGmail名のメールボックス「受信トレイ」を選択して表示します。

「新規作成」をタップ

画面右下にある四角いアイコンの「新規作成」をタップします。

「宛先」「件名」「本文」を入力

「宛先」にメールアドレスを入力します。ここでは自分にテストメールを送るので、自分のメールアドレスを入力しましょう。「＋」マークを押すことで既存の連絡先からメールアドレスを入力することも出来ます。続いて、「件名」「本文」を入力します。

「送信」をタップ

画面右上に青い矢印の「送信」ボタンをタップします。

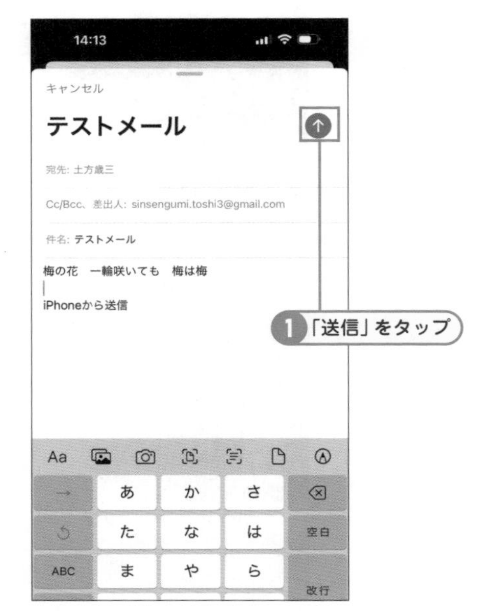

受信メールを確認

メールがきちんと受信できているか確認をします。受信した未読メールには青い丸のマークがつきます。

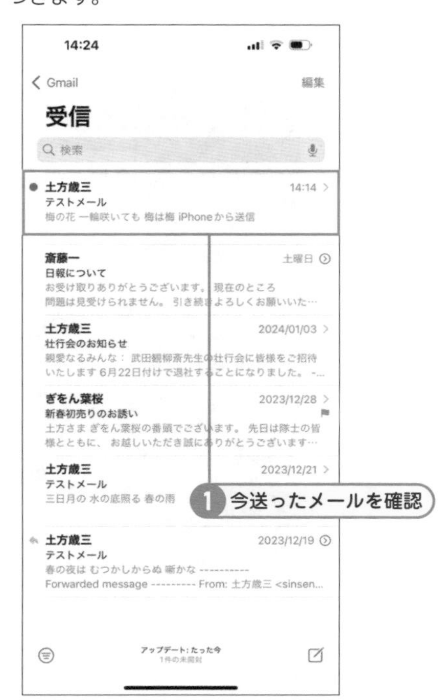

Key Word メールの通知機能

スマートフォンでGmailの受信メールを表示させる

スマートフォンでメールを受信した時に、通知が表示されたら便利ですね。通知機能を使えば、すべてのメールで通知を受けたり、重要度で通知を受けたりと細かい設定が可能です。今回はその通知機能を設定してみたいと思います。より便利に使いましょう。

スマートフォンでGmailの受信メールを表示させるには

1 三本線をタップ

画面左上の三本線（ナビゲーションドロワー）をタップします。

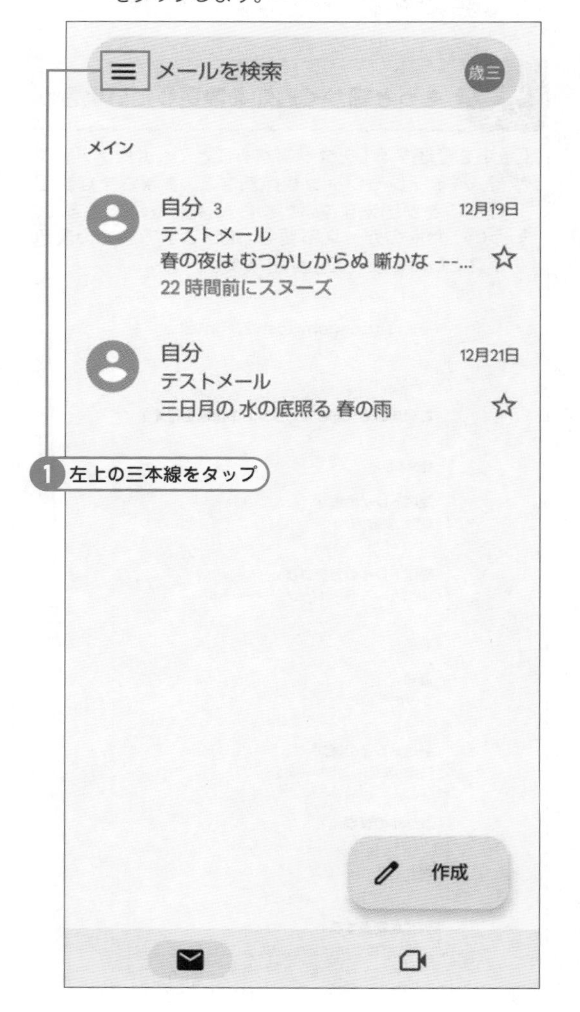

2 「設定」をタップ

下のほうある「設定」をタップします。

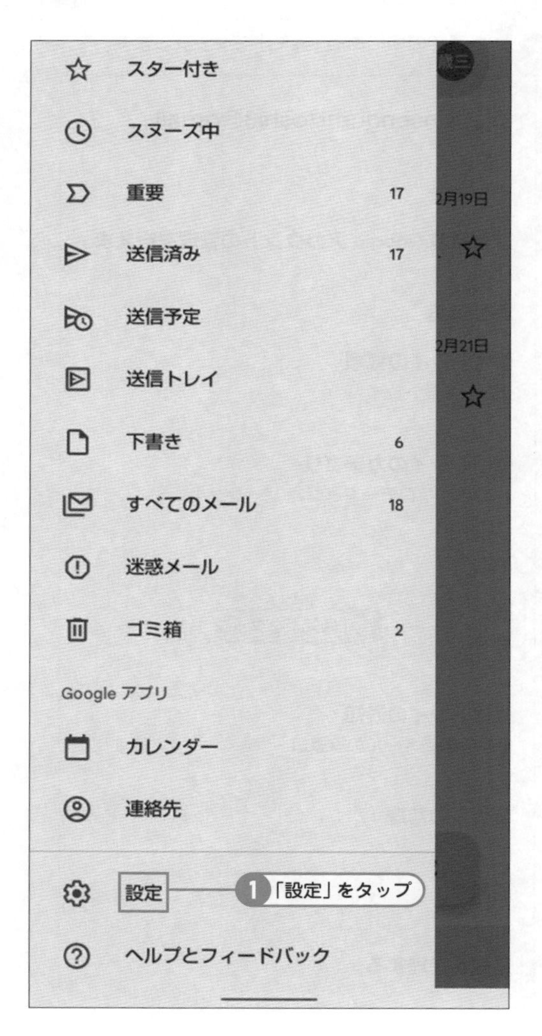

通知したい「メールアドレス」をタップ

メールアドレスの一覧から、通知したい「メールアドレス」をタップします。

「通知」をタップ

通知の中にある「通知」をタップします。

← sinsengumi.toshi3@gmail....
アカウント
ご利用の Google アカウントの管理を行えま..
受信トレイ
受信トレイの種類
既定の受信トレイ
受信トレイのカテゴリ
メイン、 プロモーション、 ソーシャル
通知
通知
すべて
1「通知」をタップ
受信トレイの通知
最初の新着メールのみ通知
ラベルの管理
通知音
通知を管理する

「高優先度のみ」をタップ

全てのメールを通知するときは「すべて」、重要などの高優先度メールのみ通知が欲しい際には「高優先度のみ」、通知をやめたい時には「なし」をタップします。ここでは、「高優先度のみ」を選択します。

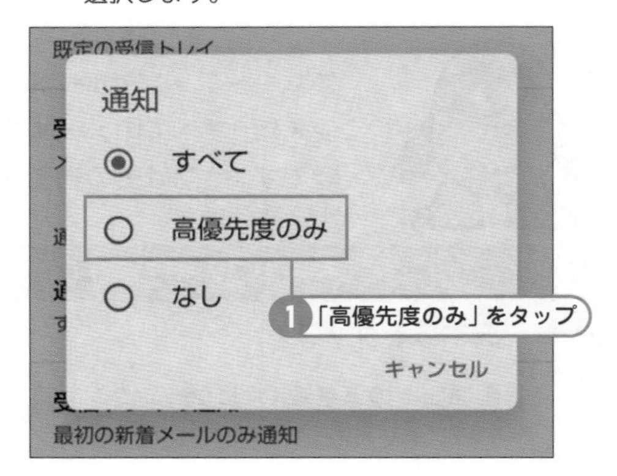

メモ　もっと細かく通知を変更したい場合

「通知を管理する」をタップすることで、ポップアップや音、バイブレーションや点滅など、さまざまな設定を行うことが出来ます。たくさんメールが来る方で、そういったものが一切不要な方は、ここで通知の表示をオフにしてしまうことが出来ます。

用語索引

あ行

か行

●さ行

●た行

●な・は行

●ま行

●や・ら行

●記号

●英数字

■本書で使用している機材・ツールについて
本書は、一般的に利用されているスマートフォン・タブレット・パソコンを想定し手順解説をしています。使用している画面や機能の内容は、それぞれのスマートフォン・タブレット・パソコンの仕様により一部異なる場合があります。各スマートフォン・タブレット・パソコンの固有の機能については、各スマートフォン・タブレット・パソコン付属の取扱説明書またはオンラインマニュアル等を参考にしてください。

■本書の執筆・編集にあたり、下記のソフトウェアを使用しました
Windows11/iOS / Android / Gmailアプリ

スマートフォン・タブレット・パソコンによっては、同じ操作をしても掲載画面とイメージが異なる場合があります。しかし、機能や操作に相違ありませんので問題なく読み進められます。また、Gmailアプリについては、随時アップデートされ内容が更新されますので、掲載内容や画面と実際の画面や機能に違いが生じる場合があります。

■著者紹介

石塚亜紀子(いしつかあきこ)

茨城県出身の歴女。趣味は居合と着物。一部上場企業や国の機関でOffice365の講師を務め、IT関係の職務に就く。著書に「はじめてのExcel2021」、「はじめてのWord＆Excel2021」(いずれも小社刊)などがある。

■本文イラスト

近藤妙子(Nacell)

■デザイン

金子　中

■取材協力

KDDI株式会社　https://www.au.com

はじめてのGmail
Google Workspace
連携技解説付

発行日　2024年 3月 5日　　第1版第1刷

著　者　石塚　亜紀子

発行者　斉藤　和邦
発行所　株式会社　秀和システム
〒135-0016
東京都江東区東陽2-4-2　新宮ビル2F
Tel 03-6264-3105（販売）Fax 03-6264-3094
印刷所　株式会社シナノ　Printed in Japan

ISBN978-4-7980-7194-7 C3055